우리 손녀딸 조이가
나의 최연소 스승님이다.

내게 제2의 인생을 가르쳐준 우리 조이.
스승님, 사랑합니다.

김수미의
이유식의 품격

김수미 지음

손녀를 위한 할머니의 요리 수첩

김수미의 **이유식의 품격**

초판 발행 · 2021년 2월 15일
초판 2쇄 발행 · 2021년 3월 30일

지은이 · 김수미
발행인 · 우현진
발행처 · 용감한 까치
출판사 등록일 · 2017년 4월 25일
대표전화 · 02)2655-2296
팩스 · 02)6008-8266
홈페이지 · www.bravekkachi.co.kr
이메일 · snowwhite-kka@naver.com

기획 및 책임편집 · 우혜진
고문 · 강애란 **의학 감수** · 표진원 **영양 감수** · 이서경 **표지 디자인** · 한효경 **본문 디자인** · 죠스 **교정교열** · 이정현 **마케팅** · 리자
푸드 스타일링 · 락앤쿡푸드컴퍼니 최은주 **촬영 요리 도움** · 락앤쿡 최은주, 차보라 **촬영 요리 어시스턴트** · 락앤쿡 김다솜, 이수진, 이예림, 김다희
촬영스태프 · 최민정, 지영 **쿠킹 스튜디오** · 락앤쿡 푸드컴퍼니 **포토그래퍼** · 내부순환스튜디오 김지훈
CTP 출력 및 인쇄 · 상지사 **제본** · 상지사

ISBN 979-11-971969-4-2(13590)

ⓒ 김수미

정가 22,000원

감성의 키움, 감정의 돌봄 용감한 까치 출판사
....
용감한 까치는 콘텐츠의 樂을 지향하며 일상 속 판타지를 응원합니다. 사람의 감성을 키우고 마음을 돌봐주는 다양한 즐거움과 재미를 위한 콘텐츠를 연구합니다.
우리의 오늘이 답답하지 않기를 기대하며 뻥 뚫리는 즐거움이 가득한 공감 콘텐츠를 만들어갑니다.
아날로그와 디지털의 기발한 콘텐츠 커넥션을 추구하며 활자에 기대어 위안을 얻을 수 있기를 바랍니다.
나를 가장 잘 아는 콘텐츠, 까치의 반가운 소식을 만나보세요!

이제 이유식을 시작하려고 하니?

◈ 아이마다 먹는 양이 다 다를 수 있어. 레시피의 양은 일반적으로 권장되는 양을 기준으로 한 건데, 아이에 따라 한 숟가락만 먹는 아이도 있고, 오히려 더 먹는 아이도 있을 수 있단다.

◈ 초기부터 후기까지 아이가 접하면 좋은 재료들을 고르고 골라 나만의 식단표를 만들어 소개 했단다. 엄마 식단표대로 따라 하면 쉽게 이유식을 마스터할 수 있어. 요리할 때도 그대로 따라 하고, 보관하는 것도 그대로 따라만 하면 되지. 식단표를 따라 할 경우에는 되도록 그대로 똑같 이 따라 하는 게 좋은데, 만일 식단표와 다르게 할 거라면, 새로운 재료를 사용할 때마다 며칠간 의 적응 기간이 꼭 필요하다는 점을 기억하렴.

◈ 일주일 동안 아이에게 먹일 이유식을 한 시간 만에 만들 수 있는 엄마만의 조리 방법을 매주 정리해두었단다. 물론, 아직 요리가 서툴다면 아무리 똑같이 따라 해도 한 시간으로는 다 못 만 들 수 있지만, 엄마를 따라 열심히 하다 보면 요리도 이유식도 모두 늘 테니 걱정하지 말고 따 라 해보렴!

◈ 완료기에는 아이들이 잘 먹는 '인기 완료기 이유식' 11가지를 엄선해서 소개했단다. 완료기 때부터 아이에게 줄 수 있는 음식의 폭이 넓어진다고 할 수 있는데, 아이들이 가장 잘 먹는 인기 이유식들로 편식을 고쳐보렴!

◈ 간식 이야기도 빼놓을 수 없지. 역시 아이들이 좋아하는 인기 간식 위주로 소개했는데, 옛날 옛적 내 나이대 부모님들이 너희에게 해줬던 추억의 간식들도 함께 담았단다. 너무 어렸을 때 라 너네는 기억에 없겠지만, 너희가 어린아이였을 때 즐겨 먹었던 간식들을 예쁜 우리 손녀, 손 자들에게도 해주렴.

소아청소년과 선생님과 영양사 선생님이 직접 알려주는 이유식 기초 상식들이 들어 있어요!

초기부터 완료기까지 엄마들이 꼭 알아야 하는 의학적·영양학적 내용들을 친절하고 자세하게 담았습니다! 평소 잘못 알려진 내용이나 많은 엄마들이 궁금해하는 내용들을 빠짐없이 다루었습니다.

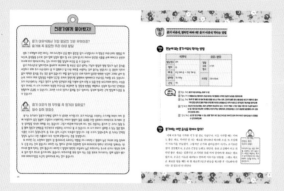

수미 엄마의 세상 간단한 살림팁

이유식에 필요한 재료들을 어떻게 골라야 하는지, 또 어떻게 손질하고 보관해야 하는지 요점만 쏙쏙 뽑아 소개했어요! 이 외에 이유식을 만들 때 필요한 조리도구나 기본 육수에 대한 자세한 설명도 함께 넣어 요리가 더 편해지도록 하였습니다.

이유식을 마스터할 수 있는 '엄마의 스피드 레슨'

각 시기별로 엄마가 주의해야 하고 꼭 알아야 하는 내용들을 요점만 정리해 담았어요! 지피지기 백전백승! 이유식이라는 긴 터널을 돌파하려면 가장 먼저 이유식에 대해 자세히 알아야겠죠? 수미 엄마의 눈에 쏙쏙 들어오는 친절한 설명으로 이유식을 마스터하세요.

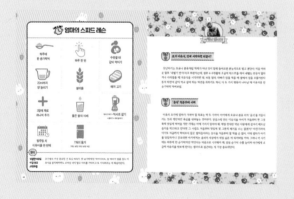

따라만 하면 이유식이 쉬워지는 시기별 식단표

무슨 재료를 어떻게 만들어 얼마만큼 아이에게 먹여야 하는지 아직도 고민하고 계시나요? 긴 연구와 고민 끝에 탄생한 수미 엄마표 이유식 식단을 따라 하면 누구보다 쉽게 이유식을 마스터할 수 있습니다.

일주일 치 이유식을 한 번에 만들자!

일주일 치 장바구니를 한눈에 확인하고, 필요한 재료를 미리 준비해두면 이유식 만들기가 더 편해집니다.
재료들이 모두 준비가 되었나요? 그럼 '1시간 안에 완성하는 일주일 이유식'을 보고 그대로 따라 해보세요. 하루 한 시간이면 일주일이 편해집니다.

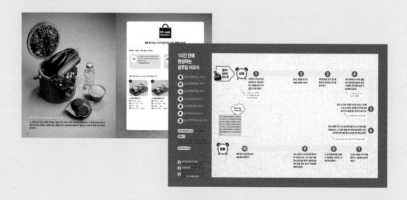

손녀를 위한 할머니의 이유식 레시피를 소개합니다

① 레시피의 분량은 젖병으로 표시해두었습니다. 2회분인 경우, 젖병이 두 개입니다.

② 모든 이유식 레시피의 영양성분을 분석해 아이에게 좀 더 영양 있고 균형 잡힌 이유식을 줄 수 있도록 하였습니다. 모든 영양성분은 1회분 기준입니다.

③ 식단표대로 따라 할 경우 필요한 보관법을 표기해두었습니다. 식단표와 다르게 할 경우에는 상황에 맞게 조절할 수 있습니다.

④ 좀 더 쉬운 요리, 제대로 된 요리를 위한 수미 엄마표 팁들을 곳곳에 담았습니다.

⑤ 각 재료별 양은 뼈, 껍질, 씨 등 요리에 쓰이지 않는 부분을 제외하고, 실제 요리에 사용되는 부분의 양을 표기한 것입니다.

매주 즐기는 엄마 아빠의 특별한 파티

남은 이유식 재료로 맛있고 특별한 요리를 만들어보세요. 이유식을 만드는 날이 엄마 아빠의 특별한 날이 됩니다. '이번 주 파티 요리는 모두 1인분을 기준으로 한 양입니다.

※ 이것만은 미리 체크!

· 본 책에 소개된 레시피는 할머니 김수미가 손녀를 위해 연구한 레시피로, 책의 내용 및 특성에 맞게 수정·정리되었습니다. 아이의 성장 속도에 따라 먹는 양, 씹을 수 있는 고형분의 크기 등이 달라질 수 있으며, 체질 및 상황에 따라 알레르기 반응이 나타날 수 있습니다. 아이의 성장 속도 및 체질에 맞는 레시피를 활용을 권장해드립니다.

· 모든 이유식은 처음부터 끝까지 저어주며 끓여야 뭉치지 않습니다. 지면상 생략된 경우가 있습니다.

· 각 가정의 조리도구나 화력의 차이로 '1시간 안에 완성하는 일주일 이유식'의 조리 시간이 달라질 수 있습니다.

· 본 책에 실린 사진에 등장하는 식재료, 조리 도구 등은 촬영을 위해 스타일링 및 연출된 사진입니다. 실제 필요하거나 사용되는 것과 다를 수 있습니다.

· 본 책에 나오는 계량법은 표준 계량컵 및 계량 저울, 계량스푼을 이용한 것으로, 대체적으로 1큰술은 어른 밥숟가락에 수북이 담긴 양, 1작은술은 티스푼에 담기는 양을 말합니다. 어른 반찬은 취향과 기호에 따라 재료 및 간을 조절하시길 권해드립니다.

차례

들어가기 전에

PART 1. 초기 이유식의 시작, 꿀꺽 시이즌

PART 2. 중기 이유식 적응기, 오물오물 시이즌

PART 3. 후기 이유식 정복기, 집중 시이즌

PART 4. 완료기 **이유식 완료기, 완성 시이즌**

· 엄마의 스피드 레슨 ····· 488

PART 5. 간식 **냠냠 시이즌**

"최연소 스승님"

사실 일흔이 넘으면 점점 감동이 없어진다. 낙엽도 수십 년 봐왔고, 첫눈도 70여 년을 봐왔기 때문이다. 50여 년간 연예계 생활을 해온 나는 남들은 모르는 신세계도 경험했고, 세계 여행도 많이 다녀봤다. 말이 스타였지, 나는 그저 밤샘을 밥 먹듯 하는 반노동자였다. 아직은 육체적으로 큰 지병은 없지만 정신적으로는 바짝 마른 행주 쪼가리 같다.

한데 신께서, 조물주께서 정말 신비한 선물을 주셨다. 우리 아들이 딸을 낳은 것이다. 이제 200일 조금 지났다. 아들은 나와 꼭 닮은 새벽형 인간이라 오전 5시나 6시면 일어난다. 원래 장가가기 전에는 이른 아침에 둘이 함께 커피를 마시며 하루를 시작하곤 했다. 기계치인 나를 위해 내 휴대폰 정리며, 멈춰 있는 시계 배터리 교체며 모두 아들이 해주곤 했다. 그런데 이제는 아들과 내 일상에 새로운 프로그램이 생겼다. 이른 아침이면 아들은 며느리가 깰까 봐 조심스럽게 아기를 안고 거실로 나온다. 그러고는 열심히 동영상을 찍어 나에게 보낸다.

어쩜 매일매일이 이렇게 다를까? 손녀라서 그런지 매일 다른 옷을 입은 모습조차 너무 예쁘다. 이제 입을 오므리고 "엄음엄음" 한다. 곧 "엄마"가 나올 태세다. 어떤 날은 "아어아바버" 한다. "아빠"도 할 것 같다.

내가 미소 짓고 이렇게 소녀처럼 웃어본 지가 얼마 만인가. 손녀의 동영상이나 사진을 볼 때면 나도 모르게 마음이 경건해짐을 느낀다. 참 이상하지. 아들을 키우면서도 이렇게 감동적이었을 텐데 전혀 기억이 나지 않는다. 그저 아들이 아기 때 경기를 자주 해서 몇 번 급하게 안고 응급실로 뛰어갔던 기억만 남아 있다. 한데 요즘은 새벽부터 새어 나오는 웃음을 감출 수 없다. 이 웃음과 미소는 돈 주고도 살 수 없는 마력의 선물이다.

처음 이유식을 할 때는 흰죽을 아주 곱게 쑤어서 먹였다. 더러 뱉어버리는 아이도 있는데, 조이는 덥석 받아먹는다. 며느리는 박수를 치며 난리가 났다. 두 번째는 숟가락을 덥석 잡아당긴다. 뜨거울까? 너무 식었나? 이제 됐을까? 첫 이유식 하던 날 엄마와 할머니는 명의가 된다. 언젠가 TV 프로그램에서 둥지 속에 있는 새끼들에게 어미 새가 먹이를 물어와 조물조물 먹이는 걸 본 적이 있다. 새삼 엄마는 강하고 위대하다는 걸 다시 느낀다.

낮이며 밤이며 며느리가 수시로 동영상을 보낸다. 조이가 목욕하는 모습, 꽃무늬 원피스를 입고 할아버지가 하와이에서 사 온 헤어밴드를 한 모습…. 그 전에는 휴대폰에 별로 관심이 없던 나였지만, 이제는 알림이 울리면 설렘으로 가득 차 확인하게 된다. 내 입은 자동으로 웃고 있고, 가슴은 뛴다. 설렘이다. 올겨울에는 첫눈이 오면 다시 설레는 마음으로 감동을 느낄 수 있을 것 같다. 조이가 맞는 첫눈이니까.

며느리에게 카톡이 왔다.

"엄마, 조이가 '엄마' 하는 날, 저는 기절할 것 같아요."

그래, 이런 감정을 일기로 써놓으렴. 나는 기억이 나지 않는단다.

"안사돈도 널 그렇게 키우셨어" 했더니 "네, 오빠도 엄마가 그렇게 키우셨죠! 효도 오래 할 수 있게 건강만 잘 챙기세요"라고 한다. 이제 백일 넘긴 갓난아기가 이 늙은이를 개화시킨다. 셰익스피어도 아니고, 다이아 반지도 아니고, 맛있는 요리도 아니건만. 이렇게 한바탕 웃고 나면 저리던 오른팔도 아프지 않다.

참 감사하다. 개그맨이 웃겨서 웃는 웃음이 박장대소일지는 모르나, 고개 돌리면 잊어버리고 마는 웃음이다. 하지만 이 아이의 미소는 늘 나를 불안하게 만들던 두려움도 사라지게 한다. 이 아이는 나에게 세상 사는 법을 다시 가르쳐준다. 스케줄이 꼬이고 촬영이 지연돼 힘이 들 때마다 우리 손녀 동영상을 본다. 그러면 금세 짜증이 사라지고 겸손해진다.

사진이나 동영상 속 손짓 발짓 하는 손녀의 모습은 맑고 깨끗하다. 영롱하기까지 한 그 모습에 스스로 고해성사를 하게 된다.

　그래, 이 할머니도 너처럼 내 이름 석 자가 더럽혀지는 일에는 관여하지 않을 거야. 노년에 탐욕도 하지 않고, 질투도 미움도 하지 않고 선하게 베풀면서 살 거야. 그래서 먼 훗날 우리 손녀딸이 할머니를 떠올리거나 주위 사람들에게 들을 때, 너희 할머니는 참 좋은 분이셨다는 말을 들을 수 있도록 해야지. 그렇게 오늘도 또 한번 고해성사를 한다.

우리 손녀딸 조이가
나의 최연소 스승님이다.

내게 제2의 인생을 가르쳐준 우리 조이.

스승님, 사랑합니다.

Q. 선생님, 이유식은 언제 시작하는 게 가장 좋을까요?

이유식은 아기가 씹고 싶은 욕구가 생기기 시작하고, 씹어서 삼킬 수 있는 능력이 생기는 시기에 시작해야 합니다. 너무 일찍 하면 씹어서 삼키기 힘들 수 있고 소화에도 부담을 줄 수 있을 뿐 아니라, 알레르기가 생길 수 있습니다. 반면 너무 늦게 하면 씹고 싶은 욕구가 사라져 이유식의 진행이 어려울 뿐 아니라 알레르기 발생률도 높아집니다. 한마디로 너무 일찍 해도 알레르기가 잘 생기고, 너무 늦게 해도 알레르기가 잘 생긴다는 것이죠. 그래서 이유식은 적기에 시작하는 것이 무엇보다 중요합니다. 보통 분유를 먹거나 혼합 수유를 하는 아기는 만 4개월에 시작하고, 모유를 먹는 아기는 만 5~6개월에 시작하는 게 좋습니다.

모유를 먹는 아기에게 이유식을 늦게 시작하는 이유는 모유가 그만큼 아기에게 좋은 음식이라 좀 더 오래, 많이 먹이자는 의미입니다. 최근에 미국소아과학회에서는 분유 수유나 모유 수유아 모두 이유식을 6개월에 시작하자고 지침을 바꿨는데, 반드시 6개월에 해야만 한다는 뜻은 아닙니다. 아마 알레르기 발생을 최소화하기 위해 그렇게 지침을 바꾼 것 같은데, 우리나라 알레르기학회의 입장은 이유식을 너무 늦게 하면 오히려 알레르기 발생 확률이 높아지기 때문에 6개월 이후에 하는 것은 바람직하지 않다고 하고 있습니다. 우리나라 엄마들은 이유식을 좀 늦게 하는 경향이 있어 자칫 6개월에 하라고 하면 너무 늦어져 만 7개월을 넘길 수 있습니다. 만 7개월이 넘어서 이유식을 시작하면 알레르기 발생 위험이 더 높아지기 때문에 만 6개월 이전에 이유식을 시작하는 편이 더 안전할 것으로 생각됩니다. 또 철분을 공급하기 위해서는 고기를 꼭 먹어야 하는데, 아기들은 만 6개월이 되면 엄마에게 받은 철분이 고갈되어 이후에 적절하게 철분이 공급되지 않으면, 성장과 두뇌 발달에 문제가 생길 수 있습니다. 또 한 가지 고려해야 할 것이, 만 6개월이 넘어 이유식을 시작할 경우 예전에 비해 이유식을 빨리 진행해야 한다는 사실입니다. 그런데 아기가 빠른 이유식 진행 속도를 따라오기 힘들어하는 경우도 자주 봅니다. 그래서 저는 분유 수유나 혼합 수유아는 만 4~5개월, 완모를 하는 아기는 만 5~6개월에 이유식을 시작하도록 권장합니다.

아기의 영양과 알레르기에 대한 연구는 계속되고 있는 만큼 이유식 시작하는 시기는 앞으로도 또 바뀔 수 있습니다. 현재까지 나와 있는 연구 결과를 종합해보고, 우리나라의 상황을 고려해볼 때, 아직은 이유식 시작하는 시기를 미국처럼 만 6개월로 바꿀 필요는 없다고 생각합니다.

Q. 초기 이유식에서 꼭 필요한 영양이나 주의해야 할 것들은 무엇일까요?

초기 이유식은 숟가락에 익숙해지게 하고 씹는 훈련을 시키는 것이 주목적이라 양을 정확히 정해놓고 그만큼 먹이려 애쓸 필요는 없습니다. 아기가 그만 먹겠다고 혀로 숟가락을 밀어내면 바로 중단해서 이유식을 먹는 것에 대해 아기에게 스트레스를 주지 않도록 해야 합니다.

요즘은 영양이 부족하기보다 칼로리 과잉 시대입니다. 우리나라도 다른 선진국처럼 소아비만이 문제가 되고 있습니다. 소아비만을 예방하기 위해서는 영양가는 높으면서 칼로리가 낮은 음식을 어릴 때부터 먹는 것이 중요합니다. 어릴 때 식습관이 평생 가는 만큼, 처음 이유식을 시작할 때 무엇을 먹이느냐가 아주 중요합니다. 우리나라 아이들의 소아비만은 기름진 음식을 먹는 것보다는 탄수화물 과잉으로 생기는 경우가 많습니다. 백미나 흰 밀가루와 같이 잘 정제된 곡류가 비만을 유발하기 쉽습니다. 처음에 이런 잘 정제된 곡류를 먹던 아기에게 나중에 현미나 잡곡과 같은 거친 곡류를 먹이기는 쉽지 않은 일입니다. 과거에는 현미와 같은 거친 곡류를 이유식에 쓰지 않았습니다. 현미를 너무 초기에 먹이면 소화도 잘 안 되고 알레르기도 잘 생긴다고 알려졌기 때문입니다. 그러나 최근의 연구에 따르면 아주 어린 아기에게, 즉 초기 이유식에 현미를 써도 아기에게 소화 장애나 알레르기를 일으키지 않는다는 사실이 밝혀졌고, 오히려 처음부터 현미를 먹이는 것이 소아비만 예방에 도움이 된다고 합니다. 그래서 이제는 소아청소년과 전문의들도 초기 이유식을 줄 때 현미로 만들어주라고 권장합니다.

과거에는 고기를 중기 이유식부터 주라고 했습니다. 너무 일찍 주면 소화를 못 시킬 뿐 아니라 알레르기 발생이 높아질 것을 우려했죠. 그러나 오히려 중기 이유식에 주니 고기가 유발하는 알레르기 발생률이 더 높아졌고, 이 시기 아기의 성장과 두뇌 발달에 중요한 영양소 중 하나인 철분이 부족해 성장과 발달에 문제를 일으키고 심한 경우 빈혈이 생기는 경우도 있었습니다. 그래서 요즘엔 초기 이유식부터 고기를 넣습니다. 고기를 우려서 육수만 쓰는 것은 고기를 먹이는 가장 중요한 목적인 철분과 단백질 공급, 그리고 고기를 씹는 훈련을 할 수 없기 때문에 육수를 내 이유식에 섞어주는 것보다는 고기 자체를 갈아서 넣어야 합니다.

초기 이유식 P.042 ▶

Q. 중기 이유식에서 꼭 필요한 영양이나 주의해야 할 것들은 무엇일까요?

이제부터는 씹는 훈련이 어느 정도 되었고, 숟가락에 익숙해졌으니 이유식을 통해 본격적으로 영양을 공급해야 합니다. 이유식 재료도 완전히 갈아서 주지 말고 어느 정도 덩어리가 있게 만들어줍니다. 쌀은 빻아서, 고기와 채소는 다져서 덩어리가 느껴지게 해서 줘야 합니다. 아기들의 발달이 자로 잰 듯 초기와 중기가 나눠지는 것은 아니기 때문에 이유식 재료의 크기도 갑자기 키우는 것보다 서서히 크기를 키우는 게 중요합니다. 아직 잘 씹지 못하는 아기에게 너무 큰 덩어리를 주면 제대로 씹지 못해 목에 걸려 힘들어할 수 있습니다. 한번 이런 일이 벌어지면 아기는 이유식을 거부하게 되겠죠. 이유식을 거부하는 아기에게 이유식을 먹이는 것만큼 어려운 일은 없습니다. 아기가 잘 받아먹는지 주의 깊게 관찰해 덩어리 크기를 서서히 키워나가는 게 중요합니다.

아기가 만 7개월이 넘어가면 손을 쓰는 능력이 어느 정도 발달되기 때문에 아기 스스로 숟가락을 잡고 이유식을 떠먹을 수 있게 해야 합니다. 즉 이때부터 아기 스스로 먹는 습관을 만들어주는 것입니다. 물론 아기마다 운동 발달 속도가 다르기 때문에 우리 아기가 혼자 먹을 준비가 되었는지 잘 관찰해봐야 합니다. 아기가 숟가락을 쥐고 떨어뜨리지 않고 이유식을 떠서 입으로 가져갈 수 있다면 혼자 먹을 준비가 된 것입니다. 물론 운동 능력이 발달했다고 처음부터 이유식을 흘리지 않고 잘 먹는 아기는 없습니다. 성인이 되어 군대에 갔다고 처음부터 사격을 잘하는 사람이 없듯 운동 능력이 생겼다고 해도 반복적인 연습과 훈련을 해야 잘하게 되는 것이죠. 아기도 처음에는 숟가락을 쥐고 이유식을 얌전히 먹을 생각은 하지 않고 장난만 치고 흘리고 엎어서 주변이 이유식으로 엉망진창이 될 것입니다. 이 순간을 참고 넘어가지 못하면 아기가 혼자 먹는 데 익숙해지지 못합니다. 아기가 능숙하게 숟가락질을 할 수 있을 때까지 인내심을 가지고 기다려줘야 합니다. 아기가 혼자 먹는 습관을 들이게 하는 것은 아기의 성격 발달에도 중요합니다.

스스로 먹을 수 있게 된 아기들은 자신감이 생기고 자부심이 높아지기 때문에 나중에 사회성이나 자조성 발달에도 좋은 영향을 줍니다. 우리나라 엄마들은 아기를 너무 깨끗하게 키우려고 하는 경향이 있습니다. 아기의 얼굴이나 손에 음식물이 묻어 더러워지고 옷도 지저분해지는 것을 견디지 못해 다시 이유식을 먹여주는 분들이 많습니다. 그러나 아기 혼자 이유식을 먹게 하는 것은 엄마를 위해서가 아니라 아기를 위해서라는 사실을 꼭 기억하시기 바랍니다.

중기 이유식 P.166

Q. 후기 이유식에서 꼭 필요한 영양이나 주의해야 할 것들은 무엇일까요?

후기가 되면 아기는 꽤 큰 덩어리도 잘 씹고 삼킬 수 있게 됩니다. 어금니도 없는데 큰 덩어리를 씹어서 삼킬 수 있을까 걱정하는 엄마들이 많은데, 이가 없어도 잇몸으로 잘 씹고 삼킬 수 있습니다. 후기에 들어선 아기가 아직도 혼자 먹지 않고 엄마가 먹여준다면 빨리 혼자 먹을 수 있도록 숟가락을 넘겨주세요. 엄마가 계속 먹여주는 것은 결국 엄마가 편하려고 그런 것밖에 안 됩니다.

이 시기 이유식에는 거의 가리지 않고 다양한 재료를 써도 괜찮습니다. 돌 이전에 다양한 음식을 먹어봐야 돌이 지난 후 편식을 하지 않습니다. 밥과 반찬을 따로 주는 것도 좋습니다. 따로 먹으면서 재료 각각의 맛과 질감을 느끼게 해주면 아기가 이유식을 먹는 데 흥미를 가지고 잘 먹을 수 있습니다.

이제부터 아기는 아기의 음식을 먹고, 엄마는 엄마의 식사를 하면서 서로 식사 시간을 즐길 수 있습니다. 아기는 부모의 행동을 보면서 자라기 때문에 엄마와 아빠가 좋은 식습관을 보여줄 필요가 있습니다. 부모가 식사 시간에 다른 것을 하지 않고, 다양한 음식을 골고루 즐겁게 먹는 모습을 보여주는 것이 아기에게는 가장 좋은 식습관 교육이 될 것입니다. 신문이나 휴대폰 또는 TV를 보면서 식사를 하는 것은 아기에게 최악의 식습관을 가르치는 것이니 절대 하지 마시고, 식사 시간에는 오로지 식사에만 집중하는 모습을 보여주세요.

후기 이유식 P.296

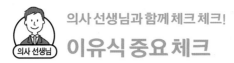
이유식 하면서 흔히 겪는 아이 증상

이유식을 할 때 너무 빨리 진행하거나 일정한 양을 정해놓고 다 먹이려고 하면 안 됩니다. 아기가 아직 씹고 삼키는 능력이 발달되기 전에 너무 큰 덩어리를 주다가 사레가 들리거나 심한 경우 목이 막혀 질식할 수도 있습니다. 아기가 씹는 것을 잘 관찰하면서 덩어리 크기를 점차 키워줘야 합니다. 분유 수유량도 정해 놓고 먹이면 안 되듯 이유식도 엄마가 양을 정해서 먹이려 하면 안 됩니다. 아기는 그만 먹겠다고 숟가락을 밀어내는데 아직 양이 차지 않았다고 생각해 자꾸 더 먹이다 보면 아기는 스트레스를 받습니다. 이렇게 스트레스를 받아서 아기가 엄마가 들고 있는 숟가락만 봐도 거부하게 되면 다시 이유식에 흥미를 갖게 만들기가 쉽지 않습니다. 어떤 아기들은 이유식을 입안에 물고 삼키지 않는 경우도 있습니다. 의학적으로 '볼 불리기'라고 하는 이런 현상은 엄마가 먹는 것을 지나치게 강요하고, 그 때문에 아기는 먹는 데 아주 스트레스를 많이 받고 있다는 것을 의미합니다. 입안에 먹을 게 들어 있을 때는 더 이상 숟가락을 넣지 않으니 음식을 삼키지는 않고 물고만 있는 것이죠. 아기가 이렇게 볼 불리기 행동을 보일 때는 절대 이유식을 강요하지 말고 아기가 원하는 만큼만 먹여야 합니다.

알레르기와 이유식

최근 알레르기와 이유식에 대한 연구가 다수 진행되면서 과거와는 다른 사실이 많이 밝혀졌습니다. 과거에는 알레르기 질환을 예방하려면 이유식을 6개월 이후에 하도록 했는데, 그렇게 했더니 오히려 알레르기 질환이 더 잘 생긴 것이죠. 그래서 지금은 알레르기 가족력이 있더라도 이유식은 4~6개월에 시작하는 것을 권장하고 있습니다.

알레르기가 있는 아기도 이유식 재료는 알레르기가 없는 아기와 같이 제한 없이 사용해도 됩니다. 이유식 재료를 너무 제한해서 오히려 영양 균형이 깨지고 알레르기 질환이 더 악화되는 경우도 있습니다. 특히 밀가루의 경우 만 7개월 이후에 먹이면 오히려 알레르기가 더 심하게 생길 수 있기 때문에 반드시 만 7개월이 되기 전에 이유식에 넣어줘야 합니다. 때로는 이유식을 먹고 입 주변이 빨갛게 되고 발진 같은 것이 생기면 이유식 알레르기라고 생각해 그때 사용한 재료를 전부 피하는 경우도 있는데, 자칫하면 꼭 먹어야 하는 음식도 피하게 될 수 있습니다. 이유식을 먹고 나서 입 주위에 피부염이 생기는 경우 알레르기성 피부염인 경우보다 음식물로 인한 자극성 접촉 피부염인 경우가 더 많습니다. 침을 많이 흘리는 아기의 입 주위에 피부염이 생겼다고 해서 침에 알레르기가 생긴 것은 아니겠죠? 그와 마찬가지입니다. 입 주위에 피부염이 생겼다고 이유식을 섣불리 제한하는 것보다는 소아청소년과에 내원해 어떤 종류의 피부염인지, 앞으로 이유식을 어떻게 진행해야 할지 상담하는 것이 좋습니다.

♣ 한눈에 보는 이유식 캘린더 ♣ 시기별 이유식 비교

	초기 생후 5~6개월	중기 생후 7~8개월
치아 발달	아래 앞니 2개	위 앞니 2개
이유식 횟수	1회	2회
간식	없음	1회
수유 횟수	4~6회	3~5회
이유식 농도	**10배 미음** 쌀 곱게 간 수프 형태 소고기 곱게 간 수프 형태 양배추 곱게 간 수프 형태 감자 부드럽고 곱게 으깬 형태	**6배 죽** 쌀 점성이 있어 흘러내리지 않는 형태 소고기 곱게 간 형태 양배추 곱게 간 형태 감자 곱게 으깬 형태
1회 섭취량	이유식 20~80g 모유 또는 조제유 160~200㎖ (하루 800~1,000㎖)	이유식 70~100g 모유 또는 조제유 160~240㎖ (하루 700~800㎖)
조리 특징	믹서로 갈기	절구로 으깨기

스스로 머리를 가누거나 도움을 받아 혼자 앉을 수 있어요. 혀를 움직이며 꿀꺽 삼킬 수 있어요.

평균 몸무게 · 남아 7.5kg · 여아 6.9kg
평균 키 · 남아 65.9cm · 여아 64cm
평균 머리둘레 · 남아 42.6cm · 여아 41.5cm
※ 5개월 기준

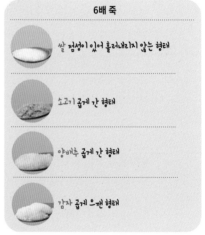

이제는 혼자 기어 다닐 수 있고, 손바닥으로 물건을 잡을 수도 있어요. 혀로 음식을 으깨 먹는 걸 잘하고, 조금씩 씹어보려고도 해요.

평균 몸무게 · 남아 8.3kg · 여아 7.6kg
평균 키 · 남아 69.2cm · 여아 67.3cm
평균 머리둘레 · 남아 44cm · 여아 42.8cm
※ 7개월 기준

후기 생후 9~11개월 　　　 완료기 생후 12~15개월

후기 생후 9~11개월	완료기 생후 12~15개월
위 앞니 양옆 2개	아래 앞니 양옆 2개
3회	3회
1회	2회
2~3회	2회 이하

후기 생후 9~11개월

4배 죽

 쌀 입자가 퍼지지 않은 형태

 소고기 잘게 다진 형태

 양배추 잘게 다진 형태

 감자 칼등으로 으깬 형태

 이유식 100~150g

 모유 또는 조제유 하루 600~800㎖

 칼로 다지기

완료기 생후 12~15개월

2배 죽

 쌀 쌀알 입자가 퍼지지 않는 형태

 소고기 다진 형태

 양배추 다진 형태

 감자 다진 형태

 이유식 120~180g

 모유 또는 조제유 하루 400~600㎖ 내외

 잘게 썰기

무언가 잡을 것만 있으면 혼자 일어날 수 있어요. 혀를 자유롭게 움직일 수 있고 잇몸이나 앞니로 음식을 씹어 먹어요.

평균 몸무게 · 남아 8.9kg · 여아 8.2kg
평균 키 · 남아 72cm · 여아 70.1cm
평균 머리둘레 · 남아 45cm · 여아 43.8cm
※ 9개월 기준

이제 혼자 설 수 있고, 걸음을 뗄 수 있어요. 혼자 숟가락으로 먹으려고 하고, 빨대나 컵으로 물을 마실 수 있어요.

평균 몸무게 · 남아 9.6kg · 여아 8.9kg
평균 키 · 남아 75.7cm · 여아 74cm
평균 머리둘레 · 남아 46.1cm · 여아 44.9cm
※ 12개월 기준

♣ 한눈에 보는 이유식 식단 ♣

초기부터 후기까지, 따라만 하면 완성되는 28주 이유식 코스를 소개합니다!

초기 생후 5~6개월

	월요일	화요일	수요일	목요일	금요일	토요일	일요일	어른 반찬
1주(1회)	쌀미음 P.60				소고기미음 P.62			소고기장조림 P.64
2주(1회)	소고기단호박미음 P.72				소고기감자미음 P.74		소고기감자단호박미음 P.76	소고기바비큐볶음 P.78
3주(1회)	소고기브로콜리미음 P.86				소고기양배추미음 P.88		소고기브로콜리양배추미음 P.90	양배추쌈밥 P.92
4주(1회)	소고기고구마미음 P.100				소고기콜리플라워미음 P.102		소고기고구마콜리플라워미음 P.104	콜리플라워고구마볶음 P.106
5주(1회)	소고기가지미음 P.114				소고기애호박미음 P.116		소고기가지애호박미음 P.118	가지전·호박전 P.120
6주(1회)	닭고기브로콜리미음 P.128				닭고기청경채미음 P.130		닭고기브로콜리청경채미음 P.132	청경채볶음 P.134
7주(1회)	닭고기완두콩미음 P.142				닭고기비타민미음 P.144		닭고기완두콩비타민미음 P.146	닭고기완두콩튀김 P.148
8주(1회)	단호박두부죽 P.156		달걀 노른자죽 P.158	소고기브로콜리노른자죽 P.160				두부잡채 P.162

중기 생후 7~8개월

	월요일	화요일	수요일	목요일	금요일	토요일	일요일	어른 반찬
1주(2회)	대구살브로콜리애호박죽 P.184			소고기브로콜리양배추죽 P.186				닭고기양배추볶음 P.188
	닭고기비타민죽 P.144			대구살브로콜리애호박죽 P.184				
2주(2회)	소고기아욱감자죽 P.196			소고기아욱표고버섯죽 P.198	소고기애호박표고버섯죽 P.202			아욱소고기된장국 P.204
	닭고기아욱고구마죽 P.200			소고기아욱감자죽 P.196				

	월요일	화요일	수요일	목요일	금요일	토요일	일요일	어른 반찬
3주(2회)	대구살무표고버섯죽 P.212			소고기시금치고구마죽 P.216				시금치무침 P.220
	소고기브로콜리노른자죽 P.214				소고기완두콩죽 P.218			
4주(2회)	소고기배추감자죽 P.228			소고기검은콩비타민죽 P.232				비타민검은콩샐러드&감자튀김 P.236
	소고기배추비타민죽 P.230				검은콩매시트포테이토 P.234			
5주(2회)	닭고기시금치양파죽 P.244			소고기바나나청경채양파죽 P.246				애호박양파링전 P.250
	닭고기브로콜리청경채죽 P.132			소고기애호박감자죽 P.248				
6주(2회)	으깬시금치두부 P.258		시금치노른자죽 P.260					두부조림 P.266
	소고기완두콩찹쌀죽 P.262			소고기당근애호박죽 P.264				
7주(2회)	소고기비트감자죽 P.274				소고기현미죽 P.276			대구살스테이크 P.278
	대구살브로콜리애호박죽 P.184				소고기애호박감자죽 P.248			
8주(2회)	비타민지짐·사과소스 P.286	닭고기비타민죽 P.144			시금치브로콜리달걀당근찹쌀죽 P.288 (달걀 *흰자 포함)			비타민사과달걀샐러드 P.292
	고구마브로콜리수프 P.290 (무가당 두유)				닭고기비타민죽 P.144			

후기 생후 9~11개월

	월요일	화요일	수요일	목요일	금요일	토요일	일요일	어른 반찬
1주(3회)	소고기우엉고구마무른밥 P.316			소고기우엉연두부무른밥 P.318				고구마밥 P.324
	닭고기비타민사과무른밥 P.320			닭고기비타민무른밥 P.144				

	월요일	화요일	수요일	목요일	금요일	토요일	일요일	어른 반찬
	두부완두콩달걀찜 P.322			대구살브로콜리 애호박무른밥 P.184				
2주(3회)	양송이두부타락죽 P.332			소고기양송이양파달걀밥 P.334				단호박크림수프 P.338
	소고기시금치고구마무른밥 P.216			대구살연두부단호박무른밥 P.336				
	대구살무표고버섯무른밥 P.212			닭고기비타민무른밥 P.144				
3주(3회)	두부오믈렛 P.346			브로콜리감자두부 미역무른밥 P.348				시금치전 P.358
	소고기양송이검은콩브로콜리 무른밥 P.350			소고기우엉시금치 무른밥 P.352				
	닭고기아욱고구마 당근무른밥 P.354			닭고기당근브로콜리 무른밥 P.356				
4주(3회)	대구살무표고버섯무른밥 P.212			소고기오이시금치 무른밥 P.366				오이탕탕이 P.372
	감자연두부완두콩샐러드 (플레인 요구르트) P.368			소고기애호박표고 버섯무른밥 P202				
	소고기당근애호박 무른밥 P.264			대구살닭고기영양죽 P.370				
5주(3회)	새우미역무른밥 P.380			소고기검은콩연근무른밥 P.382				닭칼국수 P.386
	소고기시금치고구마무른밥 P.216			닭고기비타민무른밥 P.144				
	닭고기사과오이무른밥 P.384			대구살브로콜리애호박무른밥 P.184				
6주(3회)	양송이당근시금치타락 죽 P.394			게살브로콜리당근 양파무른밥 P.396				게살브로콜리 버터볶음 P.398
	소고기우엉고구마무른밥 P.316			대구살닭고기영양죽 P.370				
	닭고기당근브로콜리 무른밥 P.356			소고기우엉시금치 무른밥 P.352				
7주(3회)	닭고기당근시금치옥수수진밥 P.406			닭고기파프리카우엉 진밥 P.408				오므라이스 P.416
	새우양송이양파덮밥 P.410			새우애호박진밥 P.412				
	소고기애호박감자진밥 P.248			소고기파프리카연근진밥 P.414				

	월요일	화요일	수요일	목요일	금요일	토요일	일요일	어른 반찬
8주(3회)	시금치게살볶음 P.424			들깨미역 진밥 P.426				오삼불고기 P.432
	소고기양송이양파달걀밥 P.334			닭고기들깨두유진밥 P.428				
	돼지고기당근 두부조림 P.430		소고기양송이검은콩 브로콜리진밥 P.350					
9주(3회)	잔치국수 P.440	소고기콩나물시금치진밥 P.442			시금치게살볶음 P.424			콩나물잡채 P.444
	돼지고기당근두부조림 P.430	대구살무표고버섯 진밥 P.212						
	닭고기아욱고구마당근진밥 P.354			닭고기당근시금치옥수수진밥 P.406				
10주(3회)	당근고구마롤샌드위치(아기용 치즈) P.452			김당근양파달걀 진밥 P.454				고구마햄치즈 샌드위치 P.456
	새우양송이양파덮밥 P.410			소고기양송이양파달걀 밥 P.334				
	닭고기파프리카우엉진밥 P.408			게살브로콜리당근양파진밥 P.396				
11주(3회)	소고기적채애호박 진밥 P.464			멸치김주먹밥 P.466				피간잔멸치 볶음 P.468
	시금치게살볶음 P.424			소고기검은콩연근진밥 P.382				
	닭고기들깨두유진밥 P.428			대구살닭고기영양죽 P.370				
12주(3회)	달걀샐러드·사과즙소스 P.476			닭고기사과오이 진밥 P.384				두부전골 P.482
	돼지고기당근두부조림 P.430		소고기아스파라거스 양파진밥 P.480					
	소고기근대양파진밥 P.478			새우애호박진밥 P.412				

※ 엄마의 코스와 다른 이유식을 먹일 때는 꼭 새로운 재료는 3~4일간의 적응 기간을 두어야 한다는 걸 잊지 마!

알차게 준비해서 영양 만점 이유식을 만들어보자!

수미 엄마와 함께 준비하는 이유식 ① 재료 준비

곡류

쌀

쌀벌레가 있는지, 도정 후 1년 이상 지나진 않았는지 확인하고 써야 한다. 보통 너무 오래돼 사용할 수 없는 쌀에서는 냄새가 나니, 후각을 적극 활용해 쌀을 골라보자. 흐르는 물에 쌀을 여러 번 씻고, 쌀이 잠길 정도로 물을 부은 뒤 3시간 정도(최소 30분 이상) 불린다. 생쌀은 페트병에 담아 냉장고에 보관한다.

들깨

겉으로 보기에 윤기가 자르르 흐르고 동그란 알갱이가 깨끗한 게 품질이 좋은 것이다. 먼저 이물질을 손으로 걸러낸 후, 흐르는 물에 부드럽게 씻고, 달군 팬에 들깨를 부어 약한 불에서 부드럽게 저어주며 볶는다. 고소한 향이 가득해지고 으깼을 때 파사삭 소리가 날 때까지 볶다가 불을 끄고 나무 숟가락으로 저어주며 열을 식힌다. 들깨는 볶은 순간부터 산패가 시작되기 때문에 사용할 만큼 조금씩 직접 볶아 금방 쓰는 게 좋다. 바로 먹을 거라면 실온에, 그렇지 않다면 냉동에 보관한다.

완두콩

동글동글한 완두콩은 단단한 게 좋은 것이다. 따라서 손으로 만져봤을 때 무르지 않고 단단한 놈으로 고른다. 색깔도 예쁜 초록색을 띠는 게 좋은데, 한눈에도 싱싱함이 묻어나는 콩이 좋다. 제철인 6월경에 대량으로 사서 냉동 보관한다. 생콩 상태로 보관해도 좋고, 데쳐서 보관해도 좋으니, 각자 편한 방법으로 보관한다.

검은콩

짙은 검은색이 균일하고 돌고, 윤기가 흐르는 게 좋은 콩이다. 또 손으로 만졌을 때 단단하고 깨진 곳이 없는 게 제일 좋다. 외국산보다는 국산콩을 고르는 게 좋다. 아기 이유식으로 콩을 이용할 때 가장 중요한 건 반드시 껍질을 벗겨야 한다는 점이다. 귀찮더라도 꼭 한 알 한 알 남은 껍질이 없도록 꼼꼼하게 살피자. 생콩은 통풍이 잘되면서 건조한 곳에 보관한다. 만일 미리 삶아놓는다면, 삶은 콩 그대로 또는 으깨서 1회분씩 담아 냉동실에 보관하면 된다.

육류

소고기

이유식에 사용하는 고기는 소고기 중에서도 안심이 좋다. 지방과 기름기가 적어 부담이 덜하고, 육질도 부드러워 아이가 먹기에도 좋다. 어떤 부위인지 정확하게 알 수 없는 다진 것보다는 엄마가 수고롭더라도 안심을 사서 직접 다지는 게 가장 좋다. 안심을 사면서 다져달라고 하는 것도 좋은 방법이다. 기름기를 칼로 제거한 후 키친타월로 감싸 핏물을 제거한다. 1회분씩 나눠 랩으로 감싸 냉동에 보관하면 되는데, 이때 각각 보관 날짜를 적어놓는다.

닭고기

닭고기 부위 중에서는 안심이 아이가 먹기에 부담이 덜한 부위다. 지방이 거의 없고 기름기가 적기 때문에 아직 소화력이 약한 아이에게 무리를 덜 준다. 피가 보이는 것보다는 분홍색이 선명하게 돌면서 윤기가 흐르는 게 좋다. 닭 안심은 껍질을 벗기고 힘줄을 제거해야 한다. 그런 후 흐르는 물에 씻어서 잘게 다지면 되는데, 이렇게 잘게 다져 손질한 닭 안심은 1회분씩 나눠 담은 후 냉동 보관한다.

돼지고기

지방이 적고 비계가 없는 부위가 좋은데, 등심이나 안심이 좋다. 검은빛이 돌면 상태가 좋지 않은 고기이기 때문에 선명한 선홍빛이 도는 고기를 사용해야 한다. 돼지고기는 먼저 껍질과 힘줄, 비계를 제거한다. 그런 후 키친타월로 가볍게 감싸 핏물을 제거한 다음 1회분씩 나눠 랩으로 감싸 냉동 보관한다.

달걀

달걀은 껍질이 두꺼운 게 좋다. 그리고 겉면이 깨끗하고 반들반들한 것보다는 오히려 까칠까칠한 게 더 신선하다. 한 가지 알아두면 좋을 점은 이유식을 끓일 때 넣는 달걀은 곱게 푼 후 체에 한번 더 밭쳐 걸러주면 더 좋다는 것이다. 특히 알끈을 제거하는 걸 잊지 말자. 달걀에 직접 유통기한을 적어놓으면 포장지를 잃어버려도 걱정할 필요 없다. 뾰족한 부분보다 둥글고 넓적한 부분을 위로 향하게 해놓아야 신선함을 오래 유지할 수 있다. 달걀은 표면에 지저분한 게 묻어 있더라도 물로 씻어내지 말고 그대로 보관해야 신선도가 오래간다.

단호박

단호박은 색이 일정하게 녹색을 띠는 게 좋다. 단호박이 싱싱한지 알아볼 수 있는 가장 좋은 방법은 꼭지를 보는 것인데, 꼭지가 무르지 않고 단단하면서 싱싱한 게 좋다. 동그랗고 반들반들한 것보다 약간은 타원형으로 꺼칠꺼칠한 게 좋다. 바람이 잘 통하는 서늘한 곳에 보관한다. 단, 사용하고 남은 것은 금세 무르기 때문에 냉동보관하는 것이 좋다.

감자

묵직한 느낌이 들면서 상처가 나지 않은 게 좋다. 서늘하고 바람이 잘 통하는 곳에 보관하며, 햇빛이 들지 않는 곳에 보관한다. 싹이 난 감자는 독이 있으므로 싹이 나거나 푸른빛이 도는 감자는 먹지 않는다.

브로콜리

브로콜리는 송이가 둥그스름하고 볼록하게 퍼진 것으로 고른다. 무른 것보다 단단한 게 좋으며, 줄기 단면이 마르지 않고 싱싱한 게 좋다. 구매 후 냉장고에 보관하면 되는데, 손질할 때는 물에 꽃송이가 완전히 잠길 정도로 10여 분간 담가두면 벌레나 이물질을 빼낼 수 있다.

양배추

전체적으로 노란빛보다 푸른빛을 띠는 게 좋다. 겉잎이 연녹색으로 싱싱한 게 좋고, 잎이 말라 있는 것은 좋지 않다. 겉잎을 몇 장 떼어 양배추를 전체적으로 감싼 후 신문지로 한 번 더 감싸 냉장고에 넣어 보관한다. 가운데 심을 도려내고 그 자리에 젖은 종이타월을 넣어 신문지나 랩으로 감싸 넣는 방법도 있다.

고구마

들었을 때 단단하면서 무거운 게 좋다. 겉은 상처가 나 있지 않고 꺼칠꺼칠한 것보다 매끄러운 게 좋다. 소량씩 신문지로 감싸 상자에 담아 통풍이 잘되는 곳에 둔다. 냉장고에 보관하지 않고 실온에 보관해야 한다. 간혹 잘못 보관하면 짙은 녹색으로 변해 맛이 변질되는 경우가 있는데 아이가 먹기 힘들어하니 익힌 뒤 상온에서 녹색으로 변한 부위가 있다면 제거하고 사용하자.

콜리플라워

얼룩이 없고 색이 균등하고 환한 게 좋다. 봉오리가 볼록하면서 알찬 것이 좋다. 씻기 전에 랩으로 감싸 냉장고에 넣어 보관한다. 브로콜리와 손질 방법이 비슷하다.

가지

보라색이 선명해야 하고 윤택이 나야 좋은 가지다. 꼭지까지 봐야 하는데 꼭지가 싱싱해야 좋고, 심하게 휜 것보다 곧은 것이 좋다. 냉장고에 넣지 않고 실온에 보관한다.

애호박

잡았을 때 단단한 게 좋다. 겉에 상처가 나지 않고 고른 게 좋은데, 역시 꼭지가 싱싱해야 좋은 것이다. 보관할 때는 물기 없이 신문지에 싸서 습도가 낮고 서늘한 곳에 보관한다. 사용할 때는 베이킹소다를 이용해 깨끗이 씻는다.

청경채

잎이 싱싱해 보이는 게 좋다. 힘없이 늘어진 것보다 넓고 부드럽게 펴져 있는 게 좋다. 줄기도 무른 것보다 단단한 게 좋다. 구입한 청경채는 지퍼백에 넣어 냉장고에 보관하고, 사용할 때는 시든 잎을 떼어 베이킹소다나 식초 한 방울 탄 물에 담가 살균한 뒤 사용한다.

비타민

시들시들한 것보다 잎 가장자리가 탱탱하면서 바깥으로 살짝 말린 게 싱싱한 것이다. 색은 선명한 초록색을 띠는 게 좋다. 구매 후 신문지로 감싸 냉장고에 넣는데, 신문지에 감싼 채로 지퍼백에 넣으면 더 오래 보관할 수 있다.

아욱

잎은 넓고 줄기는 통통하고 두툼한 게 좋다. 줄기를 잘랐을 때 딱 소리가 크게 나면 싱싱한 것이다. 물기를 제거하고 신문지로 감싸 냉장고에 넣어 보관하면 되는데, 요리할 때 손질하는 게 좀 까다롭다. 씻으면서 빨래하듯 여러 번 치대며 헹궈야 풋내를 없앨 수 있다.

표고버섯

갓이 우산 모양으로 둥그스름한 게 좋다. 색은 선명하며, 전체적으로 두툼하고 통통한 게 좋은데, 구매한 후 금방 먹을 거라면 냉장실에 넣어도 되지만, 일주일 이상 보관할 거라면 소량씩 나눠 담아 냉동실에 보관한다. 손질할 때는 갓만 떼어 젖은 키친타월로 이물질을 닦아 내거나 흐르는 물에 살짝 헹군다.

무

무는 상처가 별로 없고 알이 단단한 게 좋다. 신문지에 감싸 통풍이 잘되고 서늘한 곳에 보관한다. 무청이 달려 있다면 잘라내고 보관한다.

시금치

이유식에 사용하는 것인 만큼 줄기가 연한 것을 사용한다. 잎은 마르거나 시들지 않고 넓고 싱싱한 것이 좋다. 구매한 후에는 신문지나 키친타월로 싸서 냉장고에 보관한다. 사과와 함께 두면 금방 시들므로 따로 두어야 한다.

배추

무르지 않고 단단한 게 좋으며, 줄기는 하얗고 깨끗해야 한다. 속잎은 노랗고, 겉잎은 선명한 초록색을 띠는 게 좋은 것이다. 신문지로 감싸 바람이 잘 드는 서늘한 곳에 보관하거나 냉장고에 넣는다.

양파

선명한 색에 겉도 깨끗하고 알도 깨끗한 게 좋다. 크기가 너무 크거나 작은 것보다 고른 게 좋은데, 밀봉하는 것보다 망에 담아 바람이 잘 드는 서늘한 곳에 보관한다. 양 끝부분을 자르고 껍질을 벗긴 후 물로 깨끗이 씻어 사용한다.

바나나

잘 익은 것을 골라야 한다. 익지 않은 바나나는 배탈을 유발할 수 있기 때문에 이유식에 사용하지 않도록 주의한다. 냉장고에 넣지 않고 실온에 보관한다.

당근

표면이 곧으며 주황색이 선명하고 예쁜 게 좋다. 겉에는 상처가 나 있지 않아야 좋은데, 구매 후 신문지로 감싸 서늘한 곳에 보관한다. 흙이 묻은 상태로 보관하는 것이 좋은데 물로 씻은 후에는 밀봉해 냉장고에 보관한다.

비트

겉에 상처가 없고 색이 선명하며 매끈한 게 좋다. 냉동 보관해도 품질이나 식감의 변화가 거의 없으므로 구입 후 키친타월로 감싸 랩이나 지퍼백에 넣어 냉장실에 보관하거나, 냉동실에 보관한다.

우엉

겉에 상처가 없으며, 마르지 않고 두툼한 게 좋다. 구입 후 알맞은 길이로 잘라 신문지로 그대로 감싸 냉장고에 보관한다. 이유식에 사용할 때는 껍질을 벗겨 사용한다.

양송이

우산처럼 갓이 오목하면서 표면에 껍질 막이 까진 데 없이 고를 것이 좋다. 물기를 없애고 신문지로 감싸 냉장고에 넣어 보관한다. 요리할 때는 기둥을 자르고 갓 안쪽부터 껍질 막을 벗겨내 요리한다.

오이

모양이 일정하게 고르면서 단단한 게 좋다. 또 꼭지가 싱싱해야 한다. 구입한 후 소금으로 문질러 깨끗이 씻은 후 하나씩 랩으로 싸 냉장고에 보관한다. 눕히는 것보다 세로로 보관해야 더 오래 보관할 수 있다.

연근

속은 부드럽고, 구멍은 예쁘고 균등하게 나 있는 게 좋다. 겉모양은 일정하게 굵으면서 적당히 긴 걸 고른다. 구입 후 비닐로 감싸 통풍이 잘되고 서늘한 곳에 둔다. 자른 후에는 랩으로 감싸 냉장고에 넣는다.

옥수수

굵은 알맹이가 촘촘하게 박혀 있는 게 좋다. 알맹이가 무른 것보다 단단한 느낌을 주는 게 좋은 것이다. 껍질이 있다면, 선명하게 초록색을 띠는 것을 선택한다. 구입한 후 바로 먹지 않을 거라면 한번 쪄서 냉동실에 보관하면 더 맛있게 먹을 수 있다.

파프리카

단단하면서 표면이 쭈글쭈글하지 않고 매끈한 게 좋다. 꼭지도 중요한데, 꼭지가 단단하고 싱싱해야 한다. 랩으로 하나씩 싸 냉장고에 보관하면 오래 먹을 수 있다.

콩나물

힘없이 고개를 숙이고 있는 것보다 줄기가 단단하면서 통통하고 머리가 선명한 노란색을 띠는 게 좋다. 검은 반점은 없는 게 좋다. 검은 봉지에 넣어 빛이 들어가지 않게 한 후 냉장고에 넣어야 한다.

적채

윤기가 흐르고 보라색이 선명한 게 좋다. 속은 가득 차 있는 게 좋은데, 겉잎을 몇 장 떼어 전체적으로 감싼 후 신문지로 한 번 더 감싸 냉장고에 넣는다. 가운데 심을 도려내고 그 자리에 젖은 종이타월을 넣은 후 신문지나 랩으로 감싸 넣는 방법도 있다.

근대

잎은 선명한 녹색을 띠고, 줄기는 통통한 게 좋다. 부러뜨렸을 때 아삭한 소리가 나는 게 싱싱한 것이다. 구입한 후 신문지에 싸서 냉장고에 보관한다.

아스파라거스

연한 녹색이 돌면서 봉오리 끝이 모여 있는 게 좋다. 또 무른 것보다 만졌을 때 단단한 게 좋다. 신문지에 싸서 냉장실에 보관하면 되는데, 젖은 신문지에 싼 후 랩으로 다시 한번 싸거나 지퍼백에 넣어 냉장고에 넣는 게 좋다.

해산물

멸치

이유식에 사용할 때는 잔멸치를 이용한다. 잔멸치는 흰색을 띠는 게 좋다. 용기에 담아 밀봉한 뒤 냉동실에 보관한다.

대구살

대구는 몸집이 크고 살이 많아 보이는 것으로 고른다. 아가미가 선홍색을 띠며 눈이 또렷하고 맑은 게 좋다. 색 또한 싱싱한 빛깔을 띠는 게 좋다. 대구를 찬물에 깨끗하게 씻고, 체에 밭쳐 물기를 제거한 후 1회분씩 담아 보관하면 편하다. 미리 쪄서 냉동해놓고 필요할 때마다 꺼내 쓰는 방법도 있는데, 직접 찐 대구살이나 시중에서 판매하는 냉동 대구살이나 한번 냉동한 것은 다시 냉동하지 않도록 한다.

김

조미나 가공하지 않은 김이어야 한다. 돌김이나 김밥용 김처럼 두꺼운 것보다는 소화하기 쉽도록 얇은 김을 선택하는 것이 좋다.

게살

게는 배가 딱딱한 게 좋다. 살아 있다면 다리를 활발하게 움직이는 게 싱싱한 것이다. 게는 금방 상하기 때문에 잘못 먹으면 식중독에 걸릴 수 있다. 따라서 항상 신선한 게인지 확인하는 게 중요하다.

새우

탁한 색을 띠는 것보다 윤이 나면서 투명한 게 좋고, 껍질은 단단한 게 좋다. 등의 두 번째 마디와 세 번째 마디 사이에 있는 내장을 이쑤시개로 빼고 소금물에 넣어 흔들면서 씻는다. 깨끗이 씻은 후 냉동실에 보관하는 것이 좋다.

미역

겉면이 윤기가 나는 게 좋다. 지퍼백에 넣어 건조하고 서늘한 곳에 보관한다. 키친타월로 감싸 바람이 잘 들고 서늘하면서 습기가 없는 곳에 보관해도 된다.

[가공식품]

두부

처음에는 부드러운 연두부를 곱게 으깨 수프처럼 사용해도 된다. 그러다 아이가 점점 고형물에 적응하기 시작하면 두부를 다져 이유식에 넣어주거나, 길쭉한 모양으로 팬에 구워 간식으로 준다.

수미 엄마와 함께 준비하는 이유식 ② 조리 도구 준비

미니 믹서

초기에는 소량의 재료를 각각 갈아줘야 하기 때문에 큰 것보다 는 소음이 적은 미니 믹서가 좋아!

계량 저울

평소에는 눈대중 요리를 선호하지 만, 영양이 중요한 아이 이유식만 큰은 저울을 이용해 계량을 정확 하게 하려고 노력했어!

계량컵, 계량스푼

역시 정확한 계량을 위해 빠져서는 안 될 계량컵과 계량스푼!

칼 3개, 도마 2개

채소와 육류를 함께 조리해야 하는 이유식에서는 칼과 도마를 충분히 준비해 채소와 육류를 따로 손질해 야 해. 최소 칼 3개와 도마 2개가 필요하지.

실리콘 주걱

끓는 동안 열심히 이유식을 저어 주어야 해. 이때 필요한 건 실리콘 주걱이나 나무 주걱!

이유식 숟가락

아기에게 이유식을 먹일 숟가락을 잊어버려선 안 되겠지? 아이 입이 다치지 않도록 크기나 재질을 잘 보고 고르렴!

절구

중기에는 아직 씹는 게 서툰 아이 를 위해 절구로 으깨는 과정이 필요해. 손에 딱 맞는 절구를 꼭 준비하렴!

체

초기에는 이유식을 다 끓인 후 체에 한번 받치는 과정을 거친단 다. 그래야 훨씬 부드러운 형태가 돼 아직 어린 아기가 잘 먹을 수 있지.

찜기 또는 삼발이

요즘은 실리콘 삼발이도 있고, 성능 좋은 만능 찜기도 많이 나오 니 각자 자기에게 편한 걸로 정해 서 구비해놓으렴. 찜기는 정말 많이 사용한단다.

편수 냄비

한 번에 한 종류의 이유식만 만들 면 상관없지만, 여러 종류의 일주 일 치 이유식을 만들 생각이라면 냄비를 3~4개 정도 넉넉하게 구비해야 돼.

이유식 보관 용기

꼭 냉동 보관 가능한 이유식 용기 를 사용하렴. 이유식을 담고 겉출 지에 이유식 이름과 만든 날짜를 적어 붙이는 거 잊지 말고!

매셔

절구로 으깨거나 칼등으로 으깨도 되지만, 조금 더 편하게 으깨고 싶 으면 매셔 하나쯤은 구비해도 좋아!

수미 엄마와 함께 준비하는 이유식 ③ 기초 육수 준비

육수를 만들어놨다가 이유식을 만들 때 물 대신 사용하면 아이에게 영양 가득한 이유식을 만들어줄 수 있 겠지? 이유식을 만들면서 나오는 고기 끓인 물이나 채소 끓인 물을 물 대신 사용하는 것도 좋은 방법이니, 미리 육수 만들 시간이 없다면 괜히 스트레스받지 말고 과감하게 패스하는 것도 엄마는 좋다고 봐.

닭고기육수　재료 닭 가슴살 150g, 물 1.5L, 양파 ½개, 마늘 3쪽

❶ 닭 가슴살은 모유나 분유에 20분간 재운 후 물에 깨끗이 헹궈 껍질을 벗기고 힘줄을 제거한다.
❷ 양파는 껍질을 벗겨 반으로 자르고, 마늘도 껍질을 벗겨 준비한다.
❸ 냄비에 손질한 재료와 물을 담고 강한 불로 끓인다. 불순물과 거품을 걷어내며 끓이다, 물이 끓으면 불을 줄여 1시간 정도 끓인다.
❹ 체 위에 면포를 올리고 육수를 부어 건더기와 재료를 걸러낸다.
❺ 1회분씩 담아 냉동실에 보관한다.

* 마늘은 삶은 뒤 걸러낸다면, 아이 이유식을 위한 육수 재료로 써도 괜찮단다.

소고기육수　재료 소고기 양지 또는 사태 150g, 물 1L, 무 100g, 양파 ½개

❶ 소고기는 1시간 정도 찬물에 담가 핏물을 뺀다.
❷ 양파는 껍질을 벗겨 반으로 자르고, 무는 물로 깨끗이 씻어 껍질을 깎아 깍둑썰기 한다.
❸ 냄비에 손질한 재료와 물을 담고 강한 불로 끓인다. 불순물과 거품을 걷어내며 끓이다, 물이 끓으면 불을 줄여 1시간 반 정도 끓인다.
❹ 체 위에 면포를 올리고 육수를 부어 건더기와 재료를 걸러낸다.
❺ 1회분씩 담아 냉동실에 보관한다.

채소국물　재료 무 100g, 양파 · 당근 ½개씩, 표고버섯 5개, 사과 1개, 물 2L

❶ 표고버섯은 기둥을 잘라내고, 젖은 키친타월을 이용해 갓에 묻은 먼지와 이물질을 털어내거나 물에 살짝 씻는다.
❷ 무는 흐르는 물에 깨끗이 씻고 껍질을 제거한 후 깍둑썰기 한다.
❸ 양파는 껍질을 벗겨 반으로 자르고, 당근은 깨끗이 씻어 껍질을 벗긴 후 깍둑썰기 한다.
❹ 사과도 깨끗이 씻어 반으로 자른다.
❺ 냄비에 손질한 모든 재료를 담고 강한 불로 끓인다. 끓기 시작하면 불을 약하게 줄여 40분 정도 더 끓인다.
❻ 체 위에 면포를 올리고 육수를 부어 건더기와 재료를 걸러낸다.
❼ 1회분씩 담아 냉동실에 보관한다.

의사 선생님과 미리 미리 준비해두자

삐뽀삐뽀! 아이가 아파요, 이유식 119

Q. 아이가 감기에 걸렸어요.

감기에 걸려서 여러 가지 증상을 보일 때, 음식으로 이런 증상을 완화할 수는 없습니다. 아기가 감기에 걸리면 입맛이 없어 잘 먹던 이유식도 안 먹으려 할 수 있습니다. 감기 걸리기 전에 먹던 양만큼 먹이려 애쓰지 마세요. 오히려 이유식을 더 거부할 수 있습니다. 아이가 이유식을 조금밖에 먹지 않더라도 이유식을 중단하면 안 됩니다. 한번 중단하면 감기가 낫더라도 다시 먹이기 어려울 수 있습니다. 감기에 걸리면 비교적 쉽게 먹을 수 있고 평소에 좋아하던 이유식 위주로 주는 게 좋습니다.

Q. 아이가 자꾸 설사를 해요.

예전에는 설사를 하면 이유식을 중단하고 무조건 굶기기도 했습니다. 그러나 그렇게 굶기거나 흰죽만 먹이면 오히려 병이 빨리 낫지 않고 더 오래갑니다. 장염이 심해 설사가 아주 심하더라도 정상적으로 원래 먹던 음식을 먹이는 게 회복에 더 도움이 됩니다. 설사를 할 때는 특히 아연이 부족할 수 있으므로 아연이 많이 들어 있는 고기를 넣은 이유식을 먹이는 게 좋습니다. 너무 기름지거나 당도 높은 과일이 들어간 음식만 피하면 됩니다.

Q. 아이가 변비에 걸렸어요.

변비는 대개 수분이나 식이 섬유가 부족한 경우에 잘 생깁니다. 이유식을 먹이기 전이라면 수유만으로도 충분한 수분을 섭취할 수 있어 따로 물을 먹지 않아도 되지만, 이유식을 시작하면 좀 더 많은 수분을 섭취해야 합니다. 이유식을 먹기 전, 그리고 다 먹은 후에는 꼭 물을 마시게 해주세요. 변이 단단하다면 수용성 식이 섬유가 많이 든 채소를 먹이는 게 좋습니다. 배추나 양배추, 고구마, 해조류 등이 들어간 이유식이 도움을 줄 수 있어요. 고기가 채소 양보다 많을 때 변비가 올 수 있으므로 아기의 변이 단단해진다면 채소 양을 늘려줘야 합니다.

Q. 아이가 이유식을 잘 먹으려 들지 않아요.

이유식을 잘 먹던 아기가 이유식을 먹지 않으려 하면 엄마는 아주 곤혹스러워집니다. 억지로 먹일 방법이 없기 때문이죠. 일단은 어딘가 아파서 먹지 않으려 할 수 있기 때문에 몸에 이상이 없는지 소아청소년과 진료를 받아봐야 합니다. 몸에 이상이 없다면 최근에 아기가 싫어하는 재료를 넣지 않았는지, 엄마가 일정량을 채우기 위해 더 이상 먹지 않겠다는 의사 표현을 했는데도 계속 먹이려 하지 않았는지 살펴봐야 합니다. 혹은 아기가 전에 잘 먹던 이유식을 만들어서 조금씩 먹여보세요. 아기가 이유식을 먹지 않으려 한다고 아예 이유식을 중단하면 안 됩니다.

우리 조이 아~~
아이쿠 잘 먹는다, 우리 아가

이유식의 시작

생후 4~6개월은 미음 꿀꺽기

이 시기 아기는 지금까지 모유나 분유 같은 액체만 먹어왔고, 치아도 나지 않아 처음부터 씹는 음식을 먹을 수 없어. 그래서 물인지 죽인지 헷갈릴 정도로 묽은 미음부터 시작해야 한단다. 숟가락으로 뜨면 주르륵 흘러내릴 정도로 질감이 묽어야 하는데, 그렇다고 초기 내내 이런 묽은 미음만 먹이면 아이의 성장과 발달에 좋지 않은 영향을 미친다는 걸 명심해야 해. 개월 수가 더해갈수록 조금씩 농도를 진하게 바꿔주면서 적응시켜야 하지. 아이가 빨리 성장했으면 하는 마음에 서두르지 말고 천천히, 그리고 꾸준히 단계적으로 조금씩 바꿔나가야 한다는 걸 새겨두렴.

엄마의 스피드 레슨

하루에
한 숟가락씩

하루 한 번

수유할 때
같이 먹이기

20g까지
양 늘리기

쌀미음

매끼 고기

3일에 재료
하나씩 추가

물은 쌀의 10배

데치기/찌기 ▶ **믹서로 갈기**
▶ 끓이기 ▶ 체에 밭치기

일주일 치
이유식을 한 번에

7개의 용기

2개는 냉장, 5개는 냉동 보관

 딸아

**10분만이라도
이걸 읽고
시작하렴**

초기에서 가장 중요한 건 욕심 버리기. 한 숟가락씩만 먹이더라도, 잘 먹다가 열흘 정도 이유식을 중지하더라도 조바심 내지 말고 아이를 기다리고 또 기다려주는 게 핵심이란다.

초기 이유식, 언제 시작하면 되겠니?

갓난아기는 모유나 분유처럼 액체가 아닌 것이 입에 들어오면 본능적으로 뱉고 본다. 이걸 어려운 말로 '내뱉기 반사'라고 부른다는데, 생후 4~5개월에 조금씩 테스트를 해서 내뱉는 반응이 덜하거나 사라졌을 때 이유식을 시작하면 돼. 보통 엄마, 아빠가 밥을 먹을 때 옆에서 입을 오물거린다든지 하면서 같이 먹고 싶어 하는 액션을 취하기도 하니, 이 두 가지 행동이 나타날 때 이유식을 한 숟가락씩 먹여보렴.

'음식' 적응부터 시켜

이유식 초기에 엄마가 가져야 할 목표는 딱 두 가지야. 아이에게 모유나 분유 외의 '음식'을 적응시키는 것과 개인적인 욕심을 내려놓는 것이란다. 정성스레 만든 이유식을 아이가 처음부터 한 그릇 뚝딱 맛있게 먹어줄 거란 기대는 아예 가지지 말아야 해. 매일 한식만 먹던 사람에게 갑자기 베트남 음식을 먹으라고 한다면 그 사람도 처음부터 맛있게 몇 그릇씩 해치울 수는 없겠지? 마찬가지야. 아기도 지금까지 먹어보지 않은 쌀미음이라는 음식을 처음부터 잘 먹을 순 없어. 이때 엄마가 아기를 닦달하거나 강요하면 아기에게는 음식이 세상에서 제일 싫은 게 되어버릴 거야. 그러니 이 시기에는 하루에 한 숟가락씩만 먹인다는 마음으로 시작해야 해. 점점 숟가락 수를 늘리며 아기에게 조금씩 이유식을 맛보게 한다는 생각으로 접근하는 게 가장 중요하단다.

전문가에게 물어봤지!

 초기 이유식에서 가장 중요한 것은 무엇이죠?
초기 꼭 필요한 우리 아이 발달

초기 이유식은 모유(또는 조제유)만 먹던 아기에게 완전히 새로운 식품을 제공한다는 점에서 굉장히 중요하다고 할 수 있어요. 하지만 일부 어머니들은 '모유가 가장 좋은 것 아니야?'라고 생각해 이유식을 시작할 필요성을 잘 체감하지 못하는 경우가 있습니다. 초기 이유식을 시작하는 시기와 적절한 식품 선택은 아이의 성장 발달뿐 아니라 건강에도 아주 중요한 영향을 미칩니다.

생후 만 6개월이 되는 시점에는 모유만으로는 아기의 성장 발달에 필요한 영양소를 충분히 공급하기가 어렵기 때문이죠. 특히 아기 몸속에 저장되어 있던 철분이 고갈되고 단백질 필요량이 늘어나기 때문에 철분이 많은 식품과 단백질 식품을 먹도록 해야 합니다.

특히 철분 결핍에 주의해야 하는데, 이유식을 늦게 시작하면 아이가 철분 결핍으로 인한 빈혈을 겪을 수 있어요. 빈혈이 있으면 식욕이 떨어지고 피부가 창백하며 종종 다크서클이 나타나기도 합니다. 또 쉽게 짜증 내고 잠투정도 많아집니다.

반면 조급한 마음으로 너무 일찍(생후 4개월 이전) 시작하면 장 기능이나 소화효소 분비 능력이 충분치 않아 변비, 설사, 소화불량, 흡수불량, 식품 알레르기 등의 반응이 일어나기 쉬우니 지나치게 서두르셔도 안 돼요. 이 시기 이유식을 통해 적절한 영양을 공급하면 아이는 머리를 가누는 힘이 생겨 아이를 안거나 앉히거나 눕힐 때 좀 더 안정적으로 자세를 취할 수 있죠. 또 혀를 앞뒤로 움직이는 반응, 음식을 목구멍 쪽으로 이동시키는 반응이 발달하면서 점차 많은 양의 음식을 섭취할 수 있게 됩니다.

 초기 이유식 땐 무엇을 꼭 챙겨야 할까요?
필수 섭취 영양소

초기 이유식에는 철분이 풍부한 식재료를 사용하는 것이 좋습니다. 철분은 다양한 식품에 존재하지만 생후 5~6개월 아이가 먹을 수 있는 식품 중에서는 소고기와 달걀노른자, 콩, 감자가 대표적입니다. 콩이나 감자보다는 달걀노른자나 소고기를 통한 섭취를 좀 더 권장하는데, 식물성 식품에 함유된 철보다는 동물성 식품에 포함된 철이 더 쉽게 흡수되기 때문입니다.

모유 수유를 통해서도 엄마 몸의 철분이 아이에게 소량 전달되기 때문에 엄마도 철분을 충분히 섭취하도록 신경 쓰는 것이 좋겠죠. 성인이 섭취할 수 있는 철분이 풍부한 식품은 조개, 새우, 달래, 쑥, 냉이, 부추 등입니다.

초기 이유식, 엄마만 따라 해! 초기 이유식 먹이는 방법

 Step 01 한눈에 보는 초기 이유식 먹이는 방법

이유식		모유/분유	
일일 횟수	1회	일일 수유 횟수	4~6회
형태	미음		
배 죽	초반 10배 죽 → 후반 8배 죽		
섭취량	한 숟가락씩 점차 늘려 20~80g까지	수유량	800~1,000㎖
간식	없음		

 딸들아~ 필수 체크

☑ 횟수 체크 초기 이유식은 하루 한 끼만!

☑ 형태 체크 숟가락으로 떴을 때 주르륵 흘러내리는 농도의 미음으로 시작해 조금씩 농도를 조절해주도록!

☑ 농도 체크 '~ 배 죽'은 불린 쌀 대비 몇 배의 물을 넣느냐 하는 의미.
초반엔 불린 쌀의 10배 물을 넣다가 점점 8~7배까지 물을 줄여가며 살짝 되게 조절해 적응시키도록!

☑ 양 체크 하루 한 숟가락에서 하루 두 숟가락으로 늘리자. 초기에 아기는 이유식을 별로 달가워하지 않기 때문에
초반 며칠은 한 숟가락씩, 이후 매일매일 숟가락 수를 늘리는 식으로 먹는 양을 조금씩 늘리도록!

☑ 간식 체크 초기에는 간식을 따로 주지 않아도 돼. 과일의 단맛을 먼저 느끼면 채소 이유식을 잘 먹지 않을 수 있으므로
과일주스를 따로 만들어서 줄 필요는 없단다.

 Step 02 초기에는 어떤 음식을 먹여야 할까?

사실 옛날에는 아기에게 먹이지 말아야 하는 재료가 꽤 많았지. 하지만 의학이 발달해서인지 요즘은 딱히 먹어서 나쁠 게 있는 음식이 그렇게 많지는 않더라고. 나도 우리 손녀 먹이려고 열심히 공부해서 알게 된 거지만, 몇 가지 재료를 빼고는 알레르기 반응이 나타나지만 않으면 웬만한 건 먹여도 상관없다고 해. 그래도 조심해서 나쁠 건 없고, 어차피 초기에 먹일 수 있는 식재료 가짓수도 얼마 안 되니 굳이 찜찜한 걸 먼저 먹일 필요는 없겠지? 그래서 나는 따로 먹여도 좋은 재료, 피하는 게 더 좋은 재료를 정리해놓고 이유식을 만들었어.

 **YES! 초기에 먹일 수 있는 재료**

 탄수화물

쌀

찹쌀

감자

고구마

단백질

소고기

닭고기

두부

대구살

도미살

달걀노른자

완두콩

강낭콩

채소 & 과일

애호박

단호박

양배추

브로콜리

콜리플라워

비타민

청경채

사과

바나나

가지

배

초기에 피하면 좋은 재료

배추, 옥수수, 김, 미역, 다시마, 기름,
견과류, 꿀, 등 푸른 생선, 우유, 요구
르트, 치즈, 달걀흰자, 각종 양념

 **초기 이유식 스케줄표**

　　이유식을 먹이는 시간은 평소 수유 시간을 체크해 각자 편한 시간대로 고르면 되는데, 아기가 언제 일어나고 자는지 함께 체크해 엄마와 아이 모두에게 편하고 안정된 시간으로 정하렴. 보통 오전이 편하기 때문에 옛날부터 대부분 오전 10시에 모유 수유와 함께 이유식을 먹였단다. 아기가 배고파할 때 이유식을 주는 게 이유식 적응에 도움이 되니까, 주로 배고파하는 시간대를 체크해 정하는 것도 좋은 방법이야. 내가 이유식을 먹인 시간을 정리했으니, 참고해서 각자 맞는 시간을 정해 매일 똑같은 시간에 아이에게 먹이도록 하렴.

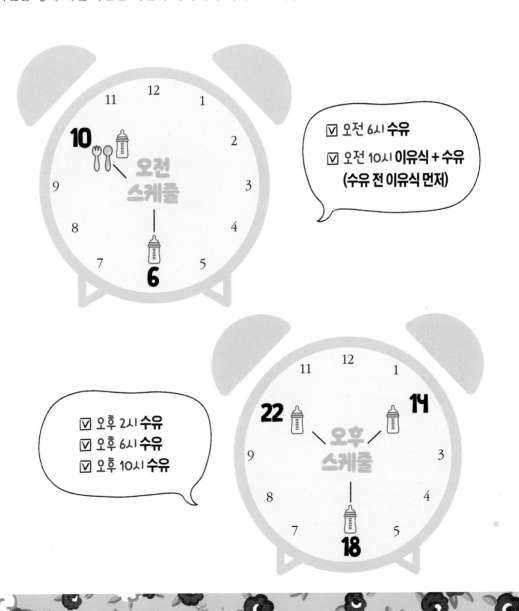

엄마가 알려주는 초기 이유식 조리 포인트

조리 원칙

☑ 초기 이유식은 무조건 고운 형태의 미음이 되도록 조리해야 한다.

☑ 초기 이유식에는 간을 하면 절대 안 돼.

☑ 초기 이유식은 볶기보다는 찌거나 삶는 것 위주로 만들어야 한단다.

필요 조리법

찌기

찜기를 이용하거나 냄비에 물을 반쯤 담고 삼발이를 올려 쪄내는 방법이란다.

삶기

펄펄 끓는 물에 부드러워질 정도로 푹 삶아 내는 방법이란다.

갈기

초기에 많이 필요한 방법으로, 믹서로 재료가 고운 가루처럼 될 때까지 곱게 가는 방법이란다.

체에 내리기

초기에 많이 필요한 방법으로, 미음을 끓인 후 더 부드럽도록 체에 한 번 밭쳐 걸러내는 방법이란다.

필요 조리 도구

☑ 냄비 1~3개 ☑ 믹서 ☑ 이유식용 체 ☑ 나무 주걱 ☑ 이유식 용기(밀폐 용기) ☑ 도마 1~2개

전문가에게 물어봤지!

 의사 선생님 ## 초기에 밀가루를 먹여도 괜찮나요?

네. 흔히 밀가루는 늦게 먹일수록 좋다고 생각하지만, 그렇지 않습니다. 7개월 이후에 먹이면 오히려 알레르기가 증가하기 때문에, 밀가루를 초기부터 조금씩 적응시키는 게 좋아요. 가루를 조금씩 뿌려 알레르기 반응이 나타나는지 확인해가면서 늘리는 게 좋겠죠?

 의사 선생님 ## 이 시기에 아기가 고기를 먹을 수 있을까요?

우리나라 엄마들이 잘못 알고 있는 것이 바로 '육수에도 영양분이 많을 것이다' 하는 것입니다. 하지만 고기를 육수로 내서 먹일 때는 고기의 철분이나 단백질 같은 영양소가 아기에게 충분히 가지 않기 때문에 꼭 매끼 고기를 직접 갈아서 주어야 합니다. 이 시기 아기도 충분히 고기를 먹을 수 있습니다.

 영양사 선생님 ## 초기 이유식할 땐 무엇을 주의해야 할까요?

이유식의 농도를 잘 맞추고 재료를 곱게 갈아주는 것이 중요해요. 재료가 곱게 갈려 있지 않으면 음식물이 기도로 넘어가 사례가 들려 아이가 힘들어할 수 있어요. 장기적으로는 이유식에 대한 안 좋은 경험이 쌓여 이유식을 거부할 수도 있으니 꼭 충분히 갈아주시길 바랍니다.

또 너무 무른 경우(물이 많은 경우) 영양 밀도가 낮아 아이가 충분한 영양소를 섭취하기 전에 배불러 할 수 있어요. 반면 너무 되직한 이유식은 아이 입장에서 삼키기 어려워 자꾸 뱉게 만들기 때문에 이유식을 먹이는 엄마가 많이 힘들어지죠.

이유식은 처음 만들 때는 농도가 적당한 것 같아도 만들고 나서 식히는 과정에서 전분의 호화, 수분 증발 등으로 되직해질 수 있으니 불을 끄는 시점에 이유식이 조금 묽은 상태인 게 좋아요.

혹시 너무 묽어도 안 되고 되직해도 안 된다고 하니 어렵게 느껴지시나요? 김수미 선생님의 레시피를 잘 따라온다면 농도 조절은 크게 염려하지 않아도 되니 레시피를 꼼꼼히 잘 따라와주세요.

초기 캘린더 한눈에 보기

	월요일	화요일	수요일	목요일	금요일	토요일	일요일	어른 반찬
1주 (1회)		쌀미음 p.60 재료: 쌀				소고기미음 p.62 재료: 쌀, 소고기		소고기 장조림
2주 (1회)		소고기 단호박미음 p.72 재료: 쌀, 소고기 단호박			소고기 감자미음 p.74 재료: 쌀, 소고기 감자		소고기 감자 단호박 미음 p.76 재료: 쌀, 소고기 감자, 단호박	소고기 바비큐볶음
3주 (1회)		소고기 브로콜리미음 p.86 재료: 쌀, 소고기 브로콜리			소고기 양배추미음 p.88 재료: 쌀, 소고기 양배추		소고기 브로콜리 양배추 미음 p.90 재료: 쌀, 소고기, 브로콜리, 양배추	양배추쌈밥
4주 (1회)		소고기 고구마미음 p.100 재료: 쌀, 소고기 고구마			소고기 콜리플라워미음 p.102 재료: 쌀, 소고기 콜리플라워		소고기 고구마콜 리플라워 미음 p.104 재료: 쌀, 소고기, 고구마, 콜리플라워	콜리플라워 고구마볶음

꿀꺽꿀꺽 넘기다 보면 초기가 금방 지나가! 수미엄마 표 두 달 플랜! 처음에는 아이가 먹기 부담스럽지 않은 채소들 위주로, 믹서로 최대한 곱게 갈아 천천히 이유식을 시도해보렴!

※ 새롭게 시도한 재료들을 색으로 표시해두었어요!

	월요일	화요일	수요일	목요일	금요일	토요일	일요일	어른 반찬	
		소고기 가지미음 p.114 재료: 쌀, 소고기 가지			소고기 애호박미음 p.116 재료: 쌀, 소고기 애호박		소고기 가지 애호박 미음 p.118 재료: 쌀, 소고기 가지, 애호박	가지전· 호박전	5주 (1회)
		닭고기 브로콜리미음 p.128 재료: 쌀, 닭고기, 브로콜리			닭고기 청경채미음 p.130 재료: 쌀, 닭고기, 청경채		닭고기 브로콜리 청경채 미음 p.132 재료: 쌀, 닭고기 브로콜리, 청경채	청경채볶음	6주 (1회)
		닭고기 완두콩미음 p.142 재료: 쌀, 닭고기, 완두콩			닭고기 비타민미음 p.144 재료: 쌀, 닭고기 비타민		닭고기 완두콩 비타민 미음 p.146 재료: 쌀, 닭고기 완두콩, 비타민	닭고기완두 콩튀김	7주 (1회)
		단호박 두부죽 p.156 재료: 단호박, 두부	달걀 노른자 죽 p.158 재료: 쌀, 노른자		소고기브로콜리 노른자죽 p.160 재료: 쌀, 소고기, 브로콜리, 노른자			두부잡채	8주 (1회)

53

1주 차 이유식

아기가 '음식'과 친해질 수 있도록 하자!

지금껏 모유나 분유만 먹던 우리 아기가 생애 최초로 '음식'이라는 걸 입에 넣어보는 순간이다. 아기가 영양 빵빵한 다양한 음식을 먹고 건강하게 자랐으면 하는 엄마의 마음은 너무 잘 알지. 나도 그랬으니까. 하지만 아들을 키우고 수십 년이 지나 손녀를 키우며 새삼 느낀 교훈은 '욕심은 절대 도움이 되지 않는다'라는 것이란다. 처음으로 이유식을 시작하면서 긴장되고 설레기도 하겠지만, 그런 마음을 최대한 가라앉히고 차분하게 차근차근 시작하는 게 가장 중요하다는 잊지 마. 엄마가 서두르면 아기가 힘들어한단다.

현미도 OK
예전엔 현미는 쓰지 말라고
했지만, 현재는 비만 예방을
위해 처음부터 현미를 쓰는
것이 좋다는 의견이 우세합
니다.

의사 선생님

이번 주 우리 아이가 적응할 재료 : 쌀, 소고기

우선 쌀미음을 아이에게 먹여보고, 알레르기 반응이 없다면 며칠 뒤 소고기를 미음에 추가해 먹인다. 육수에는 철분이나
단백질같이 고기에서 얻고자 하는 영양소가 부족하므로 육수만 쓰면 안 되고, 반드시 고기를 갈아서 넣어줘야 한다.

1st week
일주일 장바구니

불린 쌀 140g, 소고기 안심 30g

♣ 딸아, 재료는 이렇게 골라야 한단다

쌀
도정한 지 15일이 안 된 것, 또는 갓 찧은 쌀이 밥맛도 좋고 이유식 만들기에도 가장 좋단다. 아이의 반응을 보면서 찹쌀을 추가하는 것도 좋은데, 이때도 꼭 3~4일의 적응 기간을 가져야 한다는 걸 잊지 마!
※ **구매/손질/관리법 P.30**

소고기
소고기는 지방이 적고 기름기가 적은 안심을 사용하는 게 좋은데, 사용 부위를 모르는 다짐육 말고, 안심을 다져달라고 하거나 덩어리째 사서 직접 손질하는 게 낫단다. ※ **구매/손질/관리법 P.31**

♣ 이번 주 우리 아이 이유식 재료 한눈에 보기

쌀미음 P.60
❶ 불린 쌀 … 80g
❷ 물 … 800㎖

소고기미음 P.62
❶ 불린 쌀 … 60g
❷ 소고기 안심 … 30g
❸ 물 또는 육수 … 600㎖

1시간 안에
완성하는
일주일 이유식

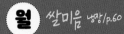

월 쌀미음 냉장/p.60

화 쌀미음 냉장/p.60

수 쌀미음 냉동/p.60

목 소고기미음 냉동/p.62

금 소고기미음 냉동/p.62

토 소고기미음 냉동/p.62

일 소고기미음 냉동/p.62

1시간 전에 미리 할 일 소고기 핏물 빼기

필요한 것

믹서, 냄비 3개, 나무 숟가락 2개,
이유식용 체, 이유식 용기 7개, 견출지

이건 반드시 주의

한 번에 일주일 치를 만들어 보관하는 것이기 때
문에 혹시라도 이유식이 미생물이 번식하지 않
도록 조심해야 한단다.

🚨 절대 침이 들어가지 않도록 맛보면서 사용한 숟
가락이나 젓가락이 일절 닿지 않게!

🚨 뜨거울 때 바로 용기에 담아 냉장실이나
냉동실에 보관하도록!

🚨 냉장 혹은 냉동 보관한 이유식은 섭취하기
직전에 80℃ 이상에서 5분간 익히기!

딸아~
엄마만
따라 해

시작

1

쌀을 찬물에
담가 불린다.

완료

8

'쌀미음'은 3회분으로, '소고기미음'은 4회
분으로 나눠 용기에 담고, '쌀미음' 2회분은
냉장실에, 나머지는 냉동실에 보관한다.

바로 만든 미음은 냉장고에 넣으면 이틀 정도는 신선하
게 먹을 수 있으니, 이틀 안에 먹일 것은 냉장실에
넣고, 나머지는 모두 냉동실에 넣도록!

2

냄비에 물을 담아 미리 핏물을 뺀 소고기를 넣어 강한 불로 끓이고, 끓기 시작하면 약한 불로 줄여 익을 때까지 더 끓인다.

고기 삶은 물은 육수처럼 물 대신 사용하면 좋으니 버리지 말고 잘 놔두렴.

3

20분 후, 믹서에 쌀을 담아 물을 조금 넣고 곱게 간다.

곱게 간 쌀을 두 냄비에 3:4 비율로 나눠 담는다.

4

믹서를 물로 한번 헹구듯 해 냄비에 부으면 남기는 쌀알 없이 알뜰하게 요리할 수 있단다.

주목!

2주 차부터는 쌀 불리는 과정은 생략할 거야! 미리 미리 최소 20분은 불려오도록!

삶은 소고기는 적당한 크기로 잘라 믹서에 넣고 곱게 간 후, 불린 쌀이 더 많이 담겨 있는 냄비에 넣는다.

5

7

다 끓으면 불을 끄고 각각 체에 받쳐 걸러낸다.

6

두 냄비에 각각 레시피대로 물 또는 육수를 붓고, 모두 강한 불로 끓이다 끓기 시작하면 약한 불로 줄여 농도가 적당해질 때까지 계속 저어가며 끓인다.

좋아하는 노래 틀어놓고 열심히 양손으로 젓도록! 그렇지 않으면 뭉친단다. 두 손 다 힘들긴 하지만, 한 번에 두 가지 죽을 만들 수 있는 일타쌍피 비법임을 잊지 말 것!

쌀미음

54kcal · 탄수화물 12g · 단백질 1g · 지방 0g

엄마만 따라 해

제일 먼저 시도하기 좋은 이유식은 쌀미음이다. 이유식을 처음 시작할 때 가장 걱정되는 게 바로 알레르기. 쌀은 알레르기 유발 위험이 가장 적어 마음 놓고 먹일 수 있다. 처음 시작하는 며칠 동안은 쌀가루를 이용해 미음보다 더 묽은 형태로 먹이는 것도 방법이지만, 그렇다고 계속 묽게만 먹이면 아이에게 좋지 않다. 10배 죽으로 시도해보자.

 보관
· 2회분 냉장
· 2회분 냉동

 재료
☑ 불린 쌀 … 80g
☑ 물 … 800ml

 최고
일단 쌀을 불려, 다 불리면 곱게 갈아, 다 갈면 푹 끓여, 다 끓였으면 체에 내려 완성!

❶ 20분 동안 불린 쌀에 물을 조금 붓고 믹서에 간다.

✎ 처음에는 쌀가루를 써도 돼. 쌀가루로 만들면 우유보다 더 고와서 물같이 먹일 수 있단다. 그래도 초기 일주일 정도만 묽게 주고 점점 농도를 올려야지. 묽은 것만 계속 주면 못써!

❷ 곱게 간 쌀을 냄비에 담아 물을 붓고 강한 불로 끓인다.

✎ 아이고, 믹서에 남아 있는 거 아깝게 그냥 붓는 거야? 믹서에 물을 한번 부어서 이리저리 휘저은 후 냄비에 넣어야지!

❸ 끓으면 약한 불로 줄여 알맞은 농도가 될 때까지 끓인다.

✎ 처음 강한 불에서부터 계속 저어야 돼. 안 그럼 눌어붙고 덩어리지고 난리 나. 우리 딸, 허리 아프지? 그래도 대충 10분 정도만 저으면 돼니까, 맛있게 먹을 아기 생각해서 힘내자!

❹ 불을 끄고 체에 밭쳐 아이가 먹기 좋도록 부드럽게 걸러낸다.

❺ 4회분으로 나눠 용기에 담는다.

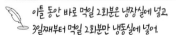

✎ 이틀 동안 바로 먹일 2회분은 냉장실에 넣고 3일째부터 먹일 2회분만 냉동실에 넣어

거봐, 쉽잖아~

소고기미음

74 kcal

탄수화물 12g
단백질 3g
지방 1g

아이의 성장에 가장 중요한 것은 바로 충분한 단백질 공급이다. 육수만 먹이면 고기의 영양소가 아기에게 제대로 가지 않으니 고기를 갈아 넣어 먹여야 한다. 닭고기나 돼지고기보다 소고기가 알레르기 유발 위험이 낮고 영양학적으로 더 좋으니, 소고기를 먼저 시작해보자.

보관 모두 냉동

재료
☑ 불린 쌀 ··· 60g
☑ 소고기 안심 ··· 30g
☑ 물 또는 육수 ··· 600ml

최고

일단 핏물을 뺐으면 푹 삶아. 거기에 물 조금 부어 믹서로 갈아. 쌀도 불려서 간 다음, 물 붓고 푹 끓여내 체에 한번 밭치면 완성!

1주
2주
3주
4주
5주
6주
7주
8주

❶ 찬물에 소고기를 넣고 20분~1시간 동안 핏물을 뺀다.

 소고기 중에서도 안심이 지방과 기름기가 적어 부드럽단다.

❷ 냄비에 ①의 소고기와 물을 넣고 강한 불에 끓이다가 끓기 시작하면 약한 불로 줄여 고기가 익을 때까지 끓인다.

끓이는 동안 숟가락이나 작은 체로 기름을 계속 걷어내야 한단다. 시간 넘게 서서 육수 끓이려니 해도 아프고 힘들지? 너도 엄마가 다 그렇게 해서 키웠단다. 고기 삶은 물로 미음을 끓이면 좋으니 삶은 물은 버리지 말고 잘 두렴.

❸ 다 삶은 소고기는 적당한 크기로 자른 후, 믹서에 넣고 물을 약간 부어 곱게 간다. 불린 쌀도 약간의 물과 함께 믹서에 넣어 곱게 간다.

❹ 곱게 간 불린 쌀과 고기를 냄비에 붓고, 고기 삶은 물을 부은 후 강한 불로 끓인다. 끓기 시작하면 약한 불로 줄여 알맞은 농도가 될 때까지 끓인다.

 처음부터 끝까지 계속 저어가면서 끓여야 해. 안 그러면 뭉쳐서 못써!

❺ 불을 끄고 아기가 먹기 좋게 체에 밭쳐 걸러낸 후, 3회분으로 나눠 용기에 담는다.

거봐, 쉽잖아~

이번 주 파티 요리

MERRY

남은 재료로
소고기장조림
만들기

❶ 고기는 찬물에 30분 정도 담가 핏물을 뺀다.

❷ 핏물을 뺀 고기는 물 2L에 청주, 양파, 대파, 마늘을 넣어 30분 정도 삶는다.

❸ 30분 정도 삶은 뒤 양파, 대파, 마늘은 건지고 분량의 재료로 만든 양념장을 넣어
간이 배도록 20분 정도 더 삶는다.

❹ ③을 졸인 후 참기름과 올리고당을 넣는다.

재료 소고기 안심 … 200g, 물 … 2L, 참기름 … 1큰술, 대파 … 1대,
양파 … 1개, 통마늘 … 10톨, 청주 … 3큰술, 올리고당 … 10g

양념장 진간장 … 80g, 설탕 … 6큰술, 매실액 … 5큰술

꿀꺽 시이즌

2주 차 이유식

처음 접하는 채소에 흥미를 느낄 수 있도록 하자

이제 아이는 본격적으로 채소를 맛보기 시작한다. 소량을 곱게 갈아 살짝만 먹이기 때문에 채소의 맛을 충분히 느끼게 해줄 수는 없지만, 태어나서 지금까지 모유나 분유만 먹어온 아기에게 이 새로운 친구들의 등장은 적잖은 충격을 준다. 그 때문에 처음부터 너무 욕심을 부려 많은 양의 채소를 갈아 미음에 섞는 건 금물! 아기에게 처음 만나는 채소 친구와 인사부터 하고 서로 조금씩 알아갈 시간을 주자.

이번 주 우리 아이가 적응할 재료 : 단호박, 감자

이제 아기에게 다양한 채소를 하나씩 먹여보는 긴 여정이 시작된다. 3~4일의 간격을 두고 아기에게 채소를 차례로 먹여 알레르기 반응이 나타나는지 확인해가며 조심스레 먹여야 한다. 첫 번째 주인공은 단호박과 감자. 특히 단호박은 모유만 먹던 아이에게 굉장히 단맛으로 다가오기 때문에 생소한 이유식을 좋아하게 만들어줄 마법의 재료다. 감자 또한 특유의 은은한 향으로 아기에게 좋은 인상을 줄 수 있다.

2nd week
일주일 장바구니

불린 쌀 105g, 소고기 안심 70g, 단호박 20g, 감자 35g

♣ 딸아, 재료는 이렇게 골라야 한단다

단호박
이왕이면 유기농 단호박으로 고르는 게 좋은데, 꼭지가 말라 있고 겉이 깨끗한 게 좋은 것이란다. 3~4일간 적응기를 거친다면 단호박 대신 애호박을 써도 괜찮아.
※ 구매/손질/관리법 P.32

감자
감자는 껍질에 주름이 없고 겉이 깨끗한 게 좋아. 단단하고 무거운 느낌을 주는 것으로 골라야 해. 특히 초록빛이 도는 감자는 독성이 있을 수 있으니 사용하면 안 돼. ※ 구매/손질/관리법 P.32

♣ 이번 주 우리 아이 이유식 재료 한눈에 보기

소고기단호박미음 P.72

❶ 불린 쌀 … 45g
❷ 단호박 … 15g
❸ 소고기 안심 … 30g
❹ 물 또는 육수 … 450㎖

소고기감자미음 P.74

❶ 불린 쌀 … 45g
❷ 감자 … 30g
❸ 소고기 안심 … 30g
❹ 물 또는 육수 … 450㎖

소고기단호박감자미음 P.76

❶ 불린 쌀 … 15g
❷ 단호박·감자 … 5g씩
❸ 소고기 안심 … 10g
❹ 물 또는 육수 … 150㎖

1시간 안에
완성하는
일주일 이유식

1시간 전에 미리 할 일 소고기 핏물 빼기

필요한 것

전자레인지, 찜기(삼발이), 믹서, 냄비 3~4개, 나무 숟가락 2개, 이유식용 체, 이유식 용기 7개, 견출지

이건 반드시 주의

한 번에 일주일 치를 만들어 보관하는 것이기 때문에 혹시라도 이유식에 미생물이 번식하지 않도록 조심해야 한단다.

절대 침이 들어가지 않도록 맛보면서 사용한 숟가락이나 젓가락이 일절 당지 않게!

뜨거울 때 바로 용기에 담아 냉장실이나 냉동실에 보관하도록!

냉장 혹은 냉동 보관한 이유식은 섭취하기 직전에 80℃ 이상에서 5분간 익히기!

딸아~ 엄마만 따라 해

시작

1

단호박은 반으로 잘라 숟가락으로 씨를 제거하고 껍질을 벗긴 후 적당한 크기로 자른다.

단호박이 너무 딱딱해 자르기 힘들면 전자레인지에 5분 정도 돌리도록!

엄마가 하는 더 쉬운 방법

냄비 2개에 불린 쌀이랑 소고기를 반씩 나눠 담고, 각각 단호박과 감자를 넣어 끓인 다음에 그 2개에서 조금씩 덜어 한 끼 분량의 미음을 담아내면 그게 바로 '소고기단호박감자미음'이란다. 바쁘다면 엄마의 이 '눈대중' 방법을 이용해서 만드는 것도 좋은 방법이야.

완료

10

체에 밭친 후 용기에 담아 냉동실에 보관한다.

2

감자는 껍질을 벗긴 후 사용할 만큼만 자른다.

3

냄비에 물을 담고 찜기를 올린 뒤 단호박과 감자를 넣어 찐다.

4

다른 냄비에 소고기와 물을 넣고 강한 불로 끓인다. 끓기 시작하면 약한 불로 줄여 익을 때까지 끓인다.

고기 삶은 물은 잘 두고 육수로 사용하도록!

삶은 소고기는 적당한 크기로 자르고, 믹서에 소고기, 단호박, 감자를 각각 따로 넣어 곱게 간다. 불린 쌀도 따로 믹서로 간다.

5

각각 물을 조금씩 부어서 갈아주렴

냄비 2개에 각각 '소고기단호박미음'과 '소고기감자미음' 재료를 넣고, 고기 삶은 물을 부어 강한 불로 끓인다. 끓기 시작하면 약한 불로 줄여 농도를 보며 계속 끓인다.

6

믹서를 개수대에 넣기 전에 물로 한번 헹궈 냄비에 붓도록!

9

다시 냄비에 '소고기단호박감자미음' 재료를 넣고, 고기 삶은 물을 부어 강한 불로 끓이다 끓어오르면 약한 불로 줄여 농도가 적당해질 때까지 끓인다.

8

'소고기단호박미음' 2회분은 냉장실에, 나머지는 냉동실에 보관한다.

7

다 끓인 미음은 각각 체에 밭친 후, 3등분해 용기에 담는다.

소고기단호박미음

64kcal
탄수화물 10g
단백질 3g
지방 1g

단호박은 맛이 달기 때문에 아기가 좋아하는 재료다. 많은 사람들이 아는 것처럼 몸에 좋은 영양소가 매우 많은데, 그 중 베타카로틴도 풍부해 아기의 눈 건강 증진에도 매우 좋다. 한 가지 유의할 점은 너무 많은 양을 주면 아기가 이유식 초기부터 단맛에 길들어 다른 채소 미음을 먹으려 하지 않을 수 있다는 것이다.

엄마만 따라해

 보관
· 2회분 냉장
· 1회분 냉동

 재료
☑ 불린 쌀 ··· 45g   ☑ 물 또는 육수 ··· 450ml
☑ 단호박 ··· 15g   ☑ 소고기 안심 ··· 30g

 최고
찐 단호박, 삶은 소고기, 불린 쌀을 각각 잘 갈아 푹 끓여 체에 밭치면 완성! 거봐, 쉽잖아~

❶ 소고기는 20분~1시간 동안 물에 담가 핏물을 뺀다.

❷ 단호박 1개를 반으로 잘라 숟가락으로 씨를 긁어내고 반쪽을 5등분한다.

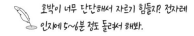
호박이 너무 단단해서 자르기 힘들지? 전자레인지에 5~6분 정도 돌려서 해봐.

❸ 냄비에 물을 반 정도 담고 찜기를 올린 후 단호박을 넣어 약 10분간 찐 다음 껍질을 깎는다.

❹ 핏물을 뺀 소고기는 냄비에 물을 담아 강한 불로 끓이다, 끓기 시작하면 약한 불로 줄여 익을 때까지 끓인다.

기름이나 불순물은 숟가락으로 걷어내면서 끓여야 해. 육수로 사용할 거니까 잘 두렴.

❺ 불린 쌀과 단호박, 삶은 소고기를 믹서에 각각 넣고 곱게 간다.

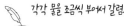
각각 물을 조금씩 부어서 갈렴

❻ 곱게 간 재료를 냄비에 넣고, 고기 삶은 물을 부어 강한 불로 끓인다. 끓으면 약한 불로 줄여 농도가 적당해질 때까지 끓인다.

믹서에 묻은 쌀, 단호박, 고기는 그냥 버리지 말고 물로 한번 헹궈 냄비에 붓는 거 앗지 마!

❼ 다 끓인 미음은 체에 밭쳐 걸러내고, 3회분으로 나눠 용기에 담는다.

거봐, 쉽잖아~

소고기감자미음

68kcal
탄수화물 10g
단백질 3g
지방 1g

감자는 비타민 C가 많은 건강 채소 중 하나인데, 이 비타민 C라는 녀석은 소장에서 철분이 잘 흡수되도록 도와준다. 필수아미노산인 라이신도 많이 함유되어 있어, 면역력 유지와 칼슘 흡수를 돕는 역할을 한다. 따라서 아기에게 반드시 적응시켜야 할 좋은 채소다.

 보관 모두 냉동

 재료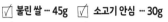

☑ 불린 쌀 … 45g ☑ 소고기 안심 … 30g
☑ 감자 … 30g ☑ 물 또는 육수 … 450ml

 최고 감자는 잘 찌고 소고기는 잘 삶아, 쌀이랑 각각 간 후 푹 끓여서 체에 밭치면 완성!

❶ 소고기는 20분~1시간 동안 물에 담가 핏물을 뺀다.

❷ 감자는 깨끗이 씻어 껍질을 벗긴 후 5mm 간격으로 썬 다음, 찜기에 넣어 찐다.

🪶 감자 양은 딱 정확하게 맞추려고 할 필요 없이, 아이 양만큼 눈대중으로 넣어도 상관없단다. 젓가락으로 찔렀을 때 푹 들어갈 정도로 쪄면 되는데, 대충 10분 정도면 거의 다 익을 거야.

❸ 핏물을 뺀 소고기는 물을 넣은 냄비에 담아 강한 불로 끓인다. 끓기 시작하면 약한 불로 줄여 익을 때까지 끓인 후, 적당한 크기로 손질한다.

🪶 기름이나 불순물을 숟가락으로 걷어내면서 끓여렴. 고기 삶은 물은 육수로 사용하면 좋으니 잘 두기!

❹ 믹서에 감자와 불린 쌀, 소고기를 각각 넣고 물을 약간씩 더해 곱게 간다.

❺ 냄비에 곱게 간 재료와 고기 삶은 물을 모두 부어 강한 불로 끓인다. 저어가며 끓이다, 끓기 시작하면 약한 불로 줄여 농도를 보면서 저어가며 끓인다.

🪶 믹서에 물을 한번 부어 헹군 후 냄비에 부으면 버리는 재료 없이 알뜰하게 만들 수 있단다.

❻ 아이가 먹기 좋도록 미음을 체에 밭치고, 3회분을 용기에 나눠 냉동실에 보관한다.

거봐, 쉽잖아~

소고기
단호박감자미음

67kcal　탄수화물 10g
단백질 3g
지방 1g

이번 주에는 단호박과 감자를 한 번씩 먹여 알레르기 반응을 살펴보았다. 아기가 두 채소 모두에 별다른 이상 반응을 보이지 않았다면, 일주일의 마지막 요일에는 단호박과 감자를 모두 넣은 스페셜한 미음으로 아기에게 먹는 재미를 주자. 두 재료는 궁합도 좋아 각각에 함유된 영양소가 시너지 효과를 낸다.

엄마만 따라 해

 보관 / 냉동

 재료
- ☑ 불린 쌀 … 15g
- ☑ 단호박·감자 … 5g씩
- ☑ 물 또는 육수 … 150ml
- ☑ 소고기 안심 … 10g

 최고
소고기는 삶고, 감자와 단호박은 잘 쪄서 쌀이랑 각각 잘 갈아. 모두 넣고 푹 끓여 체에 밭치면 완성!

❶ 미리 핏물을 뺀 소고기를 물과 함께 냄비에 담아 강한 불로 끓이다, 끓기 시작하면 약한 불로 줄여 기름을 걷어 내며 익을 때까지 삶는다.

 핏물은 최소 20분에서 시간은 빼야 해! 고기 삶은 물은 육수로 사용하면 좋단다.

❷ 씨를 제거해 손질한 단호박은 껍질을 깎고 5mm 간격으로 썬다.

딱딱한 단호박은 전자레인지에 5~6분 정도 돌리면 부드러워진단다. 이렇게 해서 썰면 손목도 아프지 않고 좋아.

❸ 깨끗이 씻어 껍질을 벗긴 감자도 5mm 간격으로 썬다.

❹ 냄비에 물을 붓고 찜기를 올려 썰어놓은 단호박과 감자를 넣고 약 10분간 찐다.

❺ 믹서에 불린 쌀과 단호박, 감자, 소고기를 각각 넣고 물을 조금씩 부어 곱게 간다.

계속 저어가며 끓여야 뭉치지 않아! 믹서도 마지막에 물로 한번 헹궈서 냄비에 남김없이 붓는 거 잊으면 안 된다.

❻ 냄비에 곱게 간 재료와 고기 삶은 물을 모두 붓고 강한 불로 끓인다. 젓다가 끓기 시작하면 약한 불로 줄여 농도가 적당해질 때까지 저어가며 끓인다.

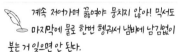

❼ 불을 끄고 체에 밭친 후, 용기에 담아 냉동 보관한다.

 바로 먹일 거라면 냉장실에 넣어도 돼.

거봐, 쉽잖아~

이번 주 파티 요리

MERRY

남은 재료로
소고기바비큐볶음
만들기

❶ 준비한 채소와 고기는 먹기 좋은 크기로 썬다.

❷ 분량의 소스 재료를 넣어 양념장을 만든다.

❸ 고기를 볶은 후 어느 정도 익은 다음 채소를 넣고 같이 볶다, 양념장을 넣어 볶는다.

재료 소고기 안심 … 200g, 단호박 … 1/2개, 감자 … 1개

소스 스테이크소스 … 4큰술, 맛술 … 2큰술, 굴소스·올리고당·다진 마늘·토마토케첩 … 1큰술씩

이 유 초 기
꿀꺽 시이쯘

3주 차 이유식

아이가 이유식에 집중할 수 있도록 하자

2주 동안 이유식을 맛본 아기에게는 이제 이유식이 어떤 음식인지 나름의 이미지가 생겼을 터. 계속 먹고 싶은 맛있는 음식의 이미지든, 먹기 싫어 울고만 싶어지는 맛없는 음식의 이미지든 이제는 아기가 서서히 이유식 '식사' 시간에 적응하고 집중할 수 있게끔 도와줘야 할 때다. 세 살 버릇 여든까지 간다고, 식사 시간에 밥 잘 먹고 딴짓하지 않는 습관을 기르는 발판을 마련하는 것이 바로 지금 이 시기라는 사실을 절대 잊지 말자.

이번 주 우리 아이가 적응할 재료 : 브로콜리, 양배추

감자와 단호박으로 아이에게 채소에 대해 알려줬다면, 이제 본격적으로 채소의 왕들을 소개해줄 때다. 브로콜리와 양배추는 너나 할 것 없이 비타민이 풍부해 아이는 물론 어른에게도 매우 좋은 음식이다. 특히 브로콜리는 세계보건기구 (WHO)가 10대 건강식품으로, 양배추는 미국 〈타임〉지에서 3대 장수식품으로 선정했을 정도로 이미 둘 다 영양 면에서는 정평이 나 있다. 이 귀한 재료들로 아이 입맛에 딱 맞는 미음을 만들어보자.

3rd week
일주일 장바구니

불린 쌀 105g, 소고기 안심 70g, 브로콜리 20g, 양배추 15g

♣ 딸아, 재료는 이렇게 골라야 한단다

브로콜리
꽃이 피지 않은 것으로 골라야 한단다. 단단하면서 가운데가 볼록한 것을 고르렴.
※ 구매/손질/관리법 P.32

양배추
들었을 때 단단하고 노란색을 띠지 않는 게 좋은 양배추야. 겉면이 싱싱하면서 연두색을 띠는 걸 골라야 해.
※ 구매/손질/관리법 P.32

♣ 이번 주 우리 아이 이유식 재료 한눈에 보기

소고기브로콜리미음 P.86

❶ 불린 쌀 … 45g
❷ 소고기 안심 … 30g
❸ 브로콜리 … 15g
❹ 물 또는 육수 … 450㎖

소고기양배추미음 P.88

❶ 불린 쌀 … 45g
❷ 소고기 안심 … 30g
❸ 양배추 … 10g
❹ 물 또는 육수 … 450㎖

소고기브로콜리양배추미음 P.90

❶ 불린 쌀 … 15g
❷ 소고기 안심 … 10g
❸ 브로콜리·양배추 … 5g씩
❹ 물 또는 육수 … 150㎖

1시간 안에 완성하는 일주일 이유식

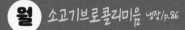

월 소고기브로콜리미음 냉장/p.86

화 소고기브로콜리미음 냉장/p.86

수 소고기브로콜리미음 냉동/p.86

목 소고기양배추미음 냉동/p.88

금 소고기양배추미음 냉동/p.88

토 소고기양배추미음 냉동/p.88

일 소고기브로콜리양배추미음 냉동/p.90

1시간 전에 미리 할 일 소고기 핏물 빼기

필요한 것
식초(또는 베이킹소다), 믹서, 냄비 3~4개, 나무 숟가락 2개, 이유식용 체, 이유식 용기 7개, 견출지

이건 반드시 주의
한 번에 일주일 치를 만들어 보관하는 것이기 때문에 혹시라도 이유식에 미생물이 번식하지 않도록 조심해야 한단다.

- 절대 침이 들어가지 않도록 맛보면서 사용한 숟가락이나 젓가락이 일절 닿지 않게!
- 뜨거울 때 바로 용기에 담아 냉장실이나 냉동실에 보관하도록!
- 냉장 혹은 냉동 보관한 이유식은 섭취하기 직전에 80℃ 이상에서 5분간 익히기!

딸아~ 엄마만 따라 해

시작 1

식초 1방울 넣은 물에 브로콜리를 담가 살균한 후, 낱장으로 뜯어낸 양배추와 함께 흐르는 물에 씻는다.

식초 외에 베이킹소다로 살균해도 좋으니 각자 사정에 맞게 고르도록.

엄마가 하는 더 쉬운 방법

냄비 2개에 불린 쌀이랑 소고기를 반씩 나눠 담고, 각각 브로콜리와 양배추를 넣어 끓인 다음에 조금씩 덜어 한 끼 분량의 미음을 담아내면 그게 바로 '소고기브로콜리양배추미음'이란다. 바쁘다면 엄마의 이 '눈대중'을 이용해서 만드는 것도 좋은 방법이란다.

완료 10

농도가 적당해지면 불을 끄고 각각 체에 한 번씩 밭친 후 용기에 담아 냉동실에 보관한다.

2

씻은 양배추는 단단한 심을 칼로 잘라내고, 브로콜리는 기둥을 잘라 꽃 부분만 남긴다.

3

끓는 물에 손질한 양배추와 브로콜리를 넣고 삶아낸다.

양배추는 삶는 것보다 찜기에 쪄야 영양소 손질을 막을 수 있으니, 집에 찜기가 있고 시간 여유가 있다면 쪄서 쓰도록!

4

다른 냄비에 물과 소고기를 넣고 강한 불로 끓이다, 끓기 시작하면 약한 불로 줄여 고기가 익을 때까지 삶는다.

둥둥 뜨는 불순물이나 기름은 숟가락으로 걷어내도록! 고기 삶은 물은 잘 두기!

5

믹서에 불린 쌀과 소고기, 브로콜리, 양배추를 각각 따로 곱게 간다.

물을 조금씩 부어 갈도록!

6

냄비 2개를 준비해 각각 '소고기브로콜리미음'과 '소고기양배추미음' 재료를 넣어 강한 불로 끓인다. 끓기 시작하면 약한 불로 줄여 농도가 적당해질 때까지 끓인다.

뭉치지 않도록 계속 저어가며 끓이도록! 물 대신 고기 삶은 물을 넣어 미음을 끓이면 맛도 영양도 더 좋단다.

9

냄비 하나에 다시 '소고기브로콜리양배추미음' 재료를 넣고, 고기 삶은 물을 넣어 강한 불로 끓이다, 끓어오르면 약한 불로 줄인 후 농도를 보며 더 끓인다.

8

'소고기브로콜리미음' 2회분은 냉장실에, 나머지는 냉동실에 넣어 보관한다.

7

완성된 미음은 각각 체에 밭친 후 3회분으로 나눠 용기에 담는다.

소고기
브로콜리미음

62kcal   탄수화물 9g   단백질 3g   지방 1g

풍부한 영양소를 함유한 브로콜리는 특히 비타민 C가 많은 채소로, 20g이면 아이가 하루에 섭취해야 할 비타민 C의 양을 채울 수 있어 비타민의 보고라고 불린다. 감자의 7배, 레몬의 2배가 넘는 비타민 C를 함유했다. 이뿐만이 아니다. 아기에게 부족하기 쉬운 철분이 다량 들어 있고, 식이 섬유와 엽산, 베타카로틴, 칼슘도 넉넉하게 들어 있다.

보관 2회분 냉장 1회분 냉동

재료
☑ 불린 쌀 … 45g
☑ 브로콜리 … 15g
☑ 소고기 안심 … 30g
☑ 물 또는 육수 … 450ml

최고 소고기는 삶고, 위만 똑 딴 브로콜리는 데친 후 불린 쌀과 각각 곱게 갈아 푹 끓여 체에 받치면 완성!

초기
1주
2주
3주
4주
5주
6주
7주
8주

❶ 소고기는 미리 20분~1시간 동안 물에 담가 핏물을 뺀다.

❷ 냄비에 물을 담고 소고기를 넣어 강한 불로 끓이다가, 끓기 시작하면 약한 불로 줄여 고기가 익을 때까지 삶은 후 적당한 크기로 잘라 손질한다.

✎ 둥둥 떠오르는 기름을 숟가락으로 걷어내면서 끓여야렴.

❸ 식초 1방울 넣은 물에 브로콜리를 담가 살균한 후 흐르는 물에 씻고, 줄기를 잘라 꽃송이만 남겨 끓는 물에 5분간 데친다.

✎ 식초도 좋지만, 베이킹소다를 물에 섞어 소독해도 좋단다. 섬유소로 가득한 줄기는 아이가 먹기 힘들어서 초기에는 쓰지 않아.

❹ 믹서에 불린 쌀과 브로콜리, 소고기를 각각 넣고 물을 약간 더해 곱게 간다.

✎ 아이가 이유식에 적응해 고형분을 먹을 수 있게 되면 브로콜리는 믹서에 갈지 말고 칼등으로 잘게 다져 죽에 섞거나 고명으로 올려주는 것도 좋단다.

❺ 곱게 간 재료를 냄비에 넣고, 소고기 삶은 물을 부어 강한 불로 끓인다. 젓다가 끓으면 약한 불로 줄여 농도가 적당해질 때까지 저어가며 끓인다.

❻ 불을 끄고 체에 받친 후 3회분으로 나눠 용기에 담는다.

✎ 식단표대로 먹이지 않고 순서를 바꿔 주 후반에 먹일 예정이라면 모두 냉동 보관해야 한다는 거 잊으면 안 돼!

거봐, 쉽잖아~

소고기양배추미음

62kcal

탄수화물 9g
단백질 3g
지방 1g

양배추는 위 건강에 특효인 채소로 널리 알려져 있다. 하얀 속잎에 가득 함유된 비타민 U라는 녀석 때문인데, 위장관 내 세포도 재생시키는 걸로 알려져 있다. 그러니 위의 건강과 소화 능력 발달에는 이만한 채소가 없다. 또 둘째가라면 서러울 정도로 비타민 C, 비타민 A·B, 칼슘 같은 영양소가 가득 들어 있으니 이유식 재료로 적극 활용해보자.

 보관 모두 냉동

 재료
- ☑ 불린 쌀 … 45g
- ☑ 양배추 … 10g
- ☑ 소고기 안심 … 30g
- ☑ 물 또는 육수 … 450ml

 초기 양배추는 푹 쪄. 소고기는 푹 삶아. 그런 다음 불린 쌀이랑 각각 갈아 푹 끓여서 체에 밭치면 완성!

❶ 소고기는 미리 물에 20분~1시간 정도 담가 핏물을 빼 준비한다.

❷ 양배추는 낱장으로 찢어 딱딱한 심과 부드러운 잎을 나눠 손질한 후 잎을 찜기에 넣고 약 5분간 푹 쪄낸다.

 심은 아이가 먹기에 부담스러우니, 칼로 딱딱한 심을 잘라내야 한단다.

❸ 냄비에 물을 담아 소고기를 넣고 강한 불로 끓인다. 젓다가 끓으면 약한 불로 줄여 고기가 익을 때까지 삶은 후 적당한 크기로 손질한다.

 고기 삶은 물은 육수로 쓰면 좋아. 기름이 뜨면 숟가락으로 걷어내면서 끓여야 해.

❹ 믹서에 불린 쌀과 찐 양배추, 소고기를 약간의 물과 함께 각각 곱게 간다.

❺ 냄비에 곱게 간 재료와 고기 삶은 물을 붓고 강한 불로 끓이고, 젓다가 끓기 시작하면 약한 불로 줄여 계속 저으며 끓인다.

❻ 아이에게 알맞은 농도가 되면 불을 끄고 체에 밭쳐 3회분으로 나눠 용기에 담는다.

거봐, 쉽잖아~

 수미 할머니의 육아 팁

양배추는 변비 해소에도 그만인 채소이므로 이유식을 시작하면서 아기에게 변비가 생겼다면 양배추 미음을 끓여 먹이자.

소고기
브로콜리양배추미음

64kcal　탄수화물 10g
　　　　단백질 3g
　　　　지방 1g

건강을 위해 양배추즙을 시키려고 보면 꼭 브로콜리랑 함께 즙을 내서 '브로콜리양배추즙'으로 판다. 이처럼 브로콜리랑 양배추는 찰떡궁합으로, 함께 넣어 미음을 만들어 아기에게 먹이면 아기의 건강에 2배로 좋을 수밖에 없다. 여기에 단백질을 위해 소고기를 곁들여 영양소를 골고루 담도록 하자.

 보관 냉동

 재료
- ☑ 불린 쌀 … 15g
- ☑ 브로콜리·양배추 … 5g씩
- ☑ 소고기 안심 … 10g
- ☑ 물 또는 육수 … 150ml

 최고
소고기는 푹 삶고, 브로콜리랑 양배추는 데치고 믹서에 불린 쌀이랑 각각 갈아, 푹 끓여 체에 받치면 완성!

❶ 소고기는 물에 20분~1시간 정도 담가 핏물을 뺀다.

❷ 식초 1방울 넣은 물에 브로콜리를 담가 꼼꼼히 씻은 후, 기둥을 자르고 꽃 부분만 남긴다.

✎ 딱딱한 줄기는 단단할뿐더러 아기가 먹기에는 섬유소가 너무 많단다.

❸ 양배추는 낱장으로 떼어 흐르는 물에 깨끗이 씻고, 단단한 심을 잘라낸다.

❹ 펄펄 끓는 물에 양배추와 브로콜리를 넣고 약 5분간 삶는다.

✎ 시간이 넉넉하다면 양배추는 따로 쪄서 요리하는 것도 좋아.

❺ 다른 냄비에 물을 담고 소고기를 넣어 강한 불로 끓인다. 끓으면 약한 불로 줄여 고기가 익을 때까지 기름을 걷어내며 끓인다.

✎ 고기 삶은 물은 육수로 쓰면 아주 좋으니 잘 두도록!

❻ 믹서에 불린 쌀과 삶은 브로콜리, 양배추, 소고기를 각각 담고 물을 약간씩 더해 곱게 간다.

❼ 냄비에 곱게 간 재료와 소고기 삶은 물을 넣고 강한 불로 끓인다. 젓다가 끓으면 약한 불로 줄이고 농도가 적당해질 때까지 저어주며 끓인다.

❽ 불을 끄고 체에 받쳐 내린 후 용기에 담는다.

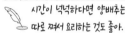

이번 주 파티 요리

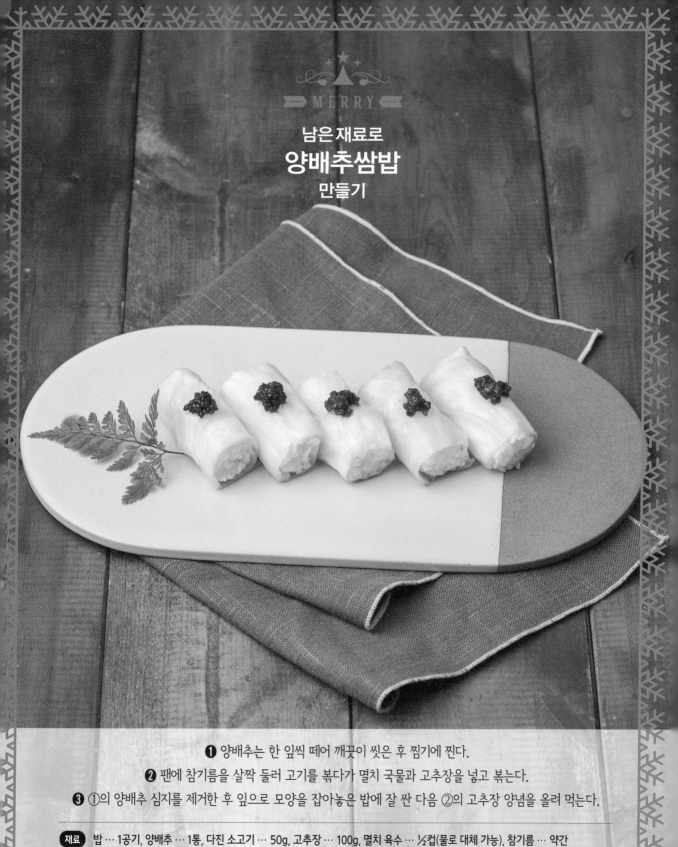

MERRY

남은 재료로
양배추쌈밥
만들기

❶ 양배추는 한 잎씩 떼어 깨끗이 씻은 후 찜기에 찐다.

❷ 팬에 참기름을 살짝 둘러 고기를 볶다가 멸치 국물과 고추장을 넣고 볶는다.

❸ ①의 양배추 심지를 제거한 후 잎으로 모양을 잡아놓은 밥에 잘 싼 다음 ②의 고추장 양념을 올려 먹는다.

재료 밥 … 1공기, 양배추 … 1통, 다진 소고기 … 50g, 고추장 … 100g, 멸치 육수 … ½컵(물로 대체 가능), 참기름 … 약간

4주 차 이유식

아이가 먹는 양에 집착하지 말자

이유식을 시작하기 전에는 아이가 이유식을 마냥 맛있게 많이 먹어줄 것 같지만, 현실은 그렇지 않다. 초기 중반까지 아니, 어떤 아이는 이유식 후기까지도 이유식을 별로 달가워하지 않는 경우가 많으며, 엄마의 기대에 미치지 않는 눈곱만 한 양만 먹는 경우가 부지기수다. 하지만 그렇다고 조바심을 내고 아기에게 더 먹을 것을 강요하거나 지나치게 걱정하는 건 금물. 평생 가는 아이의 식사 습관이 이제 막 시작됐으니, 평정심을 가지고 기다리자. 정성스레 이유식을 만들고 아이를 달래면서 기다려주면 아이도 금세 이유식과 친해질 것이다.

이번 주 우리 아이가 적응할 재료 : 고구마, 콜리플라워

고구마와 콜리플라워는 변비 완화에 매우 좋다는 공통점이 있는 식품이다. 누누이 얘기하지만, 모유나 분유만 먹던 아기가 다양한 재료를 넣은 이유식을 먹기 시작하면서 흔히 겪는 문제는 바로 배변. 변비나 설사가 번갈아가며 나타날 수 있기 때문에 변비 완화에 좋은 고구마와 콜리플라워를 가급적 빨리 적응시키고, 아이가 변비로 고생할 때마다 이유식을 만들어 먹이면 더할 나위 없이 좋다. 바로 이런 게 엄마의 지혜다.

4th week
일주일 장바구니

불린 쌀 105g, 소고기 안심 70g, 고구마·콜리플라워 20g씩

♣ 딸아, 재료는 이렇게 골라야 한단다

> **고구마**
> 고구마는 겉이 깔끔한 것이 좋은데, 상처가 나지 않고 뿌리도 많이 달려 있지 않은 걸로 골라야 해. 색은 진할수록 좋아.
> ※ 구매/손질/관리법 P.32

> **콜리플라워**
> 봉오리가 가득 차 있고, 색이 균등하게 하얀 것이 좋아. 또 겉이 깔끔하고 깨끗한 걸 골라야 한단다.
> ※ 구매/손질/관리법 P.33

♣ 이번 주 우리 아이 이유식 재료 한눈에 보기

소고기고구마미음 P.100
❶ 불린 쌀 … 45g
❷ 소고기 안심 … 30g
❸ 고구마 … 15g
❹ 물 또는 육수 … 450㎖

소고기콜리플라워미음 P.102
❶ 불린 쌀 … 45g
❷ 소고기 안심 … 30g
❸ 콜리플라워 … 15g
❹ 물 또는 육수 … 450㎖

소고기고구마콜리플라워미음 P.104
❶ 불린 쌀 … 15g
❷ 소고기 안심 … 10g
❸ 고구마·콜리플라워 … 5g씩
❹ 물 또는 육수 … 150㎖

1시간 안에 완성하는 일주일 이유식

1시간 전에 미리 할 일 소고기 핏물 빼기

필요한 것

찜기(또는 삼발이), 식초(또는 베이킹소다), 믹서, 냄비 3~4개, 나무 숟가락 2개, 이유식용 체, 이유식 용기 7개, 견출지

이건 반드시 주의

한 번에 일주일 치를 만들어 보관하는 것이기 때문에 혹시라도 이유식에 미생물이 번식하지 않도록 조심해야 한단다.

🔔 절대 침이 들어가지 않도록 맛보면서 사용한 숟가락이나 젓가락이 일절 닿지 않게!

🔔 뜨거울 때 바로 용기에 담아 냉장실이나 냉동실에 보관하도록!

🔔 냉장 혹은 냉동 보관한 이유식은 섭취하기 직전에 80℃ 이상에서 5분간 익히기!

 딸아~ 엄마만 따라 해

 시작

1 고구마는 깨끗이 씻어 납작하게 썬다.

 엄마가 하는 더 쉬운 방법

냄비 2개에 불린 쌀이랑 소고기를 반씩 나눠 담고, 각각 고구마와 콜리플라워를 넣어 끓인 다음 조금씩 덜어 한 끼 분량의 미음을 담아내면 그게 바로 '소고기고구마콜리플라워미음'이란다. 바쁘다면 엄마의 이 '눈대중'을 이용해서 만드는 것도 좋은 방법이란다.

완료

12 체에 밭친 후 용기에 담아, 냉동실에 보관한다.

11 다시 냄비 하나에 '소고기고구마콜리플라워미음' 재료를 담고 강한 불로 끓이다 약한 불로 줄여 농도가 적당해질 때까지 저어가며 끓인다.

콜리플라워는 고구마랑 쪄도 좋아!

2

냄비에 물을 반쯤 담아 찜기를 올리고 고구마를 넣어 찐다.

3

고구마를 찌는 동안 식초 1방울을 넣은 물에 콜리플라워를 담가 살균한 다음, 줄기를 자르고 꽃 부분만 남긴다.

식초 대신 베이킹소다 뿌린 물에 살균해도 된단다.

4

냄비에 물을 담고 소고기를 넣고 끓인다. 끓기 시작하면 약한 불로 줄인 후 콜리플라워를 넣고 함께 삶는다.

5

5분 후 콜리플라워를 먼저 꺼내고, 소고기도 다 익었으면 꺼내 적당한 크기로 잘라 손질한다.

6

고구마도 잘 익었는지 확인한 후 꺼내 껍질을 벗긴다.

고구마는 젓가락을 한번 찔러 쑥 들어가면 다 익은 거란다.

7

믹서로 불린 쌀, 소고기, 콜리플라워, 고구마를 각각 곱게 간다.

물을 조금씩 넣어서 갈도록!

10

'소고기고구마미음' 2회분은 냉장실에, 나머지는 냉동실에 넣어 보관한다.

9

완성된 미음은 각각 체에 밭친 후 3회분으로 나눠 용기에 담는다.

8

냄비 2개를 준비해 '소고기고구마미음'과 '소고기콜리플라워미음' 재료를 각각 넣고 강한 불로 끓인다. 끓기 시작하면 약한 불로 줄여 농도가 적당해질 때까지 저어주며 끓인다.

물 대신 소고기 삶은 물을 쓰렴. 그리고 강한 불로 끓일 때부터 계속 저어주어야 뭉치지 않는다는 걸 명심해!

소고기고구마미음

69 kcal

탄수화물 11g
단백질 3g
지방 1g

식이섬유가 많은 고구마는 변비 완화에 특히 좋은 식품으로 당연히 아기에게도 매우 좋다. 이유식을 시작하면 이유식의 농도나 먹는 채소에 따라 변비가 생기기도 하는데, 그때 먹이기 좋은 미음이다. 그뿐 아니라 고구마는 눈 건강에도 좋고, 알레르기 반응도 다른 채소보다 적기 때문에 이유식 할 때 여러모로 정말 고마운 채소다.

 보관
· 2회분 냉장
· 1회분 냉동

 재료
☑ 불린 쌀 … 45g
☑ 고구마 … 15g
☑ 소고기 안심 … 30g
☑ 물 또는 육수 … 450ml

 최고
소고기는 삶고 고구마는 쪄서 불린 쌀이랑 각각 믹서로 간 다음, 푹 끓여내 체에 밭치면 완성!

❶ 소고기는 미리 20분~1시간 동안 물에 담가 핏물을 뺀다.

❷ 고구마는 쓸 만큼만 잘라 찜기에 넣고 약 10분간 찐 후 껍질을 벗긴다.

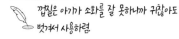
껍질은 아기가 소화를 잘 못하니까 귀찮아도 벗겨서 사용하렴.

❸ 냄비에 물을 담아 소고기를 넣고 강한 불로 끓이다, 끓기 시작하면 약한 불로 줄여 고기가 익을 때까지 삶는다.

고기 삶은 물은 육수로 쓸 거니까 잘 두도록! 삶으면서 나오는 기름은 숟가락으로 걷어내면서 끓여야렴.

❹ 믹서에 불린 쌀, 소고기, 고구마를 각각 넣고 물을 약간씩 부어 곱게 간다.

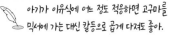
아기가 이유식에 어느 정도 적응하면 고구마를 믹서에 가는 대신 칼등으로 곱게 다져도 좋아.

❺ 냄비에 곱게 간 재료와 고기 삶은 물을 모두 넣고 강한 불로 저어가며 끓인다. 끓으면 약한 불로 줄여 농도가 적당해질 때까지 저으면서 끓인다.

❻ 불을 끄고 체에 밭쳐 걸러낸 후 3회분으로 나눠 용기에 담는다.

거봐, 쉽잖아~

소고기
콜리플라워미음

62kcal

탄수화물 9g
단백질 3g
지방 1g

콜리플라워는 이 작은 것에 어쩜 이렇게 다양한 비타민이 들어 있을 수 있나 싶을 정도로 비타민을 가득 함유한 채소다. 특히 비타민 C가 풍부해, 콜리플라워 40g만 먹으면 아이의 비타민 C 1일 권장량을 채울 수 있다. 여기에 식이 섬유도 풍부해 고구마만큼이나 변비 완화에 매우 좋고, 철분이 많아 아기에게 부족한 철분을 보충해줄 수 있다.

보관 모두 냉동

재료
- ☑ 불린 쌀 ⋯ 45g
- ☑ 콜리플라워 ⋯ 15g
- ☑ 소고기 안심 ⋯ 30g
- ☑ 물 또는 육수 ⋯ 450ml

 최고 소고기는 삶고, 콜리플라워는 데쳐서 불린 쌀이랑 각각 곱게 갈아 푹 끓여 체에 밭치면 완성!

❶ 소고기는 미리 20분~1시간 정도 담가 핏물을 뺀다.

❷ 식초 1방울 넣은 물에 콜리플라워를 담가 살균한 후 흐르는 물에 헹궈 줄기를 잘라 꽃송이만 남긴다.

✎ 식초 말고 베이킹소다를 물에 뿌려 살균해도 좋단다. 섬유소도 많고 단단하기도 한 콜리플라워 줄기는 어린아이가 먹기 힘드니 꽃 부분만 쓰렴.

❸ 냄비에 물을 담아 소고기를 넣고 강한 불로 끓인다. 끓기 시작하면 불을 줄여 콜리플라워를 넣고 함께 익힌다.

✎ 소고기와 콜리플라워 삶은 물은 국물로 사용할 거니까 버리지 말고 잘 놔두렴.

❹ 5분 후 데친 콜리플라워를 꺼내고, 소고기도 다 익으면 꺼내 적당한 크기로 손질한다.

❺ 믹서에 불린 쌀과 소고기, 콜리플라워를 넣고 각각 물을 약간씩 더해 곱게 간다.

❻ 곱게 간 재료를 냄비에 넣고, 고기 삶은 물을 부어 강한 불로 저으며 끓인다. 끓으면 약한 불로 줄이고 농도가 적당해질 때까지 저어가며 끓인다.

❼ 불을 끄고 체에 밭친 후 3회분으로 나눠 용기에 담는다.

거봐, 쉽잖아~

소고기
고구마콜리플라워미음

70 kcal 탄수화물 11g
단백질 3g
지방 1g

엄마만 따라해

영양이 많기로 소문난 두 채소가 만났으니 아이에게 아주 좋은 이유식이 될 건 안 봐도 뻔하다. 특히 식이 섬유가 많은 채소이다 보니, 변비로 고생하는 아이에게는 이만한 특효약이 없다. 모두 비타민을 많이 함유하고 있으니 이유식만 잘 먹여도 거의 하루 비타민 권장량을 먹일 수 있다. 아이를 살살 달래가며 꼭 한 그릇 모두 먹이도록 해보자.

보관 냉동

재료

☑ 불린 쌀 … 15g
☑ 고구마·콜리플라워 … 5g씩
☑ 소고기 안심 … 10g
☑ 물 또는 육수 … 150ml

참고

소고기는 삶고, 고구마랑 콜리플라워는 각각 찌고 데쳐서, 불린 쌀과 각각 갈아 푹 끓여 체에 받치면 완성!

❶ 소고기는 20분~1시간 정도 물에 담가 핏물을 뺀다.

❷ 콜리플라워는 식초 또는 베이킹소다 탄 물에 깨끗이 살균한 후 줄기를 잘라 손질한다.

❸ 고구마는 납작하게 썰어 콜리플라워 꽃송이와 찜기에 넣고 약 10분간 찐다. 고구마는 껍질을 벗긴다.

✐ 푹 삶은 고구마는 껍질을 꼭 벗겨서 넣어야 해. 껍질은 아가가 소화하기 힘들거든.

❹ 냄비에 물을 담아 소고기를 넣고 강한 불로 끓인다. 끓으면 약한 불로 줄여 고기가 익을 때까지 끓인다.

✐ 고기 삶은 물은 육수로 쓸 거니까 버리지 말고 잘 두렴!

❺ 믹서로 불린 쌀과 소고기를 각각 갈고 고구마와 콜리플라워는 함께 간다.

❻ 냄비에 곱게 간 재료를 담고 고기 삶은 물을 부어 저으며 끓인다. 처음에는 강한 불로 끓이다 끓기 시작하면 약한 불로 줄여 끓인다.

❼ 농도가 적당해지면 불을 끄고 체에 받쳐 걸러낸 후 용기에 담는다.

이번 주 파티 요리

MERRY

남은재료로
콜리플라워고구마볶음
만들기

❶ 고구마는 먹기 좋은 크기로 썰어 기름 두른 팬에 넣어 중간 불에서 익힌다.

❷ 고구마가 반쯤 익었을 때 콜리플라워 송이만 함께 넣고 익힌다.

❸ ③에 소금으로 간을 맞춰 완성한다.

재료 콜리플라워 ⋯ ½개, 고구마 ⋯ 1개, 식용유·소금 ⋯ 약간

이 유 초 기
꿀꺽 시이즌

5주 차 이유식

10배 죽에서 8배 죽으로

이제 어느덧 초기 이유식이 후반으로 넘어가고 있다. 설레기도 하고 걱정되기도 하는 마음으로 이유식을 정성스레 만들어 조심스럽게 먹이기 시작한 지 한 달이 지났다. 물처럼 묽은 미음을 먹여왔지만, 아기의 발달과 건강을 위해서는 점점 농도를 되게 해 적응시켜야 한다. 잘 먹는다고 해서 계속 묽은 죽만 주면 오히려 아기에게 좋지 않다는 사실을 기억해야 한다. 물 양을 조금씩 줄여 미음 농도를 서서히 조절해보자.

이번 주 우리 아이가 적응할 재료 : 가지, 애호박

눈 건강에 좋은 가지는 소화하기 어려운 껍질을 벗기고 찌거나 데쳐서 이유식을 만들어야 한다. 또 면역력 증진과 두뇌 발
달에 매우 좋은 애호박도 소화하기 힘든 껍질을 벗기고, 알레르기를 유발할지도 모를 씨는 도려낸 후 찌거나 삶아 이유식
을 만든다.

5th week
일주일 장바구니

불린 쌀 105g, 소고기 안심 70g, 가지·애호박 20g씩

....

♣ 딸아, 재료는 이렇게 골라야 한단다

가지
겉이 깔끔하고 보라색이 선명한 게 좋단다. 꼭지도 중요한데, 물기가 없고 싱싱해야 좋은 거야.
※ 구매/손질/관리법 P.33

애호박
연두색에 한눈에 좋아 보일 정도로 윤기가 도는 게 좋아. 또 들었을 때 단단하고 무거운 게 좋단다. 모양도 타원형으로 예쁘고 균등하게 생긴 걸로 고르렴.
※ 구매/손질/관리법 P.33

♣ 이번 주 우리 아이 이유식 재료 한눈에 보기

소고기가지미음 P.114
❶ 불린 쌀 … 45g
❷ 소고기 안심 … 30g
❸ 가지 … 15g
❹ 물 또는 육수 … 360㎖

소고기애호박미음 P.116
❶ 불린 쌀 … 45g
❷ 소고기 안심 … 30g
❸ 애호박 … 15g
❹ 물 또는 육수 … 360㎖

소고기가지애호박미음 P.118
❶ 불린 쌀 … 15g
❷ 소고기 안심 … 10g
❸ 가지·애호박 … 5g씩
❹ 물 또는 육수 … 120㎖

1시간 안에 완성하는 일주일 이유식

1시간 전에 미리 할 일 소고기 핏물 빼기

필요한 것
찜기(또는 삼발이), 믹서, 냄비 3~4개, 나무 숟가락 2개, 이유식용 체, 이유식 용기 7개, 견출지

이건 반드시 주의
한 번에 일주일 치를 만들어 보관하는 것이기 때문에 혹시라도 이유식에 미생물이 번식하지 않도록 조심해야 한단다.

- 절대 침이 들어가지 않도록 맛보면서 사용한 숟가락이나 젓가락이 일절 닿지 않게!

- 뜨거울 때 바로 용기에 담아 냉장실이나 냉동실에 보관하도록!

- 냉장 혹은 냉동 보관한 이유식은 섭취하기 직전에 80℃ 이상에서 5분간 익히기!

딸아~ 엄마만 따라 해

시작

1
가지와 애호박은 깨끗이 씻어 준비한 후 껍질을 벗겨 적당한 크기로 자른다. 애호박은 가운데 씨를 칼로 도려낸다.

애호박 씨는 알레르기를 유발할 수 있으므로, 도려내 사용하도록!

엄마가 하는 더 쉬운 방법

냄비 2개에 불린 쌀이랑 소고기를 반씩 나눠 담고, 각각 가지와 애호박을 넣어 끓인 다음 조금씩 덜어 한 끼 분량의 미음을 담아내면 그게 바로 '소고기가지애호박미음'이란다. 바쁘다면 엄마의 이 '눈대중'을 이용해서 만드는 것도 좋은 방법이란다.

완료

9
체에 밭친 후 용기에 담아 냉동실에 보관한다.

2

냄비에 물을 담고 찜기를 올린 후 손질한 가지와 애호박을 올려 찐다.

 끓는 물에 데쳐도 좋지만, 영양소를 최대한 살리기 위해 귀찮아도 찜기에 찌도록!

3

다른 냄비에 물을 담고 소고기를 넣어 강한 불로 삶다가, 약한 불로 줄여 고기가 익을 때까지 끓인 후 적당한 크기로 자른다.

 고기를 삶으면서 나오는 기름은 숟가락으로 걷어 내도록!

4

믹서에 불린 쌀, 가지, 애호박, 소고기를 각각 넣어 곱게 간다.

5

2개의 냄비를 준비해 각각 '소고기가지미음'과 '소고기애호박미음' 재료를 넣고 강한 불로 끓인다. 끓기 시작하면 약한 불로 줄여 농도가 적당해질 때까지 끓인다.

8

다시 냄비 하나에 '소고기가지애호박미음' 재료를 넣고 강한 불로 끓인다. 끓기 시작하면 약한 불로 줄여 농도가 적당해질 때까지 끓인다.

7

'소고기가지미음' 2회분은 냉장실에, 나머지는 냉동실에 보관한다.

6

각각 체에 밭쳐낸 후 3회분으로 나눠 용기에 담는다.

소고기가지미음

62kcal

탄수화물 9g
단백질 3g
지방 1g

다 큰 어른들도 유난히 안 먹는 사람이 많은 가지. 하지만 가지는 우리 몸에 꼭 필요한 영양소로 가득한 최고의 채소다. 특히 가지에는 안토시아닌이라는 성분이 있는데, 눈에 매우 좋고 베타카로틴도 풍부해 체력 증진에도 좋다. 영양 만점 가지가 아이와 평생 친구가 될 수 있도록 노력해보자.

 보관
· 2회분 냉장
· 1회분 냉동

 재료
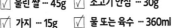
☑ 불린 쌀 … 45g
☑ 가지 … 15g
☑ 소고기 안심 … 30g
☑ 물 또는 육수 … 360ml

 최고
소고기는 삶고, 가지는 껍질을 벗겨 푹 쪄 불린 쌀이랑 각각 간 다음, 푹 끓여내 체에 밭치면 완성!

❶ 소고기는 20분~1시간 동안 물에 담가 핏물을 뺀다.

❷ 가지는 깨끗이 씻어 껍질을 벗기고 토막 썬다.

가지는 원래 껍질째 먹지만, 초기에는 소화가 안 될 수 있으니 껍질을 벗겨야 해.

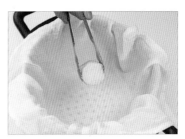

❸ 냄비에 물을 받아 찜기를 올리고, 손질한 가지를 올려 찐다.

데치는 것도 좋지만, 영양 손실을 막기 위해 선 손이 좀 많이 가더라도 찌는 게 더 좋단다.

❹ 다른 냄비에 물을 담아 소고기를 넣고 강한 불로 삶는다. 끓으면 약한 불로 줄인 후 고기가 익을 때까지 삶는다.

고기 삶은 물은 버리지 말고 잘 두렴!

❺ 믹서에 불린 쌀과 소고기, 가지를 각각 물을 약간씩 넣고 곱게 간다.

❻ 냄비에 곱게 간 재료와 고기 삶은 물을 모두 담고 강한 불로 끓인다. 저어가며 끓이다, 끓기 시작하면 약한 불로 줄여 계속 끓인다.

❼ 농도가 적당해지면 불을 끄고 체에 밭친 후, 3회분으로 나눠 용기에 담는다.

거봐, 쉽잖아~

소고기애호박미음

62kcal

탄수화물 9g
단백질 3g
지방 1g

애호박은 비타민 A·C를 풍부하게 함유해 아이의 면역력 증강에 도움을 준다. 익히면 아주 부드러워 소화 기능이 약한 아이들에게 매우 좋다. 비타민 외에 레시틴이라는 성분도 많이 들어 있는데, 두뇌 발달에 특히 좋은 성분이다. 버릴 것이 하나 없는 애호박이지만, 초기에는 부드러운 식감을 위해 껍질은 벗겨 먹이는 게 좋다.

엄마만 따라 해

 보관 모두 냉동

 재료
☑ 불린 쌀 … 45g   ☑ 소고기 안심 … 30g
☑ 애호박 … 15g   ☑ 물 또는 육수 … 360ml

 초고
소고기는 삶고, 애호박은 껍질 벗겨 씨를 발라내 한 숨 푹 쪄 불린 쌀이랑 각각 갈아 푹 끓여 체에 밭치면 완성!

❶ 소고기는 20분~1시간 정도 물에 담가 핏물을 뺀다.

❷ 애호박은 깨끗이 씻어 자른 후 껍질을 벗기고 가운데 씨를 발라낸다.

껍질은 섬유질이 많아 소화가 잘 안 되고, 씨는 알레르기를 유발하기 때문에 초기 이유식에서는 잘 쓰지 않는단다. 가운데 씨는 칼로 살짝 도려내렴.

❸ 냄비에 물을 담아 찜기를 올리고 손질한 애호박을 올려 한 숨 푹 찐다.

❹ 냄비에 물을 담아 소고기를 넣고 강한 불로 끓인다. 끓으면 약한 불로 줄여 고기가 익을 때까지 삶은 후 손질한다.

 고기 삶은 물은 잘 두었다가 육수로 이용!

❺ 믹서에 불린 쌀과 찐 애호박, 소고기를 각각 넣고 물을 약간씩 넣어 곱게 간다.

❻ 냄비에 곱게 간 재료와 고기 삶은 물을 붓고 강한 불로 저어가며 끓인다. 끓기 시작하면 약한 불로 줄여 계속 저어가며 끓인다.

❼ 농도가 적당해지면 불을 끄고 체에 밭쳐 곱게 걸러낸 후 3회분으로 나눠 용기에 담는다.

거봐, 쉽잖아~

소고기
가지애호박미음

63 kcal

탄수화물 9g
단백질 3g
지방 1g

가지와 애호박은 모두 비타민 A와 관련이 많은 재료다. 애호박에는 비타민 C와 더불어 비타민 A가 많이 들어 있고, 가지에는 체내에서 비타민 A가 되는 베타카로틴이 많이 함유돼 있다. 그런 만큼 이 두 식재료로 만든 이유식은 그야말로 비타민 A가 듬뿍 든, 면역력을 키워주는 건강식이라고 할 수 있다.

 보관 냉동

 재료
☑ 불린 쌀 … 15g
☑ 가지·애호박 … 5g씩
☑ 소고기 안심 … 10g
☑ 물 또는 육수 … 120ml

 최고
소고기는 삶고 가지랑 애호박은 쪄서, 믹서에 불린 쌀이랑 각각 갈아 푹 끓여 체에 밭치면 완성!

❶ 소고기는 미리 물에 20분~1시간 정도 담가 핏물을 뺀다.

❷ 가지와 애호박은 깨끗이 씻은 후 껍질을 벗긴다. 애호박은 가운데 씨를 도려낸다.

❸ 냄비에 물을 받아 찜기를 올린 후 손질한 가지와 애호박을 넣어 찐다.

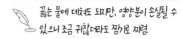

끓는 물에 데쳐도 되지만, 영양분이 손실될 수 있으니 조금 귀찮더라도 찜기로 재현.

❹ 냄비에 물을 담고 소고기를 넣어 강한 불로 삶는다. 끓기 시작하면 약한 불로 줄여 고기가 익을 때까지 삶는다.

❺ 믹서에 찐 가지와 애호박, 소고기, 불린 쌀을 각각 넣고 물을 약간씩 더해 곱게 간다.

❻ 냄비에 곱게 간 재료와 고기 삶은 물을 넣고 강한 불로 저으면서 끓인다. 끓기 시작하면 약한 불로 줄여 계속 끓인다.

❼ 농도가 적당해지면 불을 끄고 체에 밭쳐 곱게 걸러낸 후 3회분으로 나눠 용기에 담는다.

거봐, 쉽잖아~

이번 주 파티 요리

MERRY

남은 재료로

가지전·호박전

만들기

❶ 가지와 애호박은 깨끗이 씻는다.

❷ 가지는 어슷하게, 애호박은 동그랗게 썬다.

❸ 밀가루와 소금을 약간 넣은 달걀물을 썰어둔 가지와 애호박에 입힌다.

❹ 달군 팬에 기름을 두르고 가지와 애호박을 노릇하게 구워낸다.

재료　가지·애호박 … 1개씩, 소금·밀가루·식용유 … 약간, 달걀 … 2개

꿀꺽 시이존

6주 차 이유식

고형분을 조금씩 늘려주자

지금까지 모든 재료를 믹서에 갈아 끓이고, 다 끓인 후에는 체에 밭쳐 아주 고운 미음을 만들어 먹였다면, 이제는 아기의 성장 발달에 좀 더 도움을 줄 수 있도록 고형분의 비율을 조금씩 늘려보자. 채소 하나 정도는 믹서에 갈지 말고 칼로 잘게 다져 절구로 으깨 넣는다든지, 한 번 정도는 체에 밭치는 단계를 생략한다든지 해서 아기가 알갱이 씹기를 연습할 수 있도록 해보자.

이번 주 우리 아이가 적응할 재료 : 닭고기, 청경채

닭고기 중에서도 지방이 적은 안심으로 닭고기 이유식을 시작해보자. 가운데 힘줄은 아기가 먹기 힘드니 반드시 제거해야 한다. 청경채 또한 섬유질이 많으므로 억센 줄기는 잘라내고 초록 잎만 이용한다.

6th week
일주일 장바구니

불린 쌀 140g, 닭 안심 41g, 브로콜리 35g, 청경채 잎 50g

♣ 딸아, 재료는 이렇게 골라야 한단다

닭고기
닭고기 중에서도 안심이 다른 부위보다 기름기가 적어 아이가 먹기 좋단다. 또 지방이 거의 없고 단백질 위주라 영양 면에서도 이유식 재료에 딱이야. ※ 구매/손질/관리법 P.31

청경채
줄기가 일단은 단단하고 굵어야 해. 잎은 딱 보기에도 싱싱하면서 폭이 넓게 펴지는 게 좋아. 또 만졌을 때 잎이 부드러운 게 좋단다. ※ 구매/손질/관리법 P.33

♣ 이번 주 우리 아이 이유식 재료 한눈에 보기

닭고기브로콜리미음 P.128
❶ 불린 쌀 … 60g
❷ 닭 안심 … 18g
❸ 브로콜리 … 30g
❹ 물 또는 육수 … 480㎖

닭고기청경채미음 P.130
❶ 불린 쌀 … 60g
❷ 닭 안심 … 18g
❸ 청경채 잎 … 40g
❹ 물 또는 육수 … 480㎖

닭고기브로콜리청경채미음 P.132
❶ 불린 쌀 … 20g
❷ 닭 안심·브로콜리 … 5g씩
❸ 청경채 잎 … 10g
❹ 물 또는 육수 … 160㎖

1시간 안에 완성하는 일주일 이유식

필요한 것

모유(또는 분유), 식초(또는 베이킹소다), 믹서, 냄비 2개, 나무 숟가락 2개, 이유식용 체, 이유식 용기 7개, 견출지

이건 반드시 주의

한 번에 일주일 치를 만들어 보관하는 것이기 때문에 혹시라도 이유식에 미생물이 번식하지 않도록 조심해야 한단다.

- 절대 침이 들어가지 않도록 맛보면서 사용한 숟가락이나 젓가락이 일절 닿지 않게!

- 뜨거울 때 바로 용기에 담아 냉장실이나 냉동실에 보관하도록!

- 냉장 혹은 냉동 보관한 이유식은 섭취하기 직전에 80℃ 이상에서 5분간 익히기!

 딸아~ 엄마만 따라 해

시작 **1** 닭고기는 모유 또는 분유에 담가 재운다.

엄마가 하는 더 쉬운 방법

냄비 2개에 불린 쌀이랑 닭고기를 반씩 나눠 담고, 각각 브로콜리와 청경채를 넣어 끓인 다음 조금씩 덜어 한 끼 분량의 미음을 담아내면 그게 바로 '닭고기브로콜리청경채미음'이란다. 바쁘다면 엄마의 이 '눈대중'을 이용해서 만드는 것도 좋은 방법이란다.

 완료 **12** 체에 밭친 후 용가에 담는다.

11 다시 냄비에 '닭고기브로콜리청경채미음' 재료를 넣고 강한 불로 끓인다. 끓기 시작하면 약한 불로 줄여 농도가 적당해질 때까지 끓인다.

2

물에 식초 1방울을 넣고 브로콜리와 청경채를 담가 살균한다.

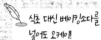 식초 대신 베이킹소다를 넣어도 오케이!

3

흐르는 물에 브로콜리와 청경채를 깨끗이 씻는다.

4

브로콜리는 기둥을, 청경채는 하얀 줄기를 잘라낸다.

5

①의 닭고기는 흐르는 물에 씻고, 가운데 힘줄을 잘라 손질한다.

삶은 물은 육수로 사용하면 좋으니, 버리지 말 것!

6

끓는 물에 닭고기와 브로콜리, 청경채를 넣고 삶는다.

7

믹서에 각각 삶은 닭고기, 브로콜리, 청경채, 불린 쌀과 약간의 물을 넣어 곱게 간다.

10

'닭고기브로콜리미음' 2회 분은 냉장실에, 나머지는 냉동실에 보관한다.

9

각각 체에 밭친 후 3회분으로 나눠 용기에 담는다.

8

냄비 2개를 준비해 하나에는 '닭고기브로콜리미음', 다른 하나에는 '닭고기청경채미음' 재료를 각각 넣고 강한 불로 끓인다. 끓기 시작하면 약한 불로 줄여 농도가 적당해질 때까지 끓인다.

 뭉치지 않도록 처음부터 끝까지 계속 저어가며 끓이도록!

닭고기
브로콜리미음

64kcal　탄수화물 13g
단백질 3g
지방 0g

닭고기 중에서도 안심은 지방이 거의 없고 단백질로만 이루어져 있다. 또 어떤 부위보다 부드럽기 때문에 힘줄만 제거한다면 아이가 쉽게 먹을 수 있다. 이유식에서 가장 중요한 건 단백질을 충분히 보충해주는 것! 닭 안심으로 단백질을 충분히 보충해주고, 브로콜리로 비타민을 빵빵하게 채워주자.

 보관
· 2회분 냉장
· 1회분 냉동

 재료

 ☑ 불린 쌀 … 60g   ☑ 닭 안심 … 18g
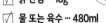 ☑ 브로콜리 … 30g   ☑ 물 또는 육수 … 480ml

 최고
닭고기와 브로콜리를 데치고 삶아, 불린 쌀이랑 각각 갈아 냄비에 푹 끓여 체에 밭치면 완성!

❶ 모유 또는 분유에 20분간 재운 닭고기는 찬물로 헹궈 가운데 힘줄을 제거해 손질한다.

❷ 브로콜리는 식초 1방울 넣은 물에 살균한 후 흐르는 물에 씻은 다음 줄기는 잘라내고 꽃 부분만 남긴다.

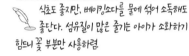
식초도 좋지만, 베이킹소다를 물에 섞어 소독해도 좋단다. 섬유질이 많은 줄기는 아이가 소화하기 힘드니 꽃 부분만 사용하렴.

❸ 끓는 물에 닭고기와 브로콜리를 넣어 삶은 후 닭고기는 갈기 좋게 잘게 찢거나 자른다.

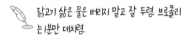
닭고기 삶은 물은 버리지 말고 잘 두렴. 브로콜리는 1분만 데치렴.

❹ 믹서에 불린 쌀과 닭고기, 브로콜리를 각각 넣고 곱게 간다.

❺ 냄비에 곱게 간 재료를 넣고 닭고기 삶은 물을 부어 강한 불로 끓인다. 저어가며 끓이다가 끓어오르면 불을 줄여 농도가 적당해질 때까지 끓인다.

❻ 체에 밭친 후 3회분으로 나눠 용기에 담는다.

거봐, 쉽잖아~

닭고기청경채미음

62kcal 탄수화물 12g
단백질 3g
지방 0g

청경채는 아기에게 필요한 영양소가 가득한 채소 중 하나다. 단백질도 비교적 많고, 무기질도 많이 함유되어 있는데, 특히 비타민 C가 매우 풍부하다. 아기의 성장에 빼놓을 수 없는 칼슘도 많아, 세포 성장에 많은 도움을 주는 것으로도 알려져 있다. 이런 청경채를 단백질의 보고인 닭고기와 함께 맛있게 요리해 아이에게 먹여보자.

 보관 모두 냉동

 재료
- ☑ 불린 쌀 … 60g
- ☑ 청경채 잎 … 40g
- ☑ 닭 안심 … 18g
- ☑ 물 또는 육수 … 480ml

 최고
닭고기와 청경채를 손질해 데치고 삶아서, 불린 쌀이랑 각각 간 다음 함께 푹 끓여 체에 밭치면 완성!

❶ 모유 또는 분유에 20분간 재워둔 닭고기를 찬물에 헹궈 힘줄을 제거한 후 손질한다.

❷ 식초 1방울 탄 물에 살균한 청경채는 흐르는 물에 씻어 초록 잎만 남겨 손질한다.

 물에 베이킹소다를 넣어 씻어도 된단다.

❸ 끓는 물에 닭고기와 청경채를 넣고 삶는다.

 삶은 물은 육수로 사용하면 좋으니 버리지 말고 잘 두렴.

❹ 닭고기와 청경채, 불린 쌀을 각각 믹서에 넣고 물을 약간씩 더해 곱게 간다.

 청경채는 30초만!

❺ 냄비에 곱게 간 재료를 넣고, 닭고기 삶은 물을 부어 강한 불로 저어가며 끓인다. 끓기 시작하면 약한 불로 줄여 농도가 적당해질 때까지 끓인다.

❻ 불을 끄고 체에 밭친 후 3회분으로 나눠 용기에 담는다.

거봐, 쉽잖아~

닭고기
브로콜리청경채미음

62kcal

탄수화물 12g
단백질 2g
지방 0g

이번 주에는 아이에게 닭고기와 청경채를 처음으로 적응시켜보았다. 이상 반응 없이 아이가 잘 먹는다면, 브로콜리를 함께 넣어 건강 이유식을 만들어보자. 단맛이 아예 없어 잘 먹지 않으면, 이미 아이에게 적응시킨 고구마를 조금 으깨서 함께 넣어 먹이는 것도 아주 좋은 방법이다.

보관 냉동

재료
- ☑ 불린 쌀 … 20g
- ☑ 청경채 잎 … 10g
- ☑ 닭 안심·브로콜리 … 5g씩
- ☑ 물 또는 육수 … 160ml

최고
브로콜리와 청경채는 잘 씻어서 모두 데치고 닭고기는 삶아, 불린 쌀이랑 각각 갈아 푹 끓여 체에 밭치면 완성!

❶ 모유 또는 분유에 재운 닭고기는 찬물에 헹궈 힘줄을 제거한 후 손질한다.

❷ 식초 또는 베이킹소다를 넣은 물에 담가 살균한 브로콜리와 청경채는 흐르는 물에 씻은 후 각각 꽃송이와 초록 잎만 남도록 손질한다.

❸ 끓는 물에 닭고기와 브로콜리, 청경채를 넣고 삶는다.

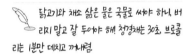

✎ 닭고기와 채소 삶은 물은 국물로 써야 하니, 버리지 말고 잘 두어야 해 청경채는 30초, 브로콜리는 1분만 데치고 꺼내렴.

❹ 브로콜리와 청경채는 함께, 닭고기와 불린 쌀은 각각 믹서에 약간의 물을 넣고 곱게 간다.

❺ 냄비에 곱게 간 재료와 닭고기 삶은 물을 붓고 강한 불로 끓인다. 계속 젓다가 끓어오르면 약한 불로 줄여 농도가 적당해질 때까지 저어가며 끓인다.

❻ 불을 끄고 체에 밭친 다음 용기에 담는다.

거봐, 쉽잖아~

이번 주 파티 요리

남은 재료로
청경채볶음
만들기

❶ 청경채는 깨끗이 씻어 꼭지를 자른다.

❷ 끓는 물에 소금을 넣고 청경채를 30초에서 1분간 데친다.

❸ 양파는 채 썰고 마늘은 편 썰어 준비한다.

❹ 마늘과 양파는 기름에 볶고 데친 청경채를 넣은 후, 양념장을 넣고 볶는다.

❺ 전분물을 만든 후 볶은 청경채에 넣어 농도를 맞춘다.

재료 청경채 … 3개, 소금 … 1작은술, 마늘 … 2톨, 양파 … ½개, 참기름 … 약간

양념장 굴소스·진간장 … 2큰술씩　**전분물** 전분 … 2큰술, 물 … 1컵

이 유 초 기
꿀꺽 시이즌

7주 차 이유식

지금보다 조금 더 되게 먹여보자

10배 죽에서 8배 죽으로, 처음 농도보다 조금 더 되게 해서 먹이고 있다면 성공적인 셈. 이제 초기가 2주밖에 남지 않았으니, 아이의 발달을 위해 살짝만 더 욕심을 내보자. 중기부터는 7배 죽으로 시작해 6배 죽까지 먹이기 때문에 슬슬 농도를 더 되게 조절해서 먹이는 것도 필요하다. 레시피의 물 양은 8배 죽 기준이지만, 아이가 적응하는 정도를 보면서 물의 양을 조금씩 줄이는 연습을 해보자. 그리고 이번 주부터는 마지막에 체에 받치는 단계를 생략해, 아이가 고형분에 좀 더 잘 적응할 수 있도록 해보자.

이번 주 우리 아이가 적응할 재료 : 완두콩, 비타민

완두콩은 6월이 제철이다. 제철일 때 생콩을 사서 껍질만 벗겨서 냉동하거나 살짝 데쳐 냉동 보관해도 된다. 그게 아니면 유기농 냉동 완두콩을 사서 이유식을 만들어도 좋다. 비타민은 쌈 싸 먹을 때 자주 이용하는 채소로, 요즘은 흔히 구할 수 있다.

7th week
일주일 장바구니

불린 쌀 140g, 닭 안심 41g, 완두콩·비타민 잎 25g씩

♣ 딸아, 재료는 이렇게 골라야 한단다

완두콩
보기에 예쁜 게 맛도 좋다는 말이 있듯, 한 눈에도 신선해 보이는 걸 골라야 한단다. 껍질을 벗기지 않은 것이라면 껍질이 통통하면서도 색이 진한 녹색인 게 좋고, 콩알은 모양이 둥글고 진한 녹색을 띠는 게 좋단다.
※ 구매/손질/관리법 P.30

비타민
숟가락처럼 생긴 비타민은 딱 보기에도 싱싱하고 파릇파릇한 걸로 고르렴. 윤기가 흐르고 잎이 살짝 바깥으로 말려 있는 게 신선하단다.
※ 구매/손질/관리법 P.33

♣ 이번 주 우리 아이 이유식 재료 한눈에 보기

닭고기완두콩미음 P.142
❶ 불린 쌀 … 60g
❷ 닭 안심 … 18g
❸ 완두콩 … 20g
❹ 물 또는 육수 … 480㎖

닭고기비타민미음 P.144
❶ 불린 쌀 … 60g
❷ 닭 안심 … 18g
❸ 비타민 잎 … 20g
❹ 물 또는 육수 … 480㎖

닭고기완두콩비타민미음 P.146
❶ 불린 쌀 … 20g
❷ 닭 안심·완두콩·비타민 잎 … 5g씩
❸ 물 또는 육수 … 160㎖

1시간 안에 완성하는 일주일 이유식

1시간 전에 미리 할 일 완두콩 불리기

필요한 것 모유(또는 분유), 식초(또는 베이킹소다), 믹서, 냄비 2개, 나무 숟가락 2개, 이유식용 체, 이유식 용기 7개, 견출지

이건 반드시 주의
한 번에 일주일 치를 만들어 보관하는 것이기 때문에 혹시라도 이유식에 미생물이 번식하지 않도록 조심해야 한단다.

- 절대 침이 들어가지 않도록 맛보면서 사용한 숟가락이나 젓가락이 일절 닿지 않게!

- 뜨거울 때 바로 용기에 담아 냉장실이나 냉동실에 보관하도록!

- 냉장 혹은 냉동 보관한 이유식은 섭취하기 직전에 80℃ 이상에서 5분간 익히기!

딸아~ 엄마만 따라 해

시작

1

모유 또는 분유에 닭고기를 담가둔다.

엄마가 하는 더 쉬운 방법

냄비 2개에 불린 쌀이랑 닭고기를 반씩 나눠 담고, 각각 완두콩과 비타민을 넣어 끓인 다음에 조금씩 덜어 한 끼 분량의 미음을 담아내면 그게 바로 '닭고기완두콩비타민미음'이란다. 바쁘다면 엄마의 이 '눈대중'을 이용해서 만드는 것도 좋은 방법이란다.

완료

12

다시 냄비에 '닭고기완두콩비타민미음' 재료를 넣어 강한 불로 끓인다. 끓기 시작하면 약한 불로 줄여 농도를 봐가며 끓인 후, 용기에 담아 냉동실에 넣는다.

11

닭고기완두콩미음 2회분은 냉장실에, 나머지는 냉동실에 보관한다.

2

식초 또는 베이킹소다를 넣은 물에 비타민과 완두콩을 담가 소독한 후 흐르는 물에 씻는다.

생콩일 경우 하루 정도 불려야 한단다. 냉동인지, 생콩인지 혹은 콩 종류에 따라 불리는 시간과 삶는 시간이 달라진단다.

3

비타민은 초록색 잎만 잘라내 손질한다.

4

끓는 물에 완두콩을 넣고 퍼질 때까지 삶는다.

5

알맞게 삶은 완두콩은 한 숨 식힌 후 껍질을 일일이 벗겨낸다.

아이 기도가 막힐 수도 있고 소화가 잘 안 될 수도 있으니, 껍질은 꼭 벗기렴.

6

①의 닭고기를 흐르는 물에 씻고, 힘줄을 잘라 손질한 뒤 완두콩을 삶은 물에 비타민과 함께 넣어 삶는다.

7

비타민은 건져 물기를 짜내고, 삶은 닭고기도 건져낸다.

10

각각 3회분으로 나눠 용기에 담는다.

9

냄비 2개를 준비해 하나에는 '닭고기완두콩미음', 다른 하나에는 '닭고기비타민미음' 재료를 넣어 강한 불로 끓인다. 끓기 시작하면 약한 불로 줄여 농도가 적당해질 때까지 끓인다.

계속 저어가며 끓여야 뭉치지 않아!

8

닭고기와 완두콩, 비타민, 불린 쌀은 각각 약간의 물과 함께 믹서로 곱게 간다.

닭고기완두콩미음

68kcal 탄수화물 13g
단백질 3g
지방 0g

동글동글 탱탱한 완두콩은 맛도 영양도 100점짜리 채소라 아이의 이유식 재료로 안성맞춤이다. 철분과 칼슘도 많아 아이 성장에 많은 도움을 주지만, 특히 단백질과 비타민 B_1이 풍부해 두뇌 발달에 많은 도움을 준다. 완두콩은 원래 어른들도 배탈이 났을 때 죽을 쒀서 먹는 채소로, 아이가 설사를 할 때 먹이면 좋다.

엄마만 따라해

보관
· 2회분 냉장
· 1회분 냉동

재료

☑ 불린 쌀 … 60g ☑ 닭 안심 … 18g
☑ 완두콩 … 20g ☑ 물 또는 육수 … 480ml

최고
닭고기랑 완두콩이랑 푹 삶은 후 불린 쌀이랑 각각 갈아 푹 끓여 체에 받치면 완성!

❶ 하루 정도 물에 불려놓은 콩은 흐르는 물에 깨끗이 씻어 준비한다.

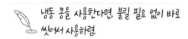
🖋 냉동 콩을 사용한다면, 불릴 필요 없이 바로 씻어서 사용하렴.

❷ 모유 또는 분유에 20분간 재워둔 닭고기는 흐르는 물에 씻고, 가운데 힘줄을 제거해 손질한다.

❸ 물을 펄펄 끓인 후 닭고기와 완두콩을 넣고 삶는다.

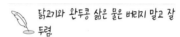
🖋 닭고기와 완두콩 삶은 물은 버리지 말고 잘 두렴.

❹ 삶은 닭고기는 건져 적당한 크기로 잘라 갈기 쉽게 손질한다.

❺ 완두콩은 퍼질 때까지 삶고, 다 삶으면 한 김 식힌 후 껍질을 벗긴다.

🖋 하나하나 껍질을 까는 게 여간 힘든 일이 아니죠? 지금까지 쉬운 이유식만 하다가 손 많이 가는 걸 하려니 안 쓰시는 곳이 없을 거야.

❻ 믹서에 닭고기와 완두콩, 불린 쌀을 약간의 물을 넣어 각각 곱게 간다.

❼ 냄비에 곱게 간 재료를 넣고, 닭고기 삶은 물을 넣어 강한 불로 끓인다. 저어주다 끓으면 약한 불로 줄인다. 농도가 적당해질 때까지 끓이다 불을 끄고 3회분으로 나눠 용기에 담는다.

거봐, 쉽잖아~

닭고기비타민미음

62kcal

탄수화물 12g
단백질 2g
지방 0g

다채라고도 불리는 비타민은 건강한 뽀빠이가 좋아하는 시금치보다 자그마치 2배나 많은 베타카로틴을 함유하고 있다. 따라서 아이의 눈 건강에 매우 좋은 건 두말하면 잔소리. 그뿐 아니라 이름이 비타민인 만큼 비타민 A·B·C·K 등 풍부한 비타민을 함유해 아기에게 두루두루 좋은 건강한 채소다.

보관 모두 냉동

재료
☑ 불린 쌀 … 60g   ☑ 닭 안심 … 18g
☑ 비타민 잎 … 20g   ☑ 물 또는 육수 … 480ml

최고
닭고기와 비타민을 깨끗이 씻어 삶은 다음, 불린 쌀이랑 물이랑 각각 곱게 갈아 푹 끓이면 완성!

초기
1주
2주
3주
4주
5주
6주
7주
8주

❶ 모유 또는 분유에 20분간 재워둔 닭고기를 흐르는 물에 씻고, 가운데 힘줄을 제거한다.

❷ 식초 또는 베이킹소다를 넣은 물로 살균한 비타민은 흐르는 물에 씻고, 초록 잎만 잘라 준비한다.

줄기는 아이가 소화하기 힘드니 잎만 넣어야 한단다.

❸ 끓는 물에 닭고기와 비타민을 넣는다. 1분 정도 후에는 비타민을, 5~10분 후에는 닭고기를 꺼내 한 김 식힌다.

닭고기와 비타민 삶은 물은 육수로 사용하면 좋으니 버리지 말도록!

❹ 믹서에 닭고기와 비타민, 불린 쌀을 각각 넣고 물을 약간씩 더해 곱게 간다.

❺ 냄비에 곱게 간 재료를 넣고 닭고기 삶은 물을 부어 강한 불로 저어가며 끓인다. 끓기 시작하면 약한 불로 줄여 계속 저어가며 끓인다.

❻ 완성된 미음은 3회분으로 나눠 용기에 담는다.

거봐, 쉽잖아~

닭고기
완두콩비타민미음

66kcal · 탄수화물 13g · 단백질 3g · 지방 0g

닭고기에 완두콩, 비타민까지 넣었으니 빠지는 것 없는 이유식이라고 할 수 있다. 단백질은 말할 것도 없고, 칼슘과 철분이 풍부하며, 베타카로틴과 비타민이 가득해 아이의 면역력을 높여주고, 눈 건강에도 좋으며 두뇌 발달에까지 좋은 영향을 준다. 이처럼 버릴 것 하나 없는 식품이니 아이가 최대한 많이 먹을 수 있도록 잘 유도해보자.

보관 냉동

재료

☑ 불린 쌀 … 20g
☑ 물 또는 육수 … 160ml

☑ 닭 안심·완두콩·
비타민 잎 … 5g씩

최고

모든 재료를 깨끗이 씻어 손질한 후 한 번에 푹 삶아 불린 쌀과 각각 곱게 갈아 푹 끓이면 완성!

❶ 모유 또는 분유에 20분간 재워둔 닭고기는 흐르는 물에 씻어, 힘줄을 제거해 준비한다.

❷ 식초 또는 베이킹소다 뿌린 물에 살균한 비타민을 흐르는 물에 씻고, 초록 잎만 잘라내 준비한다.

❸ 하루 전부터 물에 불린 완두콩도 흐르는 물에 씻어 준비한다.

❹ 끓는 물에 닭고기와 비타민, 완두콩을 넣고 삶는다. 1분 후 비타민을, 그다음엔 닭고기와 콩을 익은 순서대로 건져낸다.

✎ 콩은 손으로 으깰 수 있을 정도로 퍼졌을 때 건지면 된단다. 재료 삶은 물은 버리지 마렴.

❺ 완두콩은 껍질을 깐다.

❻ 믹서에 불린 쌀과 닭고기는 각각, 비타민과 완두콩은 함께 넣고 물을 약간 부어 곱게 간다.

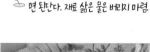

❼ 냄비에 곱게 간 재료와 재료 삶은 물을 넣고 강한 불로 끓이다 끓으면 약한 불로 줄여 농도가 적당해질 때까지 끓인다.

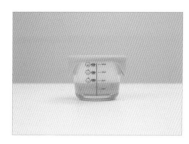

❽ 불을 끄고 용기에 담는다.

이번 주 파티 요리

남은재료로
닭고기완두콩튀김
만들기

❶ 닭 안심은 먹기 좋은 크기로 손질한다.

❷ 튀김가루와 물을 섞고, 소금, 후춧가루로 간해 튀김 반죽을 만든다.

❸ ①의 닭 안심을 튀김 반죽에 묻혀 기름에 튀긴 후 완두콩을 뿌려 꾸민다.

재료 튀김가루·물 … 1컵씩, 닭 안심 … 400g, 완두콩 … 20g, 소금·후춧가루 … 약간

이 유 초 기
꿀꺽 시이즌

8주 차 이유식

이제 양을 조금 더 늘려보자

한 주만 지나면 초기는 끝나고 중기가 시작된다. 처음 이유식을 시작하면서 생전 처음 음식이란 걸 입에 대보는 아기의 반응이 어떨지 조마조마해하며 시작한 이유식이 한 고개를 넘은 것이다. 이제 아이는 처음보다 음식에 좀 더 가까워지고, 적응도 조금씩 하고 있을 것이다. 아이마다 먹는 양이 천차만별이겠지만, 지금까지 먹었던 양보다 조금 더 먹여보려고 시도해보자. 원래 이 시기 아이는 이유식을 많이 먹지 않으려고 한다. 그래도 조금 더 인내심을 가지고 한 숟가락이라도 더 먹여보자.

이번 주 우리 아이가 적응할 재료 : 두부, 달걀노른자

두부는 단백질이 가득해 '밭에서 나는 고기'로 불린다. 내가 아들을 키울 때는 중기에 많이들 먹인 재료였는데, 지금은 워낙 믹서다 뭐다 조리 기구가 잘 나오니, 잘만 다지고 곱게 갈면 단백질과 영양이 가득한 최고의 초기 재료로 손색없다. 달걀노른자도 마찬가지다. 레시틴이 풍부한 노른자도 영양 만점 재료로, 초기가 끝나갈 무렵부터 천천히 먹이면 좋다.

8th week
일주일 장바구니

불린 쌀 130g, 소고기 안심 25g, 단호박 25g, 두부 30g, 브로콜리 25g, 달걀노른자 2개분

♣ 딸아, 재료는 이렇게 골라야 한단다

두부
각자 이유식 상태를 점검해보고 지금 아기한테 맞는 두부를 고르는 것도 좋은 방법이다. 흔히 쓰는 일반 두부 외에 이보다 더 부드러운 순두부나 연두부를 이용해 더 부드럽고 목 넘김이 좋은 이유식을 만드는 것도 좋다. ※ 구매/손질/관리법 P.37

달걀 노른자
껍질에서 윤이 나는 건 오래된 달걀이라는 증거다. 너무 빤질빤질한 것보다 적당히 지저분한(?) 걸 고르자. 또 두껍고 단단해 보이는 달걀이 좋은 것이다.
※ 구매/손질/관리법 P.31

♣ 이번 주 우리 아이 이유식 재료 한눈에 보기

단호박두부죽 P.156
❶ 불린 쌀 · 두부 … 30g씩
❷ 단호박 … 25g
❸ 물 또는 육수 … 250㎖

달걀노른자죽 P.158
❶ 불린 쌀 … 20g
❷ 달걀노른자 … 1/2개분
❸ 물 또는 육수 … 160㎖1

소고기브로콜리노른자죽 P.160
❶ 불린 쌀 … 80g
❷ 소고기 안심·브로콜리 … 25g씩
❸ 달걀노른자 … 1+⅓개분
❹ 물 또는 육수 … 640㎖

1시간 안에
완성하는
일주일 이유식

1시간 전에 미리 할 일 소고기 핏물 빼기

필요한 것
찜기(또는 삼발이), 식초(또는 베이킹소다), 믹서, 냄비 3~4개, 나무 숟가락 2개, 이유식용 체, 이유식 용기 7개, 견출지

이건 반드시 주의
한 번에 일주일 치를 만들어 보관하는 것이기 때문에 혹시라도 이유식에 미생물이 번식하지 않도록 조심해야 한단다.

🔔 절대 침이 들어가지 않도록 맛보면서 사용한 숟가락이나 젓가락이 일절 닿지 않게!

🔔 뜨거울 때 바로 용기에 담아 냉장실이나 냉동실에 보관하도록!

🔔 냉장 혹은 냉동 보관한 이유식은 섭취하기 직전에 80℃ 이상에서 5분간 익히기!

딸아~ 엄마만 따라 해

시작

1
단호박은 반으로 잘라 씨를 긁어내고, 5등분해 껍질을 깎아 찜기에 찐다.

전자레인지에 2~3분간 돌리면 부드러워져 자르기가 훨씬 쉽단다.

완료

15
'달걀노른자죽' 1회분은 냉동실에 보관한다.

14
강한 불로 끓이다 끓어오르면 약한 불로 줄여 농도가 적당해질 때까지 끓인다. 불 끄기 1분 전에 노른자 1/2개분을 알끈을 제거해 풀어 넣는다.

2

브로콜리는 식초 또는 베이킹소다를 푼 물에 살균한 후 흐르는 물에 씻어 줄기를 자른다.

줄기는 아이가 소화하기 힘드니 꼭 자르렴.

3

냄비에 물을 담고 소고기를 넣어 강한 불로 끓이다, 끓기 시작하면 약한 불로 줄인 후 브로콜리와 두부를 넣어 데친다.

고기와 채소 끓인 물은 미음 끓일 때 물 대신 육수로 사용하면 좋아! 기름은 걷어내면서 끓이렴!

4

브로콜리와 두부를 차례로 꺼낸 후, 삶은 소고기도 꺼내 적당한 크기로 잘라 손질한다.

5

알맞게 익은 단호박도 꺼내 적당한 크기로 자른다.

6

믹서에 불린 쌀 45g과 단호박, 두부, 약간의 물을 넣고 간다.

각각 갈면 뭉치는 게 덜해!

7

곱게 간 재료를 냄비에 담고 물 또는 육수를 약 400ml 붓는다.

믹서를 여러 번 써야 하니, 재료를 냄비에 부을 때 물로 헹구듯 부어 믹서에 재료가 남지 않도록 해야 한단다.

8

믹서에 다시 불린 쌀 60g과 브로콜리, 소고기를 넣고 각각 간다.

9

두 번째 냄비에 곱게 간 재료를 담고, 나머지 물 또는 육수를 붓는다.

13

냄비 하나에 곱게 간 쌀과 물 또는 육수 100ml를 붓는다.

믹서에 갈면서 넣은 물의 양을 생각했을 때 100ml 정도면 적당할 것 같은데, 끓이면서 농도가 너무 되직하다 싶으면 물이나 육수를 더 부으렴.

12

믹서에 다시 불린 쌀 20g을 약간의 물과 함께 간다.

11

'단호박두부죽'은 2회분으로 나눠 담아 냉장실에 보관하고, 나머지는 4회분으로 나눠 담아 냉동실에 보관한다.

10

두 냄비를 동시에 강한 불로 끓이다, 끓기 시작하면 약한 불로 줄여 농도가 적당해질 때까지 끓인다. '소고기브로콜리노른자죽'은 불을 끄기 1분 전에 노른자 1개를 알끈을 제거해 풀어 넣는다.

단호박두부죽

62kcal 탄수화물 11g
단백질 2g
지방 1g

식이섬유와 베타카로틴이 풍부한 단호박과 '밭에서 나는 고기'라고 불리는 두부가 만났으니 영양 만점, 맛도 만점, 씹는 맛도 만점이다. 사실 이 죽은 다양한 재료를 구하기 힘들던 옛날에 아들한테 많이 해주던 이유식이다. 아들을 잔병치레 없이 건강하게 크도록 해준 음식인 만큼, 손녀한테도 즐겨 해주고 있다.

 보관 모두 냉장

 재료
☑ 불린 쌀·두부 … 30g씩   ☑ 단호박 … 25g
☑ 물 또는 육수 … 250ml

 최고
단호박은 잘 찌고, 두부는 살짝 데쳐서 불린 쌀이랑 각각 넣고 곱게 간 다음 육수 넣고 푹 끓이면 완성!

❶ 단호박은 반을 자르고 숟가락으로 씨를 긁어낸 후 껍질을 자르고 반쪽을 5등분해 손질한다.

 전자레인지에 5분 정도 찌면 칼질하기 훨씬 좋단다. 손 다치지 않게 조심하렴.

❷ 냄비에 물을 반쯤 담고 찜기를 올려 단호박을 약 10분간 찐다.

❸ 두부는 끓는 물에 10분간 데쳐 간수를 뺀다.

❹ 믹서에 단호박과 두부, 불린 쌀을 각각 넣고 약간의 물을 넣어 곱게 간다.

 이제 다음 주면 중기에 접어드는 만큼 단호박과 두부를 믹서로 가는 대신 곱고 잘게 다져 아기에게 반유동식을 조금씩 먹이는 것도 아주 좋은 방법이란다.

❺ 냄비에 모든 재료와 물(또는 육수)을 넣고 강한 불로 끓인다. 저어가며 끓이다, 끓어오르면 약한 불로 줄여 농도를 봐가며 끓인다.

❻ 2회분으로 나눠 용기에 담는다.

거봐, 쉽잖아~

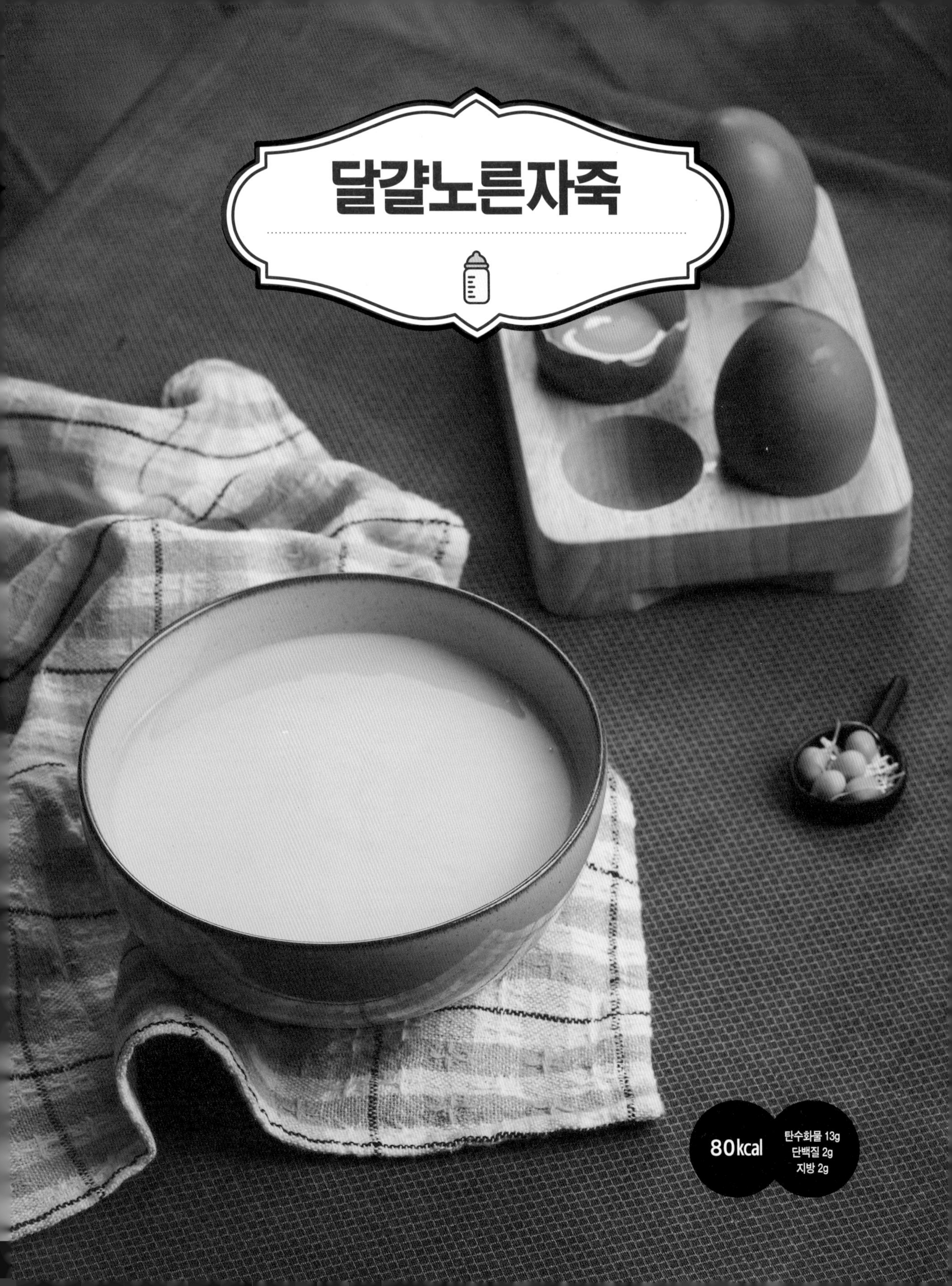

달걀노른자죽

80kcal
탄수화물 13g
단백질 2g
지방 2g

엄마만 따라 해

옛날에는 알레르기 때문에 달걀을 되도록 늦게 줬는데, 요즘은 그렇지도 않다. 오히려 초기 말이나 중기 초반 정도에 노른자부터 적응시키고, 한두 달 후에 흰자를 먹이는 추세로, 며칠 동안 알레르기 반응을 보이지 않는다면 계속 먹여도 된다. 오히려 아이에게 풍부한 영양을 줄 수 있으므로 일부러 늦출 필요는 없다.

 보관 냉동

 재료
- ☑ 불린 쌀 … 20g
- ☑ 물 또는 육수 … 160ml
- ☑ 달걀노른자 … ½개분

 최고
곱게 간 쌀을 푹 끓이다 노른자를 풀면 완성!

❶ 달걀을 깨뜨려 노른자와 흰자를 분리한 후 그릇에 담아 저으면서 푼다.

　　노른자에 붙은 알끈도 제거해야 한단다.

❷ 믹서에 불린 쌀과 물을 약간 넣은 다음 간다.

❸ 냄비에 곱게 간 쌀, 물(또는 육수)을 넣고 강한 불로 끓인다. 끓기 시작하면 약한 불로 줄이고, 노른자를 넣어 농도가 적당해질 때까지 끓인다.

　　저어가며 끓여야 뭉치지 않는단다.

❹ 용기에 담는다.

　　노른자가 너무 되거나, 아가가 씹을 수 없을 정도라면 체에 한번 밭쳐주렴.

거봐, 쉽잖아~

수미 할머니의 육아 팁

오히려 달걀을 너무 늦게 주면 알레르기가 더 잘 생길 수 있다는 걸 명심하자.

소고기
브로콜리노른자죽

87 kcal

탄수화물 13g
단백질 3g
지방 2g

안 그래도 영양 만점인 노른자죽에 소고기와 브로콜리까지 더해 풍미와 영양을 더욱 끌어올린 이 죽은 노른자 특유의 고소한 맛 때문에 입맛이 까다로운 아이도 대부분 잘 먹는다. 시중에서 쉽게 구할 수 있는 재료지만, 우리 아이 한 끼로 이만한 이유식이 없을 정도로 아주 든든한 놈들이다.

 모두 냉동

 재료
- ☑ 불린 쌀 … 80g
- ☑ 소고기 안심·브로콜리 … 25g씩
- ☑ 달걀노른자 … 1.5개분
- ☑ 물 또는 육수 … 640ml

 최고
데친 브로콜리와 불린 쌀, 그리고 삶은 소고기를 각각 갈아 노른자와 함께 푹 끓이면 완성!

❶ 소고기는 미리 20분에서 1시간 정도 물에 담가 핏물을 뺀다.

❷ 식초 1방울 넣은 물에 브로콜리를 담가 살균한 후 흐르는 물에 씻고, 줄기를 잘라 꽃 부분만 남긴다.

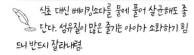 식초 대신 베이킹소다를 물에 풀어 살균해도 좋단다. 섬유질이 많은 줄기는 아이가 소화하기 힘드니 반드시 잘라내렴.

❸ 냄비에 물을 담고 소고기를 넣어 강한 불에 끓인다. 기름을 걷어내며 끓이다 끓어오르면 약한 불로 줄인 후 브로콜리를 넣고 함께 익힌다. 브로콜리는 5분 후에 꺼낸다.

 재료 삶은 물은 잘 두었다 육수로 사용하렴!

❹ 믹서에 불린 쌀과 소고기, 브로콜리를 각각 넣고 물을 약간 더해 곱게 간다.

❺ 냄비에 곱게 간 재료와 소고기 삶은 물을 붓고, 강한 불로 저어가며 끓인다. 끓기 시작하면 약한 불로 줄이고 노른자를 넣어 농도가 적당해질 때까지 끓인다.

 노른자에 붙은 알끈도 제거해야 한단다. 계속 제거가며 끓여야 뭉치지 않아! 알지?

❻ 4회분으로 나눠 용기에 담는다.

이번 주 파티 요리

남은 재료로
두부잡채
만들기

❶ 두부는 길게 썰어 전분을 묻혀서 굽는다.

❷ 두부가 식을 동안 잡채용 고기와 양파를 기름에 볶는다.

❸ 브로콜리는 끓는 물에 살짝 데쳐 꽃송이만 자른다.

❹ 양조간장, 마늘, 설탕, 참기름을 넣고 채소를 볶아 두부와 섞는다.

재료 두부 … 1모, 잡채용 고기 … 300g, 양파 … ½개, 브로콜리 … 1개, 전분·식용유·양조간장·참기름 … 약간, 다진 마늘·설탕 … ½큰술씩

우리 조이 생각만 하면 나도 모르게 웃음이 새어나와

할머니는 하루 종일 웃게 된단다.

오물오물 시이즌

엄마만 따라 해~
삶고 찌고 끓이면 완성!

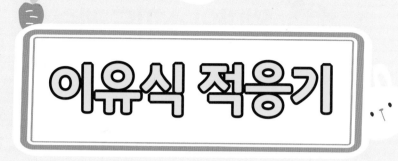

이유식 적응기

생후 7~8개월 죽 으깨 먹기

중기 정도 되면 아이가 '모유나 분유 외에 이런 음식도 있구나' 하는 것을 충분히 인지한단다. 음식과 제대로 된 인사를 마친 아이는 우유 외에 '음식'이라는 것에 눈을 돌리고 관심을 가지기 시작하지. 먹는 것에 대한 호기심이 생기며 먹을 것을 보고 손으로 가리키거나 쳐다보는 행동을 하기 시작한단다. 특히 손으로 음식을 만져보려고 하는데, 이때 간식으로 손으로 쥐고 먹을 수 있는 걸 주면 아주 좋아. 요즘 말로는 '핑거 푸드'라고 부른다는데, 간단하게 먹을 수 있는 아기용 뻥튀기나 푹 익은 바나나 같은 부드러운 과일을 주면 된단다. 초기보다는 씹는 흉내도 더 잘 낼 수 있고, 혀로 으깨는 것도 잘할 수 있으니, 초기 미음보다 농도를 좀 더 되직하게 해서 주면 돼.

엄마의 스피드 레슨

미음에서 죽으로

하루 두 번

수유하기 직전

70~100g

간식 1회

철분 공급 필수

3일에 재료
하나씩 추가

물은 쌀의 6배 → 5배

데치기/찌기 ▶ 칼로 다지기 ▶ **절구로 으깨기** ▶ 끓이기

일주일 치 이유식을 한 번에

14개의 용기
4개는 냉장, 10개는 냉동 보관

 딸아

**10분만이라도
이걸 읽고
시작하렴**

이제 믹서로 가는 것보다는 조금 더 굵은 알갱이들이 보일 수 있도록 절구로 으깨보자. 초기보다는 물을 좀 더 되게 해주고, 하루 두 번으로 횟수를 늘리는 거야. 아이 상황에 맞춰 간단한 간식을 조금씩 주기 시작해보렴.

중기 이유식, 언제 시작하면 되겠니?

약 두 달간에 걸친 초기 이유식이 끝나면 중기 이유식으로 넘어가게 되는데, 사실 초기, 중기를 확실하게 나눠 '두 달 됐으니까 이제 중기 이유식 하면 되겠다'라든지, '아직 두 달이 안 됐으니 초기 이유식을 더 해야지'라고 생각할 필요는 없단다. 사람마다 차이가 있듯, 아기도 발달 정도가 다 다르기 때문에 뭐든 아이의 상태를 보면서 맞추는 게 가장 좋아. 두 달이 채 되지 않았더라도 아기가 미음 형태의 이유식을 곧잘 먹고, 약간의 고형분도 잘 먹는 모습을 보인다면 조금씩 중기 이유식을 시도해보는 것도 좋아. 한 끼 정도 만들어 먹여보고, 잘 먹지 못하면 다시 믹서로 갈아 묽게 만들어 먹이면 되니까. 그러니까 엄마는 아이를 관찰하는 연구자가 되어야 한단다.

'씹기'부터 가르치자

불과 두 달 전에는 허여멀건한 미음 한 숟가락 삼키는 것도 힘들어하던 아기가 이제는 제법 씹는 흉내를 내기 시작하는 시기란다. 씹는 게 완전하지 않고, 아직까지는 입천장으로 으깨 먹는 게 대부분이지만, 초기와는 확실히 이유식 먹는 모습부터 다르지. 엄마도 아이의 이런 발육에 맞춰 이유식을 업그레이드해줘야 하는데, 초기에서는 무조건 믹서로 갈고 체에 곱게 밭쳤지만 중기에는 그럴 필요 없고, 아기가 고형물을 조금 더 많이 접해볼 수 있도록 도와줘야 한단다. 그렇다고 처음부터 크고 딱딱한 걸 먹일 수는 없겠지? 믹서로 갈지는 않지만, 칼로 최대한 잘게 다지고 절구로 빻고 으깨 아기가 부담 없이 씹는 연습을 할 수 있도록 기다려주는 인내가 필요하단다.

중기 이유식에서 가장 중요한 것은 무엇이죠?
중기에 꼭 필요한 우리 아이 발달

생후 7~8개월이 되면 아이는 기어 다니면서 손을 뻗어 물건을 잡기 시작합니다. 이 행동은 이유식에도 영향을 미치는데, 음식물을 손으로 집어 입에 넣었다 뺐다 할 수도 있게 됩니다. 따라서 안전한 식품을 손에 쥐여주고 본인의 의사에 따라 먹어보게 하는 것도 아기의 행동 발달에 자극을 줄 수 있습니다.

중기 이유식으로 넘어가면서 중요하게 체크해야 할 부분은 씹고 삼키는 기능의 발달과 영양 밀도가 높은 음식을 제공하기 위해 초기 이유식보다 좀 더 걸쭉하고 덜 다진 재료를 사용하는 것이 좋다는 점입니다. 단, 충분히 익히지 않아 딱딱한 음식을 주는 것은 좋지 않습니다. 예를 들어 당근은 오래 익히지 않으면 딱딱한 식감이 그대로 남아 있는데, 아이가 혀와 입천장을 이용해 당근을 으깨지 못한다면 불편해서 뱉어버리고 이유식을 거부할 수도 있습니다. 초기 이유식보다는 거칠고 점도가 높지만 입천장과 혀를 이용해 쉽게 으깰 수 있을 만큼 부드러워야 한다는 사실을 잊지 마세요. 이 시기 아기에게 적절한 이유식을 제공하면 철 결핍성 빈혈을 예방하고 성장에 필수적인 단백질을 원활하게 공급할 수 있습니다. 그러면 스스로 앉거나 물체를 잡고 일어서는 동작에 필요한 근력 발달에 도움을 줄 수 있습니다.

중기 이유식 땐 무엇을 꼭 챙겨야 할까요?
필수 섭취 영양소

중기는 초기보다 철분과 단백질 섭취가 더 중요한 시기입니다. 초기 이유식을 시작하는 4~5개월 차부터 아이 몸에 저장되어 있던 철분이 고갈되기 시작하지만, 아이가 철분이 많은 육류를 다량 섭취하기 어려우므로 초기부터 권장 섭취량을 넉넉히 채워줄 수는 없습니다. 그렇기 때문에 이유식에 어느 정도 적응하는 중기가 간 고기나 달걀 등을 통해 철분과 단백질을 적극적으로 보충하는 시기라고 볼 수 있습니다. 이 시기 아이가 섭취할 수 있는 철분 함유 식품은 소고기, 달걀노른자, 콩, 두부, 감자, 시금치, 브로콜리 등입니다. 그중 소고기, 달걀노른자, 콩, 두부는 단백질 함량도 높으니 다른 식품보다 자주 식단에 포함시키는 것을 권장합니다.

또 비타민 C는 소장에서 철분이 잘 흡수되도록 도와주는 역할을 하니 비타민 C 함량이 높은 채소와 과일 섭취에도 신경 쓰는 것이 좋습니다. 비타민 C는 열이나 공기와 반응하면 쉽게 파괴되므로 연하고 부드러운 잎채소는 1분 이내로 짧게 익히는 것이 좋습니다. 비타민 C 함량이 웬만한 과일보다 높은 파프리카는 주스로 주거나 적당한 두께로 잘라 핑거 푸드로 즐기게 해도 좋습니다. 파프리카를 꼭꼭 씹어 먹는 것을 목표로 하기보다는 입에 넣었다 뺐다 하며 파프리카즙을 조금씩 섭취하도록 하는 것이 좋습니다.

중기 이유식, 엄마만 따라 해! 중기 이유식 먹이는 방법

Step 01 한눈에 보는 중기 이유식 먹이는 방법

이유식		모유/분유	
일일 횟수	2회	일일 수유 횟수	3~5회
형태	죽		
배 죽	초반 6배 죽 → 후반 5배 죽		
섭취량	70~100g	수유량	700~800㎖
간식	1회		

 딸들아~ 필수 체크

☑ 횟수 체크 중기 이유식부터는 하루 두 끼!

☑ 형태 체크 미음보다는 덩어리가 조금 보이는 죽 형태로 시작해 조금씩 농도를 조절하도록!

☑ 농도 체크 '배 죽'은 불린 쌀 대비 몇 배의 물을 넣느냐 하는 의미. 초반엔 불린 쌀의 6배 물을 넣다가 5배까지 줄여 가며 점점 되게 조절해 적응시키도록! 아이의 상태를 보고 아직 이르다고 생각되면 7배 죽을 해주도록!

☑ 양 체크 사실 초기와 중기에는 표준 섭취량이 중요하지 않다. 아기가 먹을 수 있는 양을 기준으로 조금씩 늘려가 는 걸 기준으로 하도록! 수유량도 이유식 먹는 양에 따라 크게 달라질 수 있기 때문에 표준량에 너무 신경 쓰지 않아도 된다.

☑ 간식 체크 손으로 잡고 먹을 수 있는 일명 '핑거 푸드'를 간식으로 하루 한 번씩 주어 아이가 음식과 좀 더 친해질 수 있게 해주도록!

Step 02 중기에는 어떤 음식을 먹여야 할까?

이제 이유식을 시작한 지 두 달 정도 지났구나. 처음 시작할 때는 먹여도 좋은 재료, 먹이면 안 되는 재료를 하나하나 체크해 조심, 또 조심해서 이유식을 만들었지. 그렇지만 중기에 접어들면서 아기도 초기보다 많이 성장했으니, 조금은 긴장을 늦춰도 된단다. 물론 조심해야 하고 피하면 좋은 재료는 있겠지만, 초기처럼 절대 먹지 말아야 할 재료는 별로 없으니, 조금은 마음을 내려놓고 편하게 이유식을 만들렴. 그래도 새로운 재료를 넣을 때는 꼭 한 재료씩 3일간 반응을 체크한 후 시도해야 한다는 걸 잊으면 안 된단다.

 의사 선생님

현미는 좋은 이유식 재료!

이유식에 넣는 쌀은 현미를 사용하는 것이 좋습니다. 비만을 예방하는 효과가 있기 때문에 아주 어릴 때부터 거친 곡류를 먹이는 게 중요합니다.

탄수화물

쌀　　찹쌀　　감자　　고구마

단백질

소고기　　닭고기　　대구살　　달걀노른자

두부　　완두콩　　강낭콩　　돼지고기

채소&과일

애호박　　단호박　　양배추　　브로콜리　　콜리플라워　　청경채

사과　　바나나　　아보카도　　배　　당근　　시금치　　가지

비타민　　버섯　　미역　　김

중기에 피하면 좋은 재료

우유, 치즈, 견과류, 기름, 소금, 복숭아, 오렌지, 귤, 꿀

중기 이유식 스케줄표

중기부터는 이유식을 하루에 두 번 먹인단다. 물론 아기가 아직 두 번 먹을 정도가 아니라면 계속 한 번씩만 먹이는 게 좋아. 여러 번 강조하지만 뭐든 아기 상태에 맞추는 게 가장 중요한 포인트란다. 아기가 곧잘 먹고, 양도 적지 않게 먹기 시작하면 두 끼를 시도해보렴. 처음 한 끼 는 정상식으로, 한 끼는 좀 가볍게 먹이면서 늘려주면 아이도 적응을 잘할 거야. 수유 시간은 엄 마와 아이의 스케줄에 따라 정하면 되는데, 보통 오전 10시에 첫 끼를 먹이고 오후 2시나 6시에 두 번째 끼니를 먹인단다. 수유하기 전에 이유식부터 먹여야 아기가 이유식을 좀 더 잘 받아들 인다는 사실, 잊지 마!

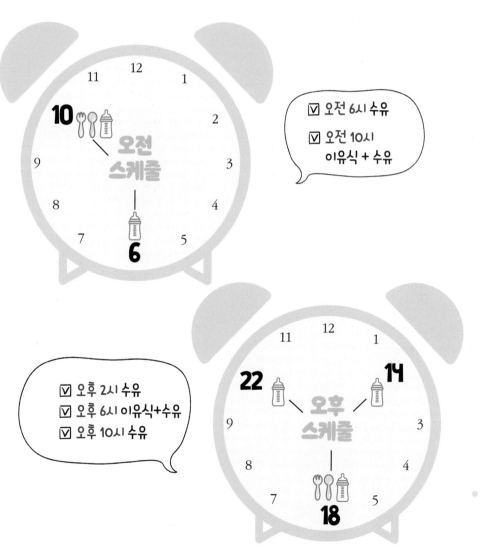

엄마가 알려주는 중기 이유식 조리 포인트

🧤 조리 원칙

☑ 중기 이유식은 덩어리가 얼핏 보이는 다소 되직한 형태의 죽으로 조리해야 한다.

☑ 중기 이유식은 조미료나 양념으로 간을 해서는 절대 안 돼.

☑ 중기 이유식은 찜기로 찌거나 끓는 물에 삶고 데치는 것 위주로 해야 한단다.

🧤 필요 조리법

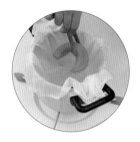
찌기

찜기를 이용하거나 냄비에 물을 반쯤 담고 삼발이를 올려 쪄내는 방법이란다.

삶기

펄펄 끓는 물에 부드러워질 정도로 푹 삶아내는 방법이란다.

다지기

중기부터 이용하는 방법으로, 재료를 칼로 잘게 다져 아이가 먹기 좋도록 하는 것이란다.

으깨기

중기부터 이용하는 방법으로, 잘게 다진 재료나 불린 쌀을 절구에 넣어 빻고 으깨는 것이란다.

🧤 필요 조리 도구

☑ 냄비 1~3개 ☑ 칼 ☑ 절구 ☑ 나무 주걱 ☑ 이유식 용기(밀폐 용기) ☑ 도마 1~2개

전문가에게 물어봤지!

중기 이유식할 땐
무엇을 더 주의해야 할까요?

영양사 선생님

초기에는 믹서를 이용해 재료를 곱게 갈았다면 중기에는 '다지기'를 이용해 채소나 어육류를 0.3mm 정도로 잘게 써는 것을 권장합니다. 아이가 점점 고형식을 잘 섭취할 수 있도록 해야 한다는 점에서 이보다 더 곱게 다지는 것은 권장하지 않습니다. 반면 이보다 크게 써는 것은 확실히 경계하는 것이 좋은데, 너무 큰 덩이로 썰면 아기가 삼키기 어려워 잘 먹지 않으려 하면서 이유식에 대해 부정적인 기억을 가질 수 있기 때문입니다. 이는 이유식을 잘 먹기를 바라는 부모에게도 힘든 일이겠죠.

혹시 많은 재료를 0.3mm라는 기준에 맞춰 다져야 한다니 벌써부터 지치는 기분이 드시나요? 모든 재료 한 알 한 알을 재가며 맞출 필요는 없고, 처음에만 재본 뒤 그다음부터는 눈대중으로 다지면 됩니다. 다져놓고 보니 조각이 큰 것 같은 느낌이 든다면 안전하게 조금 더 다지세요.

또 아이가 손을 쓰기 시작하면서 핑거 푸드를 주는 부모님이 계실 텐데, 핑거 푸드를 줄 때는 주의할 점이 있습니다. 대부분의 아이는 저작 본능에 따라 음식물이 기도로 넘어가기 전에 뱉거나 입 바깥쪽으로 음식물을 밀어낼 수 있지만, 너무 어린 아이는 그 활동을 능숙하게 하지 못하므로 목구멍 깊숙이 음식물을 집어넣지는 않는지, 또 떨어져나온 조각이 기도로 잘못 넘어가지는 않는지 계속 지켜보아야 합니다.

아이에게 밀가루를 먹여도 될까요?

의사 선생님

밀가루는 만 7개월 이후에 주면 오히려 알레르기 발생률이 증가하기 때문에 반드시 초기 7개월 이전에 줘야 합니다. 현미도 초기부터 바로 쓸 수 있는 이유식 재료이며, 잡곡은 중기 이유식부터 쓸 수 있습니다. 조미료와 관련해 많은 부모님들이 고민하는데, 중기 이유식에는 소금을 제외한 양념을 쓸 수 있어요. 파나 마늘 같은 향신료를 조금씩 써서 이유식을 만들어보세요.

중기 캘린더 한눈에 보기

	월요일	화요일	수요일	목요일	금요일	토요일	일요일	어른 반찬
1주 **(2회)**	◄─ 대구살브로콜리 애호박죽 P.184 ─► 재료: 쌀, 대구살, 브로콜리, 애호박			◄─ 소고기브로콜리양배추죽 P.186 ─► 재료: 쌀, 소고기, 브로콜리, 양배추				닭고기양배추볶음
	◄─ 닭고기비타민죽 P.144 ─► 재료: 쌀, 닭고기, 비타민			◄─ 대구살브로콜리애호박죽 P.184 ─► 재료: 쌀, 대구살, 브로콜리, 애호박				
2주 **(2회)**	◄─ 소고기아욱감자죽 P.196 ─► 재료: 쌀, 소고기, 아욱, 감자		소고기 아욱표고버섯 죽 P.198 재료: 쌀, 소고기, 아욱, 표고버섯	◄─ 소고기애호박 표고버섯죽 P.202 ─► 재료: 쌀, 소고기, 애호박, 표고버섯				아욱소고기 된장국
	◄─ 닭고기아욱고구마죽 P.200 ─► 재료: 쌀, 닭고기, 아욱, 고구마			◄─ 소고기아욱감자죽 P.196 ─► 재료: 쌀, 소고기, 아욱, 감자				
3주 **(2회)**	◄─ 대구살무표고버섯죽 P.212 ─► 재료: 쌀, 대구살, 무, 표고버섯			◄─ 소고기시금치고구마죽 P.216 ─► 재료: 쌀, 소고기, 시금치, 고구마				시금치무침
	◄─ 소고기브로콜리노른자죽 P.214 ─► 재료: 쌀, 소고기, 브로콜리, 노른자			◄─ 소고기완두콩죽 P.218 ─► 재료: 쌀, 소고기, 완두콩				
4주 **(2회)**	◄─ 소고기배추감자죽 P.228 ─► 재료: 쌀, 소고기, 배추, 감자			◄─ 소고기검은콩비타민죽 P.232 ─► 재료: 쌀, 소고기, 검은콩, 비타민				비타민검은 콩샐러드& 감자튀김
	◄─ 소고기배추비타민죽 P.230 ─► 재료: 쌀, 소고기, 배추, 비타민			◄─ 검은콩매시트포테이토 P.234 ─► 재료: 검은콩, 감자				

오물오물 씹는 연습을 조금씩 시작하는 중기! 수미 엄마표 두 달 플랜!
아직 완벽하게 씹지는 못하지만, 조금씩 씹는 흉내를 내는 중기. 영양이 균형 있게 채워지도록 재료 배합에 신경을 많이 써야 한단다.

※ 새롭게 시도한 재료를 색으로 표시해두었어요!

월요일	화요일	수요일	목요일	금요일	토요일	일요일	어른 반찬	
← 닭고기시금치양파죽 P.244 재료: 쌀, 닭고기, 시금치, 양파 →			← 소고기바나나청경채양파죽 P.246 재료: 쌀, 소고기, 바나나, 청경채, 양파 →				애호박 양파링전	**5주** **(2회)**
← 닭고기브로콜리 청경채죽 P.132 재료: 쌀, 닭고기, 브로콜리, 청경채 →			← 소고기애호박감자죽 P.248 재료: 쌀, 소고기, 애호박, 감자 →					
← 으깬시금치 두부 P.258 재료: 시금치, 두부 →			← 시금치노른자죽 P.260 재료: 쌀, 시금치, 노른자 →				두부조림	**6주** **(2회)**
← 소고기완두콩찹쌀죽 P.262 재료: 쌀, 찹쌀, 소고기, 완두콩 →			← 소고기당근애호박죽 P.264 재료: 쌀, 소고기, 당근, 애호박 →					
← 소고기비트감자죽 P.274 재료: 쌀, 소고기, 비트, 감자 →			← 소고기현미죽 P.276 재료: 쌀, 소고기, 현미 →				대구살 스테이크	**7주** **(2회)**
← 대구살브로콜리애호박죽 P.184 재료: 쌀, 대구살, 브로콜리, 애호박 →			← 소고기애호박감자죽 P.248 재료: 쌀, 소고기, 애호박, 감자 →					
비타민지짐· 사과소스 P.286 재료: 비타민, 사과, 노른자	← 닭고기비타민죽 P.144 재료: 쌀, 닭고기, 비타민 →		← 시금치브로콜리 달걀당근찹쌀죽 P.288 재료: 쌀, 찹쌀, 시금치, 브로콜리, 달걀(흰자 포함), 당근				비타민사과 달걀샐러드	**8주** **(2회)**
← 고구마브로콜리수프 P.290 재료: 고구마, 브로콜리, 무가당 두유 →			← 닭고기비타민죽 P.144 재료: 쌀, 닭고기, 비타민 →					

이 유 중 기

오물오물 시이즌

1주 차 이유식

천천히 두 끼로 늘리자

중기 이유식이 초기 이유식과 제일 다른 점은 횟수다. 초기에는 하루에 한 끼만 먹이던 걸 중기가 되면 두 끼를 먹이게 된다. 하지만 그렇다고 '이제 두 달 지났으니 오늘부터 두 끼를 먹여야지' 하고 생각하면 천만의 말씀, 만만의 콩떡이다. 어디 아기를 키우는 게 그렇게 자로 잰 듯 딱딱 맞아떨어질까. 그렇게만 된다면 이 세상에서 가장 쉬운 게 아기 키우는 일일 것이다. 초기에서 중기로 넘어가는 건 그렇게 무 자르듯 넘어가는 게 아니라 자연스럽게 이루어진다. 아기가 이유식에 잘 적응하지 못한 것 같으면 당분간은 한 끼만, 좀 적응하는 것 같으면 한 끼는 이유식, 두 번째 끼니는 간식 같은 한 끼를 주고, 완전히 적응한 것 같으면 제대로 된 이유식을 두 끼 먹이자.

이번 주 우리 아이가 적응할 재료 : 대구살

중기부터는 흰 살 생선을 먹여야 한다. 대표 흰 살 생선인 대구살을 활용해 영양 만점 이유식을 만들어보자. 단백질과 철분을 충분히 보충할 수 있는 소고기와 함께 아이가 건강하게 이유식을 즐길 수 있도록 맛있는 이유식을 만들어주자.

1st week
일주일 장바구니

불린 쌀 420g, 소고기 안심 40g, 닭 안심 30g, 대구살 70g, 브로콜리 55g, 비타민 15g, 애호박 35g, 양배추 20g

---

♣ 딸아, 재료는 이렇게 골라야 한단다

> **대구살**
>
> 대구는 한눈에 봤을 때 마른 것보다는 몸집이 크고 살이 많아 보이는 걸 골라야 한단다. 색이 전체적으로 푸르스름하면서 아가미가 선홍색을 띠고 싱싱해 보이는 놈을 골라야 해. 눈도 흐리멍텅한 것보다 맑아야 싱싱한 거란다.
> ※ 구매/손질/관리법 P.37

♣ 이번 주 우리 아이 이유식 재료 한눈에 보기

대구살브로콜리애호박죽 P.184

❶ 불린 쌀 … 210g
❷ 대구살 … 70g
❸ 브로콜리·애호박 … 35g씩
❹ 물 또는 육수 … 1,260㎖

소고기브로콜리양배추죽 P.186

❶ 불린 쌀 … 120g
❷ 소고기 안심 … 40g
❸ 브로콜리·양배추 … 20g씩
❹ 물 또는 육수 … 720㎖

닭고기비타민죽 P.144

❶ 불린 쌀 … 90g
❷ 닭 안심 … 30g
❸ 비타민 … 15g
❹ 물 또는 육수 … 540㎖

※ 초기에서 배운 '닭고기비타민미음'에서 재료양 바꿔 끓이면 ok!

1시간 안에 완성하는 일주일 이유식

1시간 전에 미리 할 일 소고기 핏물 빼기

필요한 것 모유(또는 분유), 식초(또는 베이킹소다), 냄비 3개, 찜기, 나무 숟가락 2개, 도마 2개, 절구, 이유식 용기 14개, 견출지

이건 반드시 주의 한 번에 일주일 치를 만들어 보관하는 것이기 때문에 혹시라도 이유식에 미생물이 번식하지 않도록 조심해야 한단다.

- 절대 침이 들어가지 않도록 맛보면서 사용한 숟가락이나 젓가락이 일절 닿지 않게!
- 뜨거울 때 바로 용기에 담아 냉장실이나 냉동실에 보관하도록!
- 냉장 혹은 냉동 보관한 이유식은 섭취하기 직전에 80℃ 이상에서 5분간 익히기!

시작

1 닭고기는 모유 또는 분유에 각각 20분간 담가놓는다.

완료

13 3회분으로 나눠 담고 2회분은 냉장실에, 1회분은 냉동실에 보관한다.

12 다시 냄비 하나에 '닭고기비타민죽' 재료를 넣고 강한 불로 저으며 끓이다, 끓어오르면 약한 불로 줄여 농도가 적당해질 때까지 끓인다.

2
브로콜리와 비타민은 식초 1방울을 푼 물에 담가 살균한 후 흐르는 물에 씻는다.

3
브로콜리는 꽃송이만, 비타민은 초록 잎만 잘라 손질한다.

베이킹소다를 푼 물에 살균해도 된단다!

4
양배추는 낱장으로 뜯어 단단한 심은 자르고 부드러운 잎만 흐르는 물에 씻는다.

5
찜기에 손질한 채소를 넣어 찐 후, 대구 살을 넣고 푹 쪄내 살만 발라낸다.

6
비린내를 제거한 ❶의 닭고기는 힘줄을 제거한 후 냄비에 물을 반쯤 담아 강한 불로 끓인다. 끓기 시작하면 약한 불로 줄여 푹 익을 때까지 끓인다.

거품이나 불순물이 뜨면 걸러내면서 끓이도록! 죽 끓일 때 물 대신 써도 좋으니, 삶은 물은 버리지 말고 잘 놔두도록!

7
핏물을 뺀 소고기도 끓는 물에 삶아낸다.

8
삶은 소고기는 잘게 다진다.

11
각각 7회분, 4회분으로 나눠 담고 '대구살브로콜리애호박죽' 2회분은 냉장실에, 나머지는 냉동실에 보관한다.

10
냄비 3개에 각각 '대구살브로콜리애호박죽', '소고기브로콜리양배추죽' 재료를 넣고 강한 불로 끓인다. 저어주며 끓이다 끓어오르면 약한 불로 줄여 농도가 적당해질 때까지 끓인다.

9
절구에 불린 쌀과 재료를 각각 으깨 준비한다.

각각 다른 죽을 만들어서 준비해야 하니, 재료가 서로 섞이지 않도록 구분해서 으깨도록!

대구살
브로콜리애호박죽

93kcal

탄수화물 18g
단백질 4g
지방 0g

대구는 다른 생선보다 비린내가 적어 이유식 재료로 가장 많이 사용한다. 비타민을 풍부하게 함유해 영양 면에서도 만점인데, 특히 비타민 A가 많아 아이의 성장 발달에 도움을 준다. 신선한 대구를 사서 살만 발라 넣는 게 가장 좋지만, 상황이 여의치 않다면 이유식용 냉동 대구살을 구매해 만들어주는 것도 좋은 방법이다.

엄마만 따라 해

보관
· 2회분 냉장
· 5회분 냉동

재료
☑ 불린 쌀 … 210g
☑ 대구살 … 70g
☑ 브로콜리·애호박 … 35g씩
☑ 물 또는 육수 … 1,260ml

최고
브로콜리와 애호박을 손질해 대구살이랑 차례로 찐 다음, 잘 다지고 으깨서 끓이면 완성!

❶ 브로콜리와 애호박은 각각 베이킹소다로 살균한 후 흐르는 물에 씻는다.

 베이킹소다 대신 식초를 써도 된단다.

❷ 브로콜리는 꽃송이만 자르고, 애호박은 껍질을 깎은 후 가운데 씨를 뺀다.

아직까지는 아기가 소화하기 힘든 부분을 제거하고 주는 게 좋아.

❸ 찜기에 브로콜리와 애호박을 넣고 찐 후 한 숨 식힌다.

❹ 찜기에 대구살을 넣고 쪄서 살만 발라 낸다.

❺ 애호박과 브로콜리는 잘게 다진다.

❻ 절구에 불린 쌀과 대구살을 각각 넣고 잘게 으깬다.

❼ 모든 재료를 냄비에 넣고, 물 또는 육수를 부은 후 강한 불로 끓인다.

❽ 끓기 시작하면 약한 불로 줄여 농도가 적당해질 때까지 저어가며 끓인다.

❾ 7회분으로 나눠 용기에 담는다.

중기
1주
2주
3주
4주
5주
6주
7주
8주

소고기
브로콜리양배추죽

105kcal 탄수화물 19g
단백질 4g
지방 1g

소고기 중에서도 안심은 기름기가 적고 지방이 적어 어른도 부드럽게 즐길 수 있다. 그러니 아직 제대로 씹지 못하는 아기에게 가장 좋은 부위인 건 두말하면 잔소리. 당연히 단백질을 가장 충분히, 그리고 제대로 섭취할 수 있는 재료이기 때문에 되도록 매끼 먹이는 게 좋다. 적어도 닭고기나 대구살과 번갈아 먹이자.

엄마만 따라 해

보관 모두 냉동

재료
- ☑ 불린 쌀 … 120g
- ☑ 소고기 안심 … 40g
- ☑ 브로콜리·양배추 … 20g씩
- ☑ 물 또는 육수 … 720ml

최고 소고기는 삶고, 채소는 쪄서 잘게 다진 다음 곱게 으깨 푹 끓여내면 완성!

❶ 소고기는 미리 핏물을 빼고 준비한다.

 적어도 20분, 평균 1시간은 담가놔야 하니 미리미리 준비해두렴.

❷ 끓는 물에 소고기를 넣어 삶아낸 후 한 숨 식힌다.

❸ 브로콜리는 베이킹소다로 살균하고, 양배추는 한장씩 떼어내 심을 자른다.

 알지? 베이킹소다 없으면 식초로 해도 되는 게!

❹ 브로콜리와 양배추는 흐르는 물에 씻어 찜기에 넣어 쪄낸다.

❺ 소고기와 브로콜리, 양배추 모두 칼로 잘게 다진다.

❻ 절구에 불린 쌀과 소고기를 각각 넣고 잘게 으깬다.

❼ 냄비에 ⑥, 물 또는 육수를 넣고 강한 불로 저어가며 끓인다. 끓으면 약한 불로 줄여, 농도를 보며 끓인다.

❽ 4회분으로 나눠 용기에 담는다.

거봐, 쉽잖아~

이번 주 파리 요리

남은재료로
닭고기양배추볶음
만들기

❶ 닭고기는 먹기 좋은 크기로 썬다.

❷ 양배추와 양파는 닭고기와 비슷한 크기로 네모나게 썬다.

❸ 기름 두른 팬에 닭고기를 볶다가 양배추와 양파를 넣고 볶는다.

❹ 재료가 모두 익을 때쯤 소금과 후춧가루로 간을 맞춘다.

재료 닭고기 … 300g, 양배추 … 1/8개, 양파 … 1/2개, 소금·후춧가루·식용유 … 약간

이 유 중 기

오물오물 시이즌

2주 차 이유식

항상 철분과 단백질을 생각하자

중기 이유식을 시작할 즈음이면 아기가 체내에 가지고 있던 철분이 점점 바닥나기 시작한다. 또 아기의 성장과 발달에 가장 중요한 역할을 하는 단백질도 지금까지보다 많은 양이 요구되는데, 그동안 모유나 분유로 철분과 단백질을 섭취했지만, 이유식의 비중이 점점 커지기 때문에 이유식으로도 철분과 단백질을 충분히 공급할 수 있도록 해야 한다. 그러므로 이유식 재료를 정할 때는 항상 '충분한 철분과 단백질 공급'을 염두에 두자.

이번 주 우리 아이가 적응할 재료 : 아욱, 표고버섯

재료 하나하나에 각기 다른 영양소가 담겨 있지만, 이제는 아기의 성장과 발달을 위해 더 많은 영양소를 채워줄 수 있는 재료를 선별해 사용해야 한다. 모유와 분유에 의지하던 식사량이 점차 이유식으로 대체되는 시기인 만큼, 이유식으로도 영양소를 충분히 채워줄 수 있어야 한다. 아욱과 표고버섯은 그런 면에서 아주 훌륭한 재료라고 할 수 있다. 시금치보다 더 많은 칼슘과 단백질을 함유한 아욱, 비타민 D 함량이 높아 골격 형성에 도움을 주는 표고버섯은 아이가 이유식 시기뿐만 아니라 평생 친하게 지낼 수 있는 친구로 만들도록 해주어야 한다.

2nd week
일주일 장바구니

불린 쌀 420g, 소고기 안심 100g, 닭 안심 50g, 아욱 60g, 감자 30g,
고구마 20g, 표고버섯 25g, 애호박 15g

♣ 딸아, 재료는 이렇게 골라야 한단다

> **아욱**
>
> 아욱은 잎이 부드러운 걸 골라야 한단다. 잎이 넓고 싱싱한 초록색인 게 좋아. 줄기도 한눈에 싱싱해 보이는 게 좋은데, 너무 얇은 것보다 통통하고 부드럽게 연한 게 좋은 거란다. ※ **구매/손질/관리법 P.33**

> **표고버섯**
>
> 일단 색이 선명한 게 싱싱한데, 갓이 평평하게 활짝 펴져 있는 것보다 오목하게 우산 모양으로 오므라져 있는 게 좋단다. 건표고버섯을 사용하는 것도 좋은 방법이야. 오히려 더 맛이 좋지. 물에 불려서 사용하면 된단다. ※ **구매/손질/관리법 P.34**

♣ 이번 주 우리 아이 이유식 재료 한눈에 보기

소고기아욱감자죽 P.196
❶ 불린 쌀 … 180g
❷ 소고기 안심 … 60g
❸ 아욱 · 감자 … 30g씩
❹ 물 또는 육수 … 1,080㎖

닭고기아욱고구마죽 P.200
❶ 불린 쌀 … 120g
❷ 닭 안심 … 50g
❸ 아욱 · 고구마 … 20g씩
❹ 물 또는 육수 … 720㎖

소고기아욱표고버섯죽 P.198
❶ 불린 쌀 … 30g
❷ 소고기 안심 · 표고버섯
 … 10g씩
❸ 아욱 … 10g
❹ 물 또는 육수 … 180㎖

소고기애호박표고버섯죽 P.202
❶ 불린 쌀 … 90g
❷ 소고기 안심 … 30g
❸ 애호박 · 표고버섯 … 15g씩
❹ 물 또는 육수 … 540㎖

1시간 안에
완성하는
일주일 이유식

1시간 전에 미리 할 일 소고기 핏물 빼기

필요한 것 모유(또는 분유), 냄비 4개, 찜기, 나무 숟가락 2개, 도마 2개, 절구, 이유식 용기 14개, 견출지

이건 반드시 주의 한 번에 일주일 치를 만들어 보관하는 것이기 때문에 혹시라도 이유식에 미생물이 번식하지 않도록 조심해야 한단다.

🚨 절대 침이 들어가지 않도록 맛보면서 사용한 숟가락이나 젓가락이 일절 당지 않게!

🚨 뜨거울 때 바로 용기에 담아 냉장실이나 냉동실에 보관하도록!

🚨 냉장 혹은 냉동 보관한 이유식은 섭취하기 직전에 80℃ 이상에서 5분간 익히기!

딸아~
엄마만
따라 해

시작

① 1
소고기는 물에 담가 핏물을 빼고, 닭고기는 모유 또는 분유에 담가 잡내를 제거한다.

완료

17
'소고기아욱감자죽'은 6회분으로 나눠 용기에 담아 2회분은 냉장실에 보관하고 나머지는 모두 냉동실에 보관한다.

16
끓기 시작하면 약한 불로 줄여 농도가 적당해질 때까지 계속 끓인다.

15
다시 냄비에 '소고기아욱표고버섯죽' 재료를, 다른 냄비에 '소고기아욱감자죽' 재료를 각각 넣고 강한 불로 끓인다.

14
'소고기애호박표고버섯죽'은 3회분으로, '닭고기아욱고구마죽'은 4회분으로 나눠 용기에 담고 '닭고기아욱고구마죽' 2회분은 냉장실에, 나머지는 냉동실에 보관한다.

13
저어주며 끓이다. 끓기 시작하면 약한 불로 줄여 농도가 적당해질 때까지 끓인다.

2

아욱은 잎만 떼어내 빨래하듯 치대여 여러 번 물에 씻은 후 물기를 짜낸다.

*미끌미끌한 거품이 계속 나오지?
푸른 물이 빠질 정도로 여러 번
씻어내야 풋내가 나지 않는단
다. 어깨도 허리도 많이 아플 텐
데, 우리 예쁜 아기 생각하면
참을 수 있어. 엄마도 그랬단다.*

3

애호박은 깨끗하게 씻어 가운데 씨를 도려낸다.

4

감자와 고구마, 애호박은 찜기에 넣고 푹 익을 때까지 쪄낸 후 껍질을 제거해 준비한다.

5

표고버섯은 줄기를 최대한 바짝 잘라내고, 먼지를 털어낸 후 흐르는 물에 살짝 헹궈 잘게 다진다.

6

닭고기는 흐르는 물에 씻은 후, 가운데 힘줄을 제거하고 적당한 크기로 손질한다.

7

냄비를 2개 준비해 하나에는 닭고기를, 또 하나에는 소고기를 넣어 강한 불로 삶는다.

8

끓기 시작하면 각각의 냄비에 아욱을 나눠 넣고 약한 불로 줄여 끓인다.

12

냄비 2개를 준비해 하나에는 '소고기애호박표고버섯죽' 재료를, 다른 냄비에는 '닭고기아욱고구마죽' 재료를 넣고 강한 불로 끓인다.

11

절구에 불린 쌀, 소고기, 닭고기를 각각 으깬다.

10

소고기와 닭고기도 꺼내 칼로 잘게 다지고 나머지 재료도 잘게 다진다

9

데친 아욱은 잘게 다진 후 3등분(세 덩어리)해 준비해놓는다.

소고기
아욱감자죽

107kcal
탄수화물 19g
단백질 4g
지방 1g

생후 6개월이 지나면 아기가 엄마 배 속에서부터 가지고 있던 체내 칼슘이 서서히 소모되기 시작하므로 칼슘 공급이 중요하다. 그런 면에서 아욱은 최고의 재료인데, 뽀빠이가 힘을 얻던 시금치보다도 2배나 더 많은 칼슘을 지니고 있다. 단백질도 시금치보다 2배 더 많기 때문에 성장이 필요한 아기에게 급속 충전기 같은 역할을 한다.

 보관
· 2회분 냉장
· 4회분 냉동

 재료
☑ 불린 쌀 ⋯ 180g
☑ 소고기 안심 ⋯ 60g
☑ 아욱·감자 ⋯ 30g씩
☑ 물 또는 육수 ⋯ 1,080ml

 최고
감자는 찌고, 소고기는 삶고, 아욱은 데쳐서 절구로 으깨어 푹 끓이면 완성!

❶ 소고기는 20분~1시간 정도 물에 담가 핏물을 뺀다.

❷ 찜기에 감자를 넣고 찐 후 껍질을 벗긴다.

껍질 먼저 벗겨도 OK!

❸ 아욱은 잎만 잘라 빨래하듯 치대면서 물에 여러 번 씻은 후 물기를 짜낸다.

아욱은 푸른 물이 빠질 정도로 치대야 풋내가 사라진다.

❹ 냄비에 물을 붓고 핏물을 뺀 소고기를 넣고 강한 불로 끓인다. 끓기 시작하면 약한 불로 줄이고 아욱도 함께 넣어 데친다.

아욱은 살짝만 데치면 돼. 거품과 불순물은 걷어내면서 삶으렴.

❺ 데쳐낸 아욱은 찬물로 헹군 후 물기를 짜낸다.

❻ 소고기와 아욱, 감자는 칼로 잘게 다진다.

❼ 절구에 불린 쌀과 소고기를 각각 넣고 으깬다.

❽ 냄비에 재료를 넣고 강한 불로 끓이다, 끓으면 약한 불로 줄여 끓인다.

❾ 6회분으로 나눠 용기에 담는다.

소고기
아욱표고버섯죽

108kcal

탄수화물 19g
단백질 4g
지방 1g

표고버섯은 어른들도 건강을 위해 특별히 챙겨 먹을 정도로 대표적인 건강식품이다. 항암 효과가 뛰어나기로 유명한데, 막 7개월에 접어든 아기에게는 식이 섬유가 많아 변비를 예방해주고, 비타민 D가 풍부해 성장에 도움을 줄 수 있다. 고등어와 같이 비타민 D 생성에 더욱 효과적이므로 잘 기억해두었다가 첫 돌 후에 고등어와 함께 먹여보자.

 보관 모두 냉동

 재료
☑ 불린 쌀 … 30g   ☑ 물 또는 육수 … 180ml
☑ 소고기 안심·표고버섯 … 10g씩   ☑ 아욱 … 10g

 초고
다진 표고버섯과 아욱, 으깬 소고기를 불린 쌀 으깬 것과 같이 끓이면 완성!

❶ 소고기는 20분~1시간 정도 물에 담가 핏물을 뺀다.

❷ 아욱은 잎만 잘라 빨래하듯 치대 물에 여러 번 씻어낸 후 물기를 짠다.

 푸른 물이 빠질 정도로 여러 번 치대야 풋내가 없어진단다. 명심하렴.

❸ 냄비에 물을 붓고 소고기를 넣어 강한 불로 끓인다. 끓기 시작하면 약한 불로 줄이고 아욱을 넣어 함께 끓인다.

 아욱은 살짝만 데치면 되는데, 거품을 걷어내면서 끓여야 돼.

❹ 데친 아욱과 소고기를 차례로 꺼내 칼로 잘게 다진다.

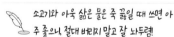 소고기와 아욱 삶은 물은 죽 끓일 때 쓰면 아주 좋으니, 절대 버리지 말고 잘 놔두렴!

❺ 표고버섯은 기둥을 최대한 바짝 잘라내고, 먼지와 이물질을 털어낸다.

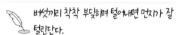 버섯끼리 착착 부딪혀 털어내면 먼지가 잘 털린단다.

❻ 흐르는 물에 살짝 씻은 표고버섯은 물기를 털어내고 칼로 잘게 다진다.

❼ 절구에 불린 쌀과 소고기를 각각 넣고 잘게 으깬다.

❽ 저어주며 냄비에 모든 재료를 넣고 강한 불로 끓이다, 끓어오르면 약한 불로 줄여 계속 끓인다. 1회분으로 나눠 용기에 담는다.

중기
1주
2주
3주
4주
5주
6주
7주
8주

닭고기
아욱고구마죽

105kcal 탄수화물 20g
단백질 5g
지방 0g

생후 7개월 이후로는 아기의 몸속 칼슘과 같은 무기질은 점점 고갈되고 단백질 필요량이 많아지기 때문에 이유식으로 채워줘야 한다. 칼슘과 단백질이 가득 들어 있는 닭고기와 아욱을 함께 조리해 이유식을 만들면 아이 성장에 꼭 필요한 이유식이 된다. 거기에 비타민과 섬유소가 가득한 고구마의 달달한 맛까지 더하면 안성맞춤이다.

 보관
· 2회분 냉장
· 2회분 냉동

 재료
☑ 불린 쌀 … 120g ☑ 아욱·고구마 … 20g씩
☑ 닭 안심 … 50g ☑ 물 또는 육수 … 720ml

 최고
삶은 닭고기와 불린 쌀은 각각 으깨고, 데친 아욱과 찐 고구마도 잘게 다져 모두 넣고 푹 끓이면 완성!

❶ 모유 또는 분유에 닭고기를 담가 비린내를 제거한다.

❷ 고구마는 찜기에 넣어 찐 후 껍질을 벗겨 준비한다.

❸ 아욱은 잎만 잘라 빨래하듯 치대며 물에 씻은 후 물기를 짜낸다.

> 푸른 물이 빠질 때까지 여러 번 치대 씻어내야 풋내가 나지 않는단다.

❹ 닭고기는 흐르는 물에 씻고, 가운데 힘줄을 제거해 손질한다.

❺ 냄비에 물을 붓고 닭고기를 넣어 강한 불로 끓인다. 끓기 시작하면 불을 줄이고 아욱을 넣어 함께 삶는다.

❻ 아욱과 닭고기, 고구마는 칼로 잘게 다진다.

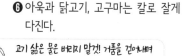
> 고기 삶은 물은 버리지 말것! 거품을 걷어내며 끓이다 아욱은 2분 후에 꺼내렴.

❼ 절구에 불린 쌀과 닭고기를 각각 넣고 잘게 으깬다.

❽ 냄비에 모든 재료를 넣고 강한 불로 끓이다, 끓으면 약한 불로 줄여 끓인다.

❾ 4회분으로 나눠 용기에 담는다.

소고기
애호박표고버섯죽

104kcal

탄수화물 19g
단백질 4g
지방 1g

애호박에는 레시틴이 들어 있는데, 두뇌 발달에 매우 좋은 성분으로 알려져 있다. 비타민 A·C도 듬뿍 담겨 있는데, 섬유소가 많은 표고버섯과 함께 먹으면 더할 나위 없이 건강한 이유식이 된다. 부드러운 소고기 안심까지 더했으니, 단백질과 비타민, 섬유소로 꽉꽉 채운 이유식인 셈이다.

엄마만 따라 해

 보관 │ 모두 냉동

 재료
- ☑ 불린 쌀 … 90g
- ☑ 소고기 안심 … 30g
- ☑ 물 또는 육수 … 540ml
- ☑ 애호박·표고버섯 … 15g씩

 최고 │ 찐 애호박과 표고버섯은 각각 잘게 다지고, 불린 쌀과 삶은 소고기는 절구로 으깨 푹 끓이면 완성!

❶ 소고기는 20분~1시간 정도 물에 담가 핏물을 뺀다.

❷ 애호박은 깨끗이 씻은 후 적당히 잘라 껍질을 깎고 가운데 씨를 뺀다.

❸ 찜기에 애호박을 넣고 찐다.

❹ 물을 넣은 냄비에 소고기를 넣고 강한 불로 끓이다가, 끓으면 약한 불로 줄여 충분히 익힌다.

 고기 삶은 물은 잘 두기!

❺ 표고버섯은 기둥을 최대한 바짝 자른 후, 먼지를 털어내고 흐르는 물에 살짝 헹군다.

❻ 찐 애호박과 삶은 소고기, 표고버섯을 각각 잘게 다진다.

❼ 절구에 불린 쌀과 소고기를 각각 넣고 잘게 으깬다.

❽ 냄비에 모든 재료를 넣고 강한 불로 저어주며 끓이다 약한 불로 줄여 농도가 적당해질 때까지 끓인다.

❾ 3회분으로 나눠 용기에 담는다.

이번 주 파티 요리

남은 재료로
아욱소고기된장국
만들기

❶ 쌀뜨물과 물, 된장, 육수 팩, 소고기를 넣고 끓인다.
❷ 아욱은 깨끗이 손질해 먹기 좋게 자른다.
❸ 육수가 끓으면 육수 팩은 건져내고 아욱과 고춧가루, 다진 마늘을 넣는다.

재료 아욱 … 300g, 소고기 … 100g, 된장 … 2큰술, 쌀뜨물·물 … 5컵씩, 고춧가루·다진 마늘 … 1큰술씩

육수 팩 대파 뿌리 … 1개, 무 … 100g, 다시마(5x5cm) … 1장, 국물용 멸치 … 15g, 꽃새우 … 10g

오물오물 시이즌

3주 차 이유식

다섯 가지 식품군을 모두 챙겨주자

여러 번 얘기했듯, 이 시기에 아기의 몸속 칼슘이나 철분 같은 영양소가 서서히 고갈되기 시작한다. 그렇기 때문에 중기에 접어들면서 엄마가 신경 써야 하는 것 중 하나가 바로 영양소 밸런스를 맞춘 이유식을 먹이는 것이다. 우리가 흔히 말하는 다섯 가지 식품군, 즉 탄수화물, 단백질, 비타민, 무기질, 지방이 골고루 섞인 건강한 이유식이 되도록 재료 배합에 신경 써야 한다. 특히 단백질과 비타민, 무기질, 그중에서도 칼슘과 철분이 부족하지 않도록 해야 한다. 그중 가장 쉽게 할 수 있는 건 매끼 소고기나 닭고기, 대구살 같이 단백질 가득한 재료를 반드시 섭취할 수 있도록 하는 것이다.

이번 주 우리 아이가 적응할 재료 : 무, 시금치

초기에 먹이는 것보다 중기 이후부터 먹이는 게 나은 채소가 몇몇 있는데, 그중에서도 무와 시금치가 대표적이라고 할 수 있다. 영양소 면에서는 다른 채소에 지지 않을 만큼 비타민과 철분이 풍부한 무와 시금치지만, 조리할 때는 푹 익히는 게 좋다. 특히 무는 무를 정도로 푹 익혀야 특유의 아린 맛이 사라진다.

3rd week
일주일 장바구니

불린 쌀 420g, 소고기 안심 110g, 대구살 40g, 완두콩 30g, 무·표고버섯 20g씩,
브로콜리 20g, 달걀노른자 1개분, 시금치·고구마 20g씩

♣ 딸아, 재료는 이렇게 골라야 한단다

무	일단 제일 먼저 상처가 없는 것이 싱싱하단다. 보기에 좋은 게 먹기에도 좋다고, 매끈하게 윤기가 흐르고 하얀 게 좋아. 무청도 짙은 초록색인 게 좋단다. ※ 구매/손질/관리법 P.34
시금치	이유식으로 쓰려면 부드러운 게 좋으니, 줄기가 짧은 것보다 긴걸 고르렴. 그게 더 연하고 부드러워. 잎도 넓은 게 더 좋아. ※ 구매/손질/관리법 P.34

♣ 이번 주 우리 아이 이유식 재료 한눈에 보기

· 대구살무표고버섯죽 P.212

❶ 불린 쌀 … 90g
❷ 대구살 … 40g
❸ 무·표고버섯 … 20g씩
❹ 물 또는 육수 … 540㎖

· 소고기브로콜리노른자죽 P.214

❶ 불린 쌀 … 120g
❷ 소고기 안심 … 40g
❸ 브로콜리 … 20g
❹ 달걀노른자 … 1개분
❺ 물 또는 육수 … 720㎖

· 소고기시금치고구마죽 P.216

❶ 불린 쌀 … 120g
❷ 소고기 안심 … 40g씩
❸ 고구마·시금치 … 20g씩
❹ 물 또는 육수 … 720㎖

· 소고기완두콩죽 P.218

❶ 불린 쌀 … 90g
❷ 소고기 안심·완두콩 … 30g씩
❸ 물 또는 육수 … 540㎖

1시간 안에 완성하는 일주일 이유식

전날에 미리 할일 완두콩 불리기

1시간 전에 미리 할 일 소고기 핏물 빼기

필요한 것 식초(또는 베이킹소다), 냄비 3개, 찜기, 나무 숟가락 2개, 도마 2개, 절구, 이유식 용기 14개, 견출지

이건 반드시 주의 한 번에 일주일 치를 만들어 보관하는 것이기 때문에 혹시라도 이유식에 미생물이 번식하지 않도록 조심해야 한단다.

- 절대 침이 들어가지 않도록 맛보면서 사용한 숟가락이나 젓가락이 일절 닿지 않게!
- 뜨거울 때 바로 용기에 담아 냉장실이나 냉동에 보관하도록!
- 냉장 혹은 냉동 보관한 이유식은 섭취하기 직전에 80℃ 이상에서 5분간 익히기!!

딸아~ 엄마만 따라 해

시작

1

찜기에 고구마를 올리고 푹 익을 때까지 찐다.

완료

15 각각 3회분으로 나눠 용기에 담고, '대구살무표고버섯죽' 2회분은 냉장실에, 나머지는 냉동실에 보관한다.

14 저어주며 끓이다가 끓어오르면 약한 불로 줄여 농도를 봐가며 더 끓인다.

13 다시 냄비에 '소고기완두콩죽' 재료와 '대구살무표고버섯죽' 재료를 각각 넣고 강한 불로 끓인다.

12

농도가 적당해지면 불을 끄고, 각각 4회분씩 나눠 용기에 담아 '소고기브로콜리노른자죽' 2회분은 냉장실에, 나머지는 모두 냉동실에 보관한다.

2

식초 1방울 또는 베이킹소다를 넣은 물에 브로콜리와 시금치를 넣고 살균한 후 흐르는 물에 씻고, 브로콜리는 기둥을 잘라낸다.

3

표고버섯은 기둥을 최대한 바짝 잘라내고, 먼지를 털어 흐르는 물에 헹군 후 잘게 다진다.

> 버섯끼리 서로 부딪쳐가면서 털어내면 생각보다 잘 털린단다.

4

❶의 찐 고구마는 꺼내 껍질을 벗기고, 대구살을 찜기에 넣어 찐다.

5

무는 껍질을 벗겨 썰고, 완두콩은 흐르는 물에 씻어 모두 소고기와 함께 삶는다.

> 재료를 삶을 때는 둥둥 뜨는 기름을 걷어내면서 삶아야 해.

6

❺의 물이 끓으면 약한 불로 줄이고, 브로콜리와 시금치도 넣어 함께 끓인다.

7

데친 브로콜리와 시금치, 푹 익힌 무, 잘 삶은 소고기 순으로 꺼내고, 완두콩은 퍼질 때까지 삶았다가 꺼낸다.

> 무와 완두콩은 완전히 부서질 정도로 푹 삶아야 해. 고기와 채소 삶은 물은 계속 써야 하니까 버리면 안 돼!

11

저어가며 끓이다가 끓어오르면 약한 불로 줄이는데, '소고기브로콜리노른자죽' 냄비에는 달걀노른자를 풀어준다.

> 양손에 나무 숟가락을 하나씩 잡고 열심히 저어가며 끓이렴!

10

냄비 2개를 준비해, 하나에는 '소고기브로콜리노른자죽' 재료를, 다른 하나에는 '소고기시금치고구마죽' 재료를 넣고 강한 불로 끓인다.

9

절구에 불린 쌀과 대구살, 소고기, 고구마, 무, 완두콩을 섞이지 않도록 해 각각 잘게 으깬다.

8

대구살까지 꺼내 재료를 각각 잘게 다진다.

> 대구살은 살만 잘 발라 내야 해.

대구살
무표고버섯죽

96kcal

탄수화물 19g
단백질 4g
지방 0g

무에는 메틸메르캅탄이란 성분이 들어 있다. 이 성분은 감기 균이 몸속에서 활동하지 못하게 막아줘 감기를 예방하는 역할을 하기 때문에 환절기에 자주 먹이면 큰 도움이 된다. 한 가지 아쉬운 건 휘발성이라 푹 끓이면 대부분 날아가버린다는 점이다. 하지만 비타민 C도 많이 함유되어 있기 때문에 아기 건강에 좋은 재료임에는 틀림이 없다.

 보관
· 2회분 냉장
· 1회분 냉동

 재료
☑ 불린 쌀 … 90g
☑ 대구살 … 40g
☑ 무·표고버섯 … 20g씩
☑ 물 또는 육수 … 540ml

 최고
대구살은 찌고, 무는 푹 익혀 표고버섯이랑 잘게 다지고 으깨, 불린 쌀과 함께 푹 끓이면 완성!

중기
1주
2주
3주
4주
5주
6주
7주
8주

❶ 냄비에 물을 반쯤 담고 찜기를 올려 대구살을 찐 후, 살만 잘 발라내 곱게 다진다.

❷ 무는 껍질을 벗겨 손질해 끓는 물에 넣어 푹 익힌다.

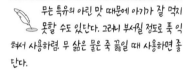

🖋 무는 특유의 아린 맛 때문에 아기가 잘 먹지 못할 수도 있단다. 그러니 부서질 정도로 푹 익혀서 사용하렴. 무 삶은 물은 죽 끓일 때 사용하면 좋단다.

❸ 표고버섯은 기둥을 최대한 바짝 자른 후, 먼지를 털어내고 흐르는 물에 헹군 다음 잘게 다진다.

🖋 버섯끼리 툭툭 부딪쳐가며 털어내면 생각보다 쉽게 털어낼 수 있단다.

❹ 절구에 불린 쌀과 대구살, 무를 넣고 잘게 으깬다.

❺ 냄비에 모든 재료를 넣고, 물 또는 무 삶은 물을 부어 강한 불로 저으며 끓인다. 끓기 시작하면 약한 불로 줄여 농도가 적당해질 때까지 저어가며 끓인다.

❻ 3회분으로 나눠 용기에 담는다.

거봐, 쉽잖아~

소고기
브로콜리노른자죽

116kcal 탄수화물 19g
단백질 4g
지방 2g

엄마만 따라 해

달걀노른자에 들어 있는 레시틴이란 성분은 콜레스테롤을 녹여 몸속에 콜레스테롤이 쌓이는 걸 막아주는 역할을 한다. 예전에는 이유식을 할 때 달걀은 늦게 주는 추세였는데, 요즘은 그렇지도 않다. 노른자에 적응시키고 한 달 정도 후 흰자를 적응시키기만 한다면 중기부터 시도해볼 수 있다.

 보관
· 2회분 냉장
· 2회분 냉동

 재료
☑ 불린 쌀 … 120g
☑ 소고기 안심 … 40g
☑ 브로콜리 … 20g
☑ 달걀노른자 … 1개분
☑ 물 또는 육수 … 720ml

 참고
소고기와 브로콜리는 푹 익혀 다진 후, 절구에 불린 쌀과 으깨 푹 끓이다 노른자 풀어 끓이면 완성!

중기

1주
2주
3주
4주
5주
6주
7주
8주

❶ 소고기는 20분~1시간 정도 찬물에 담가 핏물을 뺀다.

❷ 식초 1방울을 넣은 물에 브로콜리를 넣어 살균한 후, 흐르는 물에 씻어 기둥을 잘라낸다.

 식초 대신 베이킹소다를 넣어 살균해도 돼.

❸ 냄비에 물을 담고 소고기를 넣어 강한 불로 끓인다. 끓기 시작하면 약한 불로 줄이고, 브로콜리를 넣어 함께 익힌다.

❹ 1분 후 데친 브로콜리를 꺼내 칼로 잘게 다진다.

❺ 삶은 소고기도 꺼내 칼로 잘게 다진다.

 고기 삶은 물은 잘 놔두렴.

❻ 절구에 불린 쌀과 소고기를 각각 넣고 잘게 으깬다.

❼ 냄비에 모든 재료를 넣고 저어가며 강한 불로 끓이다 끓어오르면 불을 줄이고, 노른자를 넣는다.

❽ 다 끓인 죽은 4회분으로 나눠 용기에 담는다.

소고기
시금치고구마죽

111kcal

탄수화물 20g
단백질 4g
지방 1g

뽀빠이의 영원한 친구, 시금치. 시금치는 완전 영양 식품으로 함유 영양소보다 없는 영양소를 찾는 게 더 빠를 정도로 영양의 보고다. 특히 엽산과 철분이 많아 성장기 아이에게 매우 좋은데, 철분이 많이 든 소고기와 매우 잘 어울리기 때문에 이둘로 이유식을 만들면 금상첨화라고 할 수 있다. 여기에 달달한 맛이 일품인 고구마를 곁들여보자.

엄마만 따라 해

보관 모두 냉동
재료
☑ 불린 쌀 … 120g
☑ 소고기 안심 … 40g
☑ 고구마·시금치 … 20g씩
☑ 물 또는 육수 … 720ml
 소고기와 시금치는 삶고 고구마는 쪄서 잘게 다지고 으깨 육수 넣고 푹 끓이면 완성!

❶ 소고기는 20분~1시간 정도 찬물에 담가 핏물을 뺀다.

❷ 시금치는 식초 1방울 넣은 물에 담가 살균한 후 흐르는 물에 씻는다.

❸ 고구마는 찜기에 넣어 푹 익을 때까지 찐 후 껍질을 벗겨 준비한다.

❹ 냄비에 물을 담고 소고기를 넣어 강한 불로 끓인다. 끓어오르면 약한 불로 줄여, 시금치를 넣어 데친다.

 시금치는 30초만 삶기!

❺ 데친 시금치는 물기를 꼭 짜내 잎만 자른 후 칼로 잘 다진다.

❻ 삶은 소고기도 꺼내 잘게 다진다.

 소고기 삶은 물은 죽 끓일 때 물 대신 쓰면 좋으니 버리지 말고 잘 놔두렴.

❼ 절구에 불린 쌀과 소고기, 고구마를 각각 넣어 으깬다.

❽ 냄비에 모든 재료를 넣고 강한 불로 끓이다 끓기 시작하면 약한 불로 줄여 농도가 적당해질 때까지 끓인다.

❾ 4회분으로 나눠 용기에 담는다.

중기 / 1주 / 2주 / 3주 / 4주 / 5주 / 6주 / 7주 / 8주

소고기
완두콩죽

113 kcal

탄수화물 20g
단백질 4g
지방 1g

단백질이 많기로 유명한 완두콩과 소고기로 만드는 이 이유식은 성장에 반드시 필요한 단백질을 공급해줌으로써 아기가 건강하게 자랄 수 있도록 도와준다. 완두콩은 일반적으로 하루 전부터 미리 불려놔야 요리하기 쉬운데, 구하기 힘들거나 시간 여유가 없다면 불릴 필요 없는 냉동 콩으로 만드는 것도 좋은 방법이다.

 보관 모두 냉동

 재료 ☑ 불린 쌀 … 90g ☑ 물 또는 육수 … 540ml
☑ 소고기 안심·완두콩 … 30g씩

 최고 핏물 뺀 소고기와 불린 완두콩을 푹 삶아 다지고 불린 쌀과 함께 절구로 으깬 다음 푹 끓여내면 완성!

❶ 소고기는 20분~1시간 정도 물에 담가 핏물을 뺀다.

❷ 하루 전에 미리 물에 불려놓은 콩을 흐르는 물에 씻어 준비한다.

 냉동 콩이라면 불릴 필요 없이 바로 씻어서 사용해도 된단다.

❸ 냄비에 물을 넣고 소고기와 완두콩을 넣고 삶는다. 처음엔 강한 불로, 끓기 시작하면 약한 불로 줄여서 삶는다.

❹ 삶은 소고기는 건진 다음 칼로 잘게 다진다.

❺ 완두콩은 퍼질 때까지 삶은 후 한 김 식혀 껍질을 벗긴다.

 껍질은 아가가 소화하기 힘들고 목에 걸릴 수도 있으니 꼭 벗겨야 한단다.

❻ 절구에 불린 쌀과 소고기, 완두콩을 각각 넣고 잘게 으깬다.

❼ 냄비에 모든 재료와 소고기 삶은 물을 넣고 강한 불로 끓인다. 젓다가 끓기 시작하면 불을 줄여 농도가 적당해질 때까지 저으며 끓인다.

❽ 3회분씩 나눠 용기에 담는다.

이번 주 파티 요리

MERRY

남은 재료로
시금치무침
만들기

❶ 끓는 물에 소금을 넣고 시금치를 데쳐 찬물에 헹군 후 물기를 꼭 짠다.

❷ 분량의 양념을 넣어 무친다.

 재료 시금치 … 100g, 소금 … 약간   **양념** 참기름 … 1큰술, 다진 마늘 … 약간, 통깨 … ½큰술, 국간장 … ⅓큰술

이 유 중 기

오물오물 시이즌

4주 차 이유식

간식을 시작하자

아기가 이유식을 두 끼씩 먹는 데 어느 정도 적응했다면, 이제 슬슬 간식까지 챙겨줄 때가 됐다. 간식은 하루에 한 번이면 족한데, 이유식을 만들고 남은 재료로 간단하게 만들어도 되고, 새로운 재료를 시도해도 좋다. 물론 이때도 이유식을 포함해 3~4일간의 간격을 두고 새로운 재료를 먹여야 한다는 걸 절대 잊지 말자. 이 시기에 손가락으로 쥐고 먹을 수 있는 간식인 '핑거 푸드'를 주면 좋다. 부드러운 과일이나 채소를 잡기 편한 크기로 잘라 삶아주면 된다. 아기가 식재료의 맛과 질감을 온전히 느끼며 음식과 친해질 수 있도록 해보자.

이번 주 우리 아이가 적응할 재료 : 배추, 검은콩

어쩌면 한국인이 가장 많이 먹는 음식이 배추가 아닐까 싶다. 김치나 겉절이, 배춧국 등 다양한 요리로 식탁에 빠짐없이 올라온다. 배추는 아기가 먹기에는 다소 질길 수 있지만, 식이 섬유가 많고 수분이 가득해 변비 완화에 굉장히 좋다. 줄기는 너무 질기므로 잎만 따로 도려내 사용한다. 검은콩은 안토시아닌이 풍부해 노화를 예방하기로 유명해 성인들에게도 인기 만점인데, 콩인 만큼 당연히 단백질도 많이 들어 있어 아이의 성장에 도움이 된다.

4th week
일주일 장바구니

불린 쌀 330g, 소고기 안심 120g, 배추 35g, 감자 180g, 비타민 40g, 검은콩 85g

♣ 딸아, 재료는 이렇게 골라야 한단다

배추
줄기가 하얗고 깨끗한 게 좋단다. 반점이 있거나 물러 보이면 좋지 않아. 줄기와 뿌리 주위가 단단한지 살펴보렴. 겉잎은 초록이 선명하고, 속잎은 노랑이 선명한 게 좋아. ※ 구매/손질/관리법 P.34

검은콩
검은콩을 고르는 건 생각보다 쉬워. 한눈에도 알이 크고 윤기가 흐르는 게 좋은 거란다. 그리고 당연히 국산 콩이 외국산보다 좋겠지? ※ 구매/손질/관리법 P.30

♣ 이번 주 우리 아이 이유식 재료 한눈에 보기

소고기배추감자죽 P.228
❶ 불린 쌀 … 90g
❷ 소고기 안심·감자 … 30g씩
❸ 배추 … 15g
❹ 물 또는 육수 … 540㎖

소고기배추비타민죽 P.230
❶ 불린 쌀 … 120g
❷ 소고기 안심 … 50g
❸ 배추·비타민 … 20g씩
❹ 물 또는 육수 … 720㎖

소고기검은콩비타민죽 P.232
❶ 불린 쌀 … 120g
❷ 소고기 안심·검은콩 … 40g씩
❸ 비타민 … 20g
❹ 물 또는 육수 … 720㎖

검은콩매시트포테이토 P.234
❶ 감자 … 150g
❷ 검은콩 … 45g

1시간 안에
완성하는
일주일 이유식

전날에 미리 할일 검은콩 불리기

1시간 전에 미리 할 일 소고기 핏물 빼기

필요한 것 식초(또는 베이킹소다), 냄비 3개, 찜기, 나무 숟가락 2개, 도마 2개, 절구, 이유식 용기 14개, 견출지

이건 반드시 주의 한 번에 일주일 치를 만들어 보관하는 것이기 때문에 혹시라도 이유식에 미생물이 번식하지 않도록 조심해야 한단다.

- 절대 침이 들어가지 않도록 맛보면서 사용한 숟가락이나 젓가락이 일절 닿지 않게!
- 뜨거울 때 바로 용기에 담아 냉장실이나 냉동실에 보관하도록!
- 냉장 혹은 냉동 보관한 이유식은 섭취하기 직전에 80℃ 이상에서 5분간 익히기!

딸아~
엄마만
따라 해

시작

1

끓는 물에 미리 핏물을 뺀 소고기를 넣고 강한 불로 끓인다.

둥둥 뜨는 기름은 걷어내며 끓이렴

완료

16

남은 검은콩과 감자는 잘 섞은 후 3회분으로 나눠 용기에 담아 냉동실에 보관한다.

농도가 너무 되면 모유나 분유를 넣어 농도를 맞춰주는 것도 방법이란다.

15

3회분으로 나눠 용기에 담고 2회분은 냉장실에, 나머지는 냉동실에 보관한다.

14

냄비 하나에 다시 '소고기배추감자죽' 재료를 넣고 강한 불로 끓이다, 끓기 시작하면 약한 불로 줄여 계속 끓인다.

13

각각 4회분으로 나눠 용기에 담고 '소고기배추비타민죽' 2회분은 냉장실에, 나머지는 냉동실에 보관한다.

2 찜기에 감자를 넣고 젓가락이 들어갈 정도로 푹 찐다.

3 배추는 속잎만 떼어내 비타민과 함께 식초 또는 베이킹소다 탄 물에 담가 살균하고 흐르는 물에 씻는다.

4 배추와 비타민 모두 잎만 남기고 줄기는 잘라낸다.

섬유질이 많은 줄기는 아직 아가가 잘 먹지 못해.

5 ❶의 물이 끓으면 약한 불로 줄이고 배추와 비타민, 검은콩을 넣어 함께 익힌다.

6 데친 비타민과 배추를 먼저 꺼내 칼로 다진다.

7 ❶의 삶은 소고기도 꺼내 칼로 잘게 다진다.

8 ❷의 찐 감자는 껍질을 벗긴다.

12 끓기 시작하면 약한 불로 줄이고 더 끓이다 농도가 적당해지면 불을 끈다.

양손에 각각 숟가락을 잡고 열심히 저어주렴! 힘들지만, 일타쌍피!

11 냄비 2개를 준비해 하나에는 '소고기배추비타민죽' 재료를, 다른 냄비에는 '소고기검은콩비타민죽' 재료를 넣고 강한 불로 끓인다.

10 절구를 이용해 불린 쌀, 소고기, 검은콩, 감자를 각각 으깬다.

9 검은콩도 꺼내 한 숨 식히고 껍질을 벗겨 준비한다.

껍질은 아기 목에 걸리기 딱 좋으니 꼭 벗기도록! 고기와 채소 삶은 물은 육수로 사용할 거니까 버리지 말고 잘 두기!

소고기
배추감자죽

109 kcal

탄수화물 20g
단백질 4g
지방 1g

엄마만 따라 해

배추는 수분이 많고 식이 섬유가 풍부하기 때문에 아기가 변비일 때 먹이면 아주 좋다. 오히려 반대로 설사 기가 있을 때는 먹이지 않도록 주의해야 한다. 감자도 비타민 C가 많기 때문에 아이의 건강에 좋다. 이 둘만 먹이면 자칫 단백질이 부족해질 수 있는데, 부드러운 소고기 안심을 함께 넣어 먹여보자.

 보관
· 2회분 냉장
· 1회분 냉동

 재료

☑ 불린 쌀 … 90g
☑ 소고기 안심·감자 … 30g씩

☑ 배추 … 15g
☑ 물 또는 육수 … 540ml

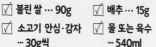

 최고

삶은 소고기와 데 친 배춧잎을 잘게 다져, 불린 쌀, 찐 감자와 각각 으깨 끓이면 완성!

중기

1주
2주
3주
4주
5주
6주
7주
8주

❶ 소고기는 20분~1시간 정도 물에 담가 핏물을 뺀다.

❷ 감자는 찜기에 넣어 한 숨 푹 쪄내고, 껍질을 벗긴다.

❸ 배추는 속잎을 떼어내 손질한 후, 식초 1방울을 넣은 물에 담가 살균한다.

❹ 살균한 후 흐르는 물에 씻은 배추는 줄기를 잘라내고 잎만 남겨 준비한다.

 배추 줄기는 소화하기 힘들고 질겨서 아기가 먹기 힘들단다. 잎 부분만 잘 도려내렴.

❺ 냄비에 물을 붓고 소고기를 넣어 강한 불로 끓이다 끓어오르면 불을 줄여 배추를 넣어 데친다.

고기와 삶은 물은 버리지 말고 잘 두렴. 기름을 걷어내며 끓이고, 배춧잎은 1~2분 후에 꺼내렴.

❻ 배추와 소고기는 잘게 다진다.

❼ 절구에 불린 쌀과 소고기, 감자를 각각 넣고 곱게 으깬다.

❽ 냄비에 모든 재료를 넣고 강한 불로 끓이다, 끓으면 불을 줄여 끓인다.

❾ 불을 끄고 3회분으로 나눠 용기에 담는다.

소고기
배추비타민죽

108 kcal

탄수화물 19g
단백질 4g
지방 2g

소고기와 배추, 감자를 넣은 이유식을 아이가 잘 먹는다면 이번엔 감자 대신 비타민을 넣어 먹여보자. 비타민은 이름에서 알 수 있듯 다양한 비타민이 많이 들어 있기 때문에, 맛은 감자보다 못할지 몰라도 영양 면에서는 둘째가라면 서럽다. 이유식에서는 다양한 재료를 골고루 먹게 해주는 게 가장 중요하므로 여러 이유식을 시도해보자.

보관
· 2회분 냉장
· 2회분 냉동

재료
☑ 불린 쌀 … 120g
☑ 소고기 … 50g
☑ 배추·비타민 … 20g씩
☑ 물 또는 육수 … 720ml

최고
배추와 비타민 모두 손질해 핏물 뺀 소고기와 함께 익힌 후 잘 다지고, 절구로 잘 으깨 육수 넣고 푹 끓여내면 완성!

❶ 소고기는 20분~1시간 정도 물에 담가 핏물을 뺀다.

❷ 배추는 속잎만 떼어내 손질한다. 비타민도 잎만 잘라 손질한다.

❸ 식초 1방울 또는 베이킹소다를 넣은 물에 손질한 배추와 비타민을 담가 살균한 후, 흐르는 물에 씻는다.

❹ 냄비에 물을 부어 소고기를 넣고 강한 불로 끓인다.

❺ 끓기 시작하면 약한 불로 줄이고, 배추와 비타민도 넣어 데친다.

 고기와 채소 삶은 물은 버리지 말 것!

❻ 데친 배추와 비타민, 소고기를 각각 잘게 다진다.

 배추와 비타민은 1분 정도만 데치기!

❼ 절구에 불린 쌀과 소고기를 각각 넣고 으깬다.

❽ 냄비에 모든 재료를 넣고 강한 불로 끓이다 끓기 시작하면 약한 불로 줄여 끓인다.

❾ 불을 끄고 4회분으로 나눠 용기에 담는다.

소고기
검은콩비타민죽

128kcal 탄수화물 20g
단백질 6g
지방 3g

검은콩과 소고기는 모두 단백질이 매우 풍부하기로 유명한 식품이다. 그렇기 때문에 자칫 아기에게 부족할지 모르는 단백질을 원활하게 공급해줄 수 있는 매우 중요한 식품이라고 할 수 있다. 그뿐만 아니라 소고기에는 철분도 다량 함유돼 있기 때문에 성장하는 우리 아기에게 더할 나위 없이 좋다.

 보관 모두 냉동

 재료
☑ 불린 쌀 … 120g
☑ 소고기 안심 … 50g
☑ 검은콩·비타민 … 20g씩
☑ 물 또는 육수 … 720ml

 최고 검은콩과 소고기, 그리고 비타민을 삶고 데쳐 잘게 다진 후 절구로 으깨 육수 넣고 푹 끓이면 완성!

❶ 소고기는 20분~1시간 정도 물에 담가 핏물을 뺀다.

❷ 검은콩도 미리 물에 담가 불린다.

하룻밤 정도는 넉넉하게 불려주는 게 좋은데 적어도 3시간 정도는 불려야 해!

❸ 식초 1방울 또는 베이킹소다를 넣은 물에 비타민을 담근 후 흐르는 물에 씻고, 녹색 잎만 잘라 손질한다.

❹ 냄비에 소고기를 넣고 강한 불로 끓이다, 끓어오르면 약한 불로 줄여 검은콩과 비타민을 함께 넣어 삶는다.

❺ 비타민은 살짝만 데쳐 잘게 다지고, 삶은 소고기도 꺼내 잘게 다진다.

❼ 검은콩은 손으로 으깨질 정도로 완전히 익힌 후 꺼내 식힌 다음 껍질을 벗긴다.

❽ 절구에 불린 쌀, 소고기, 검은콩을 각각 넣고 으깬다.

❾ 냄비에 모든 재료를 넣고 강한 불로 끓이다, 끓으면 약한 불로 줄여 끓인다.

❿ 4회분으로 나눠 용기에 담는다.

검은콩
매시트포테이토

95kcal
탄수화물 12g
단백질 7g
지방 2g

매일 묽은 죽만 먹이면 아기도 질릴 수 있다. 중기부터는 죽이 아닌 다른 형태의 이유식도 먹일 필요가 있는데, 이를 '특식'이라고 부른다. 삼시 세끼 똑같은 것만 먹으면 어른도 먹기 싫어지듯, 아기도 마찬가지다. 매시트는 푹 삶아 으깬 형태로, 지금까지 죽을 잘 먹었다면 무리 없이 잘 먹을 수 있을 것이다.

 보관 모두 냉동

 재료 ☑ 감자 ··· 150g ☑ 검은콩 ··· 45g

 최고 검은콩이랑 감자랑 푹 삶아 껍질을 벗긴 후, 절구로 곱게 으깨 먹기 좋게 섞으면 완성!

중기 1주 2주 3주 4주 5주 6주 7주 8주

❶ 검은콩은 미리 물에 담가 불려놓는다.

✎ 콩은 적어도 3시간 이상은 불려야 하는데, 여유가 되면 하룻밤 정도 넉넉하게 시간을 두고 불려렴.

❷ 끓는 물에 검은콩을 넣고 손으로 으깨질 정도로 푹 삶는다.

❸ 삶은 콩은 한 숨 식힌 다음 껍질을 벗긴다.

✎ 하나하나 껍질을 벗기기가 여간 힘든 일이 아니지만, 껍질은 아기가 먹다가 목에 걸려 사고 나기 매우 쉬우니 힘들더라도 꼭 일일이 벗겨야 해.

❹ 찜기에 감자를 넣고 젓가락이 들어갈 때까지 푹 삶는다.

❺ 감자도 한 숨 식힌 후 껍질을 벗긴다.

❻ 절구에 콩과 감자를 넣은 다음 곱게 으깬다.

❼ 으깬 감자와 콩을 잘 섞은 후, 3회분으로 나눠 용기에 담는다.

✎ 농도가 너무 돼서 아기가 아직 먹기 힘들 것 같으면 모유나 분유를 조금씩 넣으면서 농도를 맞춰도 된단다.

거봐, 쉽잖아~

Part 2. 중기 이유식 235

이번 주 파티 요리

남은 재료로
비타민검은콩샐러드 & 감자튀김
만들기

❶ 검은콩은 물에 넣어 불린 후 3분 정도 삶는다. ❷ 비타민은 깨끗이 씻어 꼭지를 뗀 후 손으로 먹기 좋게 뜯는다.

❸ 삶은 검은콩과 비타민을 섞는다(과일이나 치즈를 넣어도 좋다). ❹ 감자는 껍질을 벗겨 웨지 모양으로 썬다.

❺ 자른 감자는 전분기를 빼기 위해 찬물에 10분 정도 담가놓는다. ❻ 물기를 제거한 감자를 달군 기름에 튀긴다.

❼ 앞뒤로 노릇해질 때까지 튀기고 젓가락으로 찔러 익었는지 확인해본다.

❽ 감자가 뜨거울 때 소금과 파르메산 치즈가루를 뿌린다. ❾ 접시에 샐러드와 감자튀김을 함께 담는다.

❿ 유자청과 올리브유로 드레싱을 만들어 샐러드에 뿌린다.

재료 비타민 … 100g, 검은콩 … 30g, 감자 … 1개, 식용유 … 적당량, 소금·파르메산 치즈가루 … 약간씩

드레싱 유자청 … 3큰술, 올리브유 … 1큰술

이 유 중 기

오물오물 시이즌

5주 차 이유식

농도를 조금 더 되게 해보자

지금까지 6배 죽, 즉 불린 쌀의 6배 물을 넣고 이유식을 만들었을 때 아이가 무리 없이 잘 먹었다면, 농도를 조금 더 되게 조절해보자. 6배 죽보다 한 단계 더 되직한 5배 죽으로 이유식을 끓이는데, 물이나 육수를 불린 쌀의 5배 양으로 맞춰 이유식을 끓이면 된다. 물론 이것도 한번 시도해보고 아이가 어느 정도 받아먹는 것 같으면 조금씩 늘리되, 아이가 먹기 힘들어하면 6배 죽을 더 먹여도 된다. 혹시 아기가 아직 6배 죽도 잘 먹지 못한다면, 7배 죽이나 8배 죽으로 조금은 천천히 진행하자.

이번 주 우리 아이가 적응할 재료 : 양파, 바나나

이번 주에 아이에게 소개해줄 재료는 극과 극의 재료다. 한국인의 밥상이라면 꼭 들어가는 양파와 어린아이부터 할아버지, 할머니까지 남녀노소 좋아하는 달콤한 바나나. 생각만 해도 매울 것 같은 양파를 이유식에 넣는다니 왠지 잘 안 어울릴 것 같지만, 양파는 거의 모든 영양소가 빠짐없이 들어 있는 영양의 보고다. 생으로는 맵지만 익히면 단맛이 나기 때문에 무를 때까지 푹 익히면 아기도 잘 먹을 수 있다.

5th week
일주일 장바구니

불린 쌀 420g, 소고기 안심 100g, 닭 안심 80g, 시금치·브로콜리 20g씩,
양파·청경채 40g씩, 바나나·애호박·감자 20g씩

♣ 딸아, 재료는 이렇게 골라야 한단다

양파	한눈에 좋아 보이는 게 좋은 거란다. 또 색도 선명하면서 깨끗하고 알이 동그랗고 크기가 고른 게 좋단다. ※ 구매/손질/관리법 P.34
바나나	익지 않은 바나나를 먹으면 아기가 배탈이 날 수 있기 때문에 노랗게 예쁜 색으로 잘 익은 바나나를 골라야 한단다. ※ 구매/손질/관리법 P.34

♣ 이번 주 우리 아이 이유식 재료 한눈에 보기

닭고기시금치양파죽 P.244
❶ 불린 쌀 … 90g
❷ 닭 안심 … 40g
❸ 시금치·양파 … 20g씩
❹ 물 또는 육수 … 450㎖

소고기바나나청경채양파죽 P.246
❶ 불린 쌀 … 120g
❷ 소고기 안심 … 50g
❸ 바나나·청경채·양파
 … 20g씩
❹ 물 또는 육수 … 600㎖

소고기애호박감자죽 P.248
❶ 불린 쌀 … 120g
❷ 소고기 안심 … 50g
❸ 애호박·감자 … 20g씩
❹ 물 또는 육수 … 600㎖

닭고기브로콜리청경채죽 P.132
❶ 불린 쌀 … 90g
❷ 닭 안심 … 40g
❸ 브로콜리·청경채
 … 20g씩
❹ 물 또는 육수 … 450㎖

※ 초기에서 배운 '닭고기브로콜리청경채미음'에서 재료양 바꿔 끓이면 ok!

1시간 안에 완성하는 일주일 이유식

1시간 전에 미리 할 일 소고기 핏물 빼기

필요한 것 모유(또는 분유), 식초(또는 베이킹소다), 냄비 4개, 찜기, 나무 숟가락 2개, 도마 2개, 절구, 이유식 용기 14개, 견출지

이건 반드시 주의 한 번에 일주일 치를 만들어 보관하는 것이기 때문에 혹시라도 이유식에 미생물이 번식하지 않도록 조심해야 한단다.

- 절대 침이 들어가지 않도록 맛보면서 사용한 숟가락이나 젓가락이 일절 닿지 않게!
- 뜨거울 때 바로 용기에 담아 냉장실이나 냉동실에 보관하도록!
- 냉장 혹은 냉동 보관한 이유식은 섭취하기 직전에 80℃ 이상에서 5분간 익히기!

딸아~ 엄마만 따라 해

시작 **1**

닭고기는 모유 또는 분유에 담가놓는다.

완료

19 각각 4회분으로 나눠 용기에 담고 모두 냉동실에 보관한다.

18 끓기 시작하면 약한 불로 줄여 더 끓인다. '소고기바나나청경채양파죽' 냄비에는 바나나를 으깨어 넣는다.

17 다시 냄비에 '소고기바나나청경채양파죽' 재료를, 다른 하나에는 '소고기애호박감자죽' 재료를 분량대로 넣고 강한 불로 끓인다.

 '소고기바나나청경채양파죽'에서 바나나는 끓기 시작한 후에 약한 불로 줄이고 나서 마지막에 으깨서 넣어줄 거야.

16 끓기 시작하면 약한 불로 줄인 후 농도가 적당해질 때까지 더 끓이다 불을 끈다. 그런 다음 각각 3회분으로 나눠 용기에 담아 각각 2회분은 냉장실에, 나머지는 냉동실에 보관한다.

15 냄비 2개를 준비해, 하나에는 '닭고기브로콜리청경채죽' 재료를, 다른 하나에는 '닭고기시금치양파죽' 재료를 넣고 강한 불로 끓인다.

2

식초 1방울 또는 베이킹소다를 넣은 물에 브로콜리와 청경채, 시금치를 넣고 살균한 후 흐르는 물에 씻는다.

3

브로콜리는 기둥을 잘라내고, 청경채는 초록 잎만 남도록 줄기를 자른다. 시금치도 물기를 꼭 짜내고 잎만 잘라낸다.

4

냄비에 물을 붓고, 미리 핏물을 뺀 소고기를 넣어 강한 불로 끓인다.

기름은 걷어내며 끓일 것!

5

애호박은 깨끗이 씻어 껍질을 벗기고 가운데 씨를 도려낸다.

6

찜기에 애호박과 감자를 넣어 푹 익을 때까지 찐다.

7

④의 물이 끓기 시작하면 약한 불로 줄이고, 브로콜리와 청경채, 시금치를 넣어 데친 후, 잘게 다진다.

브로콜리와 시금치는 1분, 청경채는 30초면 ok!

8

닭고기는 흐르는 물에 씻고, 가운데 힘줄을 잘라 손질한다.

9

양파도 쓸 만큼 썰어 준비한다.

14

절구에 불린 쌀과 소고기, 닭고기를 각각 넣어 따로따로 으깬다. 바나나도 으깨준다.

13

닭고기와 양파도 잘게 다진다.

12

찐 감자는 껍질을 벗기고 애호박과 함께 잘게 다진다.

11

냄비에 물을 붓고 닭고기, 양파를 넣어 강한 불로 끓이다, 끓어오르면 약한 불로 줄여 둘 다 푹 익을 때까지 끓인다.

기름이 떠오르면 걷어내도록!

10

삶은 소고기도 꺼내 잘게 다진다.

소고기와 채소 삶은 물은 버리지 말 것!

닭고기
시금치양파죽

100kcal 탄수화물 19g
단백질 5g
지방 0g

양파에는 다양한 영양소가 담겨 있다. 철분과 비타민 C, 칼슘이 들어 있고, 탄수화물도 들어 있다. 완전식품이라고 해도 과언이 아닐 정도. 양파는 익히지 않으면 맵기 때문에 아기에게 먹일 때는 물러질 정도로 푹 익혀야 한다. 익히면 매운맛이 사라지고 단맛이 나기 때문에 이유식에 빠져선 안 되는 좋은 식재료다.

 보관
· 2회분 냉장
· 1회분 냉동

 재료
☑ 불린 쌀 … 90g
☑ 닭 안심 … 40g
☑ 시금치·양파 … 20g씩
☑ 물 또는 육수 … 450ml

 최고
닭고기를 양파와 시금치와 함께 푹 삶아 잘게 다진 후, 불린 쌀과 으깨서 끓이면 완성!

❶ 미리 모유 또는 분유에 재워두었던 닭고기는 흐르는 물에 씻고, 가운데 힘줄을 제거해 손질한다.

❷ 식초 1방울을 넣은 물에 시금치를 담가 살균한 후 흐르는 물에 씻어서 준비한다.

✎ 식초 대신 베이킹소다를 푼 물에 담가 살균해도 된단다.

❸ 양파는 껍질을 벗겨 필요한 만큼 썰어 준비한다.

❹ 냄비에 물을 담고 닭고기와 양파를 넣어 강한 불로 끓인다. 끓기 시작하면 약한 불로 줄이고, 시금치를 넣어 함께 익힌다.

 ✎ 시금치는 1분 데치고, 양파는 완전히 익힌 후 꺼내렴.

❺ 시금치는 물기를 꼭 짜내고 잎만 잘라 양파, 닭고기와 함께 잘게 다진다.

❻ 절구에 불린 쌀과 닭고기를 각각 넣고 잘게 으깬다.

❼ 냄비에 모든 재료를 넣고 강한 불로 끓인다. 젓다가 끓어오르면 약한 불로 줄여 농도가 적당해질 때까지 계속 저으면서 끓인다.

❽ 3회분으로 나눠 용기에 담는다.

소고기
바나나청경채양파죽

113kcal　탄수화물 19g
단백질 4g
지방 2g

단호박과 더불어 아기가 가장 좋아하는 이유식일 듯하다. 어른도 좋아하는 달콤하고 부드러운 바나나를 넣은 이 이유식은 비타민 A·C가 풍부하다. 여기에 소고기와 청경채, 양파까지 넣으니 영양 면에서 어디 하나 손색없는 최고의 이유식인 셈이다. 바나나는 간식으로도 매우 좋다.

엄마만 따라 해

 보관 모두 냉동

 재료
- ☑ 불린 쌀 ⋯ 120g
- ☑ 소고기 안심 ⋯ 50g
- ☑ 바나나·청경채·양파 ⋯ 20g씩
- ☑ 물 또는 육수 ⋯ 600ml

 최고 재료는 잘 익혀 다지고, 으깬 불린 쌀과 함께 푹 끓이다 으깬 바나나를 넣으면 완성!

❶ 소고기는 미리 20분~1시간 정도 찬물에 담가 핏물을 빼준다.

❷ 식초 1방울을 넣은 물에 청경채를 담가 살균한 후 흐르는 물에 씻어 초록잎만 남기고 줄기는 자른다.

🖋 식초 대신 베이킹소다를 이용해 살균해도 좋아.

❸ 양파는 껍질을 벗기고 쓸 만큼만 잘라 썰어 준비한다.

❹ 냄비에 물을 담고 소고기와 양파를 넣어 강한 불로 끓인다. 끓기 시작하면 약한 불로 줄이고, 청경채를 넣어 데친다.

❺ 소고기와 청경채, 양파를 잘게 다진다.

 🖋 청경채는 30초만 데치고, 양파는 푹 익을 때까지 삶는다. 육수는 버리지 말고 잘 두기!

❻ 절구에 불린 쌀과 소고기, 바나나를 각각 넣고 으깬다.

❼ 냄비에 모든 재료를 넣고 강한 불로 저어주며 끓인다.

❽ 끓어오르면 약한 불로 줄이고, 바나나를 으깨어 넣고 조금 더 끓인다.

❾ 4회분으로 나눠 용기에 담는다.

중기 1주 2주 3주 4주 5주 6주 7주 8주

소고기
애호박감자죽

111kcal　탄수화물 19g
　　　　　단백질 4g
　　　　　지방 2g

비타민 A·C가 많은 애호박과 역시 비타민 C가 많은 감자가 만났으니 비타민 걱정은 내려둬도 된다. 소고기가 아무리 단백질과 철분이 풍부해 최고의 식품이라고 해도 비타민은 조금 부족할 수 있다. 이 부분을 애호박과 감자가 충분히 보완해주기 때문에 금상첨화 이유식이라고 할 수 있다.

 보관 모두 냉동

 재료

☑ 불린 쌀 … 120g   ☑ 애호박·감자 … 20g씩
☑ 소고기 안심 … 50g   ☑ 물 또는 육수 … 600ml

 최고 소고기, 애호박과 감자는 잘게 다져서 불린 쌀과 절구로 으깨 푹 끓이면 완성!

❶ 소고기는 미리 찬물에 담가 20분~1시간 정도 핏물을 뺀다.

❷ 애호박은 깨끗이 씻은 후 적당한 크기로 자른 후, 껍질을 깎고 가운데 씨를 도려낸다.

❸ 찜기에 손질한 애호박과 감자를 넣고 함께 찐다.

❹ 냄비에 물을 담고 소고기를 넣어 강한 불로 끓이다, 끓어오르면 약한 불로 줄여 완전히 익을 때까지 끓인다.

 기름은 걷어내며 끓이고 고기 삶은 물은 잘 두렴.

❺ 찐 감자는 껍질을 벗기고 잘게 다진다. 삶은 소고기와 찐 애호박도 잘게 다진다.

❻ 절구에 불린 쌀과 다진 소고기를 각각 넣고 으깬다.

❼ 냄비에 모든 재료를 넣고 강한 불로 끓이다, 끓어오르면 약한 불로 줄이고 농도를 봐가며 좀 더 끓인다.

❽ 4회분으로 나눠 용기에 담는다.

중기

1주
2주
3주
4주
5주
6주
7주
8주

Part 2. 중기 이유식 249

이번 주 파티 요리

남은재료로
애호박양파링전
만들기

❶ 소고기 안심, 당근, 애호박, 부추는 잘게 다진다.

❷ 양파는 동그란 링 모양으로 자른 후 밀가루를 묻힌다.

❸ 그릇에 다진 채소를 모두 담고 달걀, 소금과 후춧가루를 넣어 섞는다.

❹ ②에 달걀옷을 입힌 후 달군 팬에 기름을 둘러 한 개씩 올린 다음 그 안에 ③을 넣는다.

❺ 앞뒤로 노릇하게 익힌다.

재료 소고기 안심 … 300g, 양파 … 1개, 당근 … ⅓개, 애호박·부추·밀가루·소금·후춧가루·식용유 … 약간, 달걀 … 2개

오물오물 시이즌

6주 차 이유식

컵 사용을 연습시키자

이유식을 하면서 너무 욕심내도 안 되지만, 그렇다고 너무 아기가 편하게 느끼는 쪽으로만 해줘도 발달에 악영향을 줄 수 있다. 이유식 자체도 점점 되직하게, 그리고 고형분을 더 많이 먹어볼 수 있게, 느리지만 확실히 단계적으로 진행해야 한다. 이유식 외적인 것도 똑같다. 이제 슬슬 컵을 사용할 수 있도록 연습시켜야 하는데, 계속 빨대만 사용하게 하는 것보다 컵을 사용하도록 하는 게 아이에게 훨씬 더 좋다는 걸 잊지 말자.

영양사 선생님

컵에는 항상 50~60%의 물을 채우세요!

컵을 사용할 때 부모들이 흔히 하는 실수는 물을 엎을까봐 컵에 물을 조금만 넣어주는 것입니다. 이렇게 하면 아이가 컵을 입에 댄 상태로 고개를 뒤로 많이 젖혀야 물을 마실 수 있기 때문에 사레들릴 확률이 높아집니다. 따라서 작고 가벼운 아이용 컵에 50~60% 물을 담아 컵이나 고개를 많이 기울이지 않고도 홀짝이며 마실 수 있게끔 해주는 것이 오히려 안전합니다.

이번 주 우리 아이가 적응할 재료 : 찹쌀, 당근

지금까지 흰쌀로만 이유식을 만들어왔다면, 지금부터는 찹쌀 정도로 새로운 시도를 해보는 것도 좋다. 찹쌀로 이유식을 만들어 쌀로는 느낄 수 없는 질감을 경험하게 해 특식 느낌을 주자. 베타카로틴을 풍부하게 함유해 눈 건강을 증진하는 당근도 이번 주에 아기에게 소개해주자.

6th week
일주일 장바구니

불린 쌀 270g, 불린 찹쌀 90g, 소고기 안심 80g, 시금치 135g, 두부 200g,
완두콩 30g, 당근·애호박 20g씩, 달걀노른자 2개분

♣ 딸아, 재료는 이렇게 골라야 한단다

찹쌀
이왕이면 유기농 찹쌀을 이용해 아이에게 좀 더 건강한 이유식을 만들어주자.
※ 구매/손질/관리법 P.30(쌀 내용 참고)

당근
때깔 곱고 예쁜 게 영양소가 많은 놈이야. 삐뚤게 생긴 애보다 곧게 생기고 선명하게 주황색인 게 좋은데, 상처가 없는 것을 고르렴. ※ 구매/손질/관리법 P.35

♣ 이번 주 우리 아이 이유식 재료 한눈에 보기

으깬시금치두부 P.258
❶ 시금치 … 60g
❷ 두부 … 200g

시금치노른자죽 P.260
❶ 불린 쌀 … 150g
❷ 시금치 … 75g
❸ 달걀노른자 … 2개분
❹ 물 또는 육수 … 750㎖

소고기완두콩찹쌀죽 P.262
❶ 불린 찹쌀 … 90g
❷ 소고기 안심·완두콩 … 30g씩
❸ 물 또는 육수 … 450㎖

소고기당근애호박죽 P.264
❶ 불린 쌀 … 120g
❷ 소고기 안심 … 50g
❸ 당근·애호박 … 20g씩
❹ 물 또는 육수 … 600㎖

1시간 안에 완성하는 일주일 이유식

전날에 미리 할 일 완두콩 불리기

1시간 전에 미리 할 일 소고기 핏물 빼기

필요한 것 식초(또는 베이킹소다), 냄비 3개, 찜기, 나무 숟가락 2개, 도마 2개, 절구, 이유식 용기 14개, 견출지

이건 반드시 주의 한 번에 일주일 치를 만들어 보관하는 것이기 때문에 혹시라도 이유식에 미생물이 번식하지 않도록 조심해야 한단다.

- 절대 침이 들어가지 않도록 맛보면서 사용한 숟가락이나 젓가락이 일절 닿지 않게!
- 뜨거울 때 바로 용기에 담아 냉장실이나 냉동실에 보관하도록!
- 냉장 혹은 냉동 보관한 이유식은 섭취하기 직전에 80℃ 이상에서 5분간 익히기!

딸아~ 엄마만 따라 해

시작

1
식초 1방울(또는 베이킹소다)을 넣은 물에 시금치를 담가 살균한 후, 흐르는 물에 깨끗이 씻는다.

완료

15
'으깬시금치두부' 2회분은 냉장실에, 나머지는 냉동실에 보관한다.

14
남은 시금치와 잘게 으깬 두부를 잘 섞어 2회분으로 나눠 용기에 담는다.

아기에 따라 두부를 체에 밭쳐 더 곱게 으깨도 괜찮아. 알레르기 반응이 없는 아이라면 참기름을 약간 넣어 고소하게 먹이는 것도 좋은 방법이란다.

13
다시 냄비에 불린 쌀과 시금치, 물 또는 육수를 넣어 강한 불로 끓인다. 끓어오르면 약한 불로 줄여 노른자를 풀어 넣은 후, 농도가 적당해질 때까지 끓여, 5회분으로 나눠 용기에 담는다.

2

당근과 애호박은 깨끗하게 씻어 껍질을 제거하고 찜기에 넣어 찐다.

🖋 애호박은 속도 도려내야 해.

3

냄비에 물을 붓고 소고기와 불린 완두콩을 넣어 강한 불로 끓인다.

🖋 끓이면서 거품은 걸어내면서 삶으렴.

4

끓기 시작하면 약한 불로 줄이고, 시금치를 넣어 살짝 데친 후 꺼낸다.

5

데친 시금치는 물기를 꼭 짜고 잎만 잘라낸다.

6

두부는 흐르는 물에 씻어 끓는 물에 약 10분간 삶는다.

7

시금치와 두부, 찐 당근과 애호박은 각각 잘게 다진다.

8

익은 소고기도 잘게 다진다.

9

삶은 완두콩은 한 숨 식힌 후, 일일이 껍질을 벗겨낸다.

🖋 완두콩은 손으로 만졌을 때 으스러질 정도로 푹 삶으렴. 고기와 채소 삶은 물은 육수로 써야 하니 버리지 말고 잘 두도록!

12

끓기 시작하면 약한 불로 줄이고 농도가 적당해질 때까지 끓인 후, 각각 3회분, 4회분으로 나눠 용기에 담아, '소고기완두콩찹쌀죽' 2회분은 냉장실에, 나머지는 냉동실에 보관한다.

11

냄비 2개를 준비한 후, 하나에는 '소고기완두콩찹쌀죽' 재료를, 다른 하나에는 '소고기당근애호박죽' 재료를 넣고 강한 불로 끓인다.

🖋 처음부터 끝까지 양손에 각각 숟가락을 들고 열심히 저으면서 끓이도록!

10

절구에 불린 쌀, 불린 찹쌀, 소고기, 완두콩을 각각 곱게 으깬다.

🖋 아이가 고형물을 잘 먹지 못한다면, 잘게 다진 두부를 절구에 으깨도 된단다.

으깬시금치두부

107kcal
탄수화물 6g
단백질 11g
지방 5g

굉장히 간단한 이유식 중 하나로, 시금치와 두부를 각각 데친 후 잘게 으깨서 섞기만 하면 끝이다. 조리 방법이 간단하다고 영양소도 간단할 거라 생각하면 큰 오산. 뽀빠이 힘의 원천인 시금치와 식물성 단백질이 가득 든 두부가 만났으니 영양이 넘치는 건 당연지사. 참기름 1방울을 더하면 더욱 맛있는데, 아이가 알레르기 반응이 없다면 시도해보자.

 보관 모두 냉장

 재료 ☑ 시금치 … 60g ☑ 두부 … 200g

 최고 시금치랑 두부를 살짝 데쳐 곱게 다지고 으깬 다음, 참기름 조금 넣어 섞으면 완성!

중기 1주 2주 3주 4주 5주 6주 7주 8주

❶ 식초 1방울 또는 베이킹소다를 탄 물에 시금치를 넣어 깨끗이 살균한 후 흐르는 물에 씻는다.

❷ 두부도 흐르는 물에 깨끗이 씻는다.

❸ 끓는 물에 시금치를 넣고 1분간 데친 후 꺼낸다.

❹ 두부는 끓는 물에 10분간 삶는다.

❺ 시금치는 물기를 꼭 짜내고, 잎만 잘라 칼로 잘게 다진다.

❻ 두부는 칼을 뉘어 누르면서 곱게 으깨 잘게 다진다.

❼ 두부와 시금치를 서로 잘 섞는다.

❽ 2회분으로 나눠 용기에 담는다.

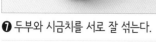 알레르기 반응을 보이지 않는 아이라면, 참기름을 1방울 정도 넣어 주렴.

 거봐, 쉽잖아~

시금치
노른자죽

112 kcal

탄수화물 20g
단백질 3g
지방 2g

아이가 아직 이유식에 완벽하게 적응하지 못했다면, 하루 중 한 끼 정도는 가볍게 먹이는 것도 좋은 방법이다. 한 끼 정도는 간식처럼 가볍게 만들어 먹이면서 조금 기다려보자. 주재료는 시금치 하나지만, 달걀노른자까지 넣어 부족할 수 있는 단백질을 보충해주어 가성비 좋은 이유식이다.

엄마만 따라 해

보관 모두 냉동

 재료

☑ 불린 쌀 … 150g
☑ 시금치 … 75g
☑ 달걀노른자 … 2개분
☑ 물 또는 육수 … 750ml

 최고 데친 시금치를 잎만 잘라 칼로 다진 후 불린 쌀을 으깨 함께 푹 끓이다 노른자를 풀어 넣으면 완성!

❶ 식초 1방울을 탄 물에 시금치를 담가 살균한 후 흐르는 물에 씻는다.

✎ 이젠 잘 알지? 베이킹소다를 뿌려서 살균해도 된단다.

❷ 끓는 물에 시금치를 데친 후 물기를 꼭 짜고 잎만 자른다.

❸ 손질한 시금치는 칼로 잘게 다진다.

❹ 절구에 불린 쌀을 넣고 곱게 으깬다.

❺ 냄비에 불린 쌀과 시금치, 물 또는 육수를 붓고 강한 불로 끓인다. 젓다가 끓기 시작하면 약한 불로 줄인 다음 알끈을 뗀 노른자를 곱게 풀어 넣고, 농도가 적당해질 때까지 저어가며 끓인다.

❻ 5회분으로 나눠 용기에 담는다.

거봐, 쉽잖아~

중기

1주
2주
3주
4주
5주
6주
7주
8주

Part 2. 중기 이유식   261

소고기
완두콩찹쌀죽

120kcal

탄수화물 21g
단백질 5g
지방 2g

매일 흰쌀로만 만든 죽을 먹여왔다면 찹쌀로 별미 이유식을 준비해보자. 형태는 같지만 질감과 맛이 미세하게 다르다. 찹쌀을 한번 적응시키면 그때그때 상황과 기분에 따라 흰쌀 대신 찹쌀을 사용할 수 있어 이유식 종류가 더 다양해진다.

엄마만 따라 해

보관
· 2회분 냉장
· 1회분 냉동

재료
☑ 불린 찹쌀 ··· 90g
☑ 소고기 안심·완두콩 ··· 30g씩
☑ 물 또는 육수 ··· 450ml

최고
소고기와 완두콩을 끓는 물에 삶아서 불린 찹쌀이랑 잘 으깬 후, 육수를 넣고 푹 끓이면 완성!

중기

1주
2주
3주
4주
5주
6주
7주
8주

❶ 소고기는 미리 20분~1시간 정도 물에 담가 핏물을 빼 준비한다.

❷ 콩도 미리 물에 담가 1시간 정도 불려 놓는데, 다 불린 콩은 흐르는 물에 씻는다.

 냉동 콩이면 불릴 필요가 없단다.

❸ 냄비에 물을 붓고 소고기와 완두콩을 강한 불에서 끓인 후 끓으면 약한 불로 줄인다.

 기름을 걷어내면서 끓여라!

❹ 삶은 소고기는 꺼내 잘게 다진다.

 소고기 삶은 물은 버리지 말기!

❺ 완두콩도 꺼내 껍질을 벗긴다.

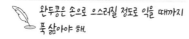 완두콩은 손으로 으스러질 정도로 익을 때까지 푹 삶아야 해.

❻ 절구에 불린 찹쌀과 소고기, 완두콩을 각각 넣고 곱게 으깬다.

❼ 냄비에 모든 재료를 넣고 강한 불로 저어주며 끓인다. 끓으면 약한 불로 줄여 농도가 적당해질 때까지 계속 끓인다.

❽ 3회분으로 나눠 용기에 담는다.

소고기
당근애호박죽

109kcal 　탄수화물 18g
단백질 4g
지방 2g

베타카로틴과 루테인이 풍부한 당근은 눈 건강을 지키는 데 좋다. 비타민 A를 많이 함유해 아기 성장에 매우 큰 도움을 주는 채소라고 할 수 있다. 애호박도 비타민과 식이 섬유가 많이 들어 있는데, 단백질은 많지만 비타민이 다소 부족한 소고기의 부족한 점을 쏙쏙 채워준다.

엄마만 따라 해

 보관 모두 냉동

 재료
- ☑ 불린 쌀 ⋯ 120g
- ☑ 소고기 안심 ⋯ 50g
- ☑ 당근·애호박 ⋯ 20g씩
- ☑ 물 또는 육수 ⋯ 600ml

 최고 소고기는 푹 삶고, 당근과 애호박은 푹 쪄서 칼로 잘게 다진 다음, 절구에 불린 쌀이랑 으깨서 푹 끓여내면 완성!

❶ 냄비에 물을 담고 미리 핏물을 뺀 소고기를 넣어 강한 불로 끓인다.

✎ 핏물은 20분~1시간 정도 빼야 해. 삶을 때는 처음엔 강한 불로 끓이다, 끓어오르면 약한 불로 줄여 완전히 익을 때까지 끓이렴.

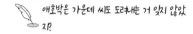

❷ 당근과 애호박은 깨끗이 씻은 후 껍질을 벗겨 손질해 찜기에 찐다.

✎ 애호박은 가운데 씨도 도려내는 거 잊지 않았지!

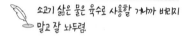

❸ 삶은 소고기와 찐 당근, 애호박은 칼로 잘게 다진다.

✎ 소고기 삶은 물은 육수로 사용할 거니까 버리지 말고 잘 놔두렴.

❹ 절구에 불린 쌀과 잘게 다진 소고기를 각각 넣고 곱게 으깬다.

❺ 냄비에 모든 재료와 육수를 넣고 강한 불로 저으면서 끓이다, 끓어오르면 약한 불로 줄여 농도가 적당해질 때까지 끓인다.

❻ 4회분으로 나눠 용기에 담는다.

거봐, 쉽잖아~

이번 주 파티 요리

MERRY

남은 재료로
두부조림
만들기

❶ 두부는 직사각형으로 넓게 썬다. ❷ 양파는 채 썰고, 대파는 어슷 썬다.

❸ 분량의 양념으로 양념장을 만든다. ❹ 팬에 식용유를 두르고 두부를 노릇하게 굽는다.

❺ 구운 두부 위에 양파, 대파, 양념장을 올린다.

❻ 물을 넣고 중약불에서 자박하게 졸아들면 완성.

재료 두부 … 300g, 양파 … ½개, 대파 … ½대, 물 … ½컵, 식용유 … 약간

양념장 진간장 … 4큰술, 맛간장·다진 마늘·설탕·참기름 … 1큰술씩, 고춧가루 … 2큰술

오물오물 시이즌

7주 차 이유식

올바른 식습관을 길러주자

"세 살 버릇 여든까지 간다"는 말이 있다. 나는 이렇게 말하고 싶다. "한 살 버릇 여든까지 간다." 지금이야 '아직 돌도 안 지난 아기인데 나중에 기억이나 하겠어?' 싶겠지만, 옛말 틀린 거 하나 없다. 신기하게도 지금 익힌 식사 습관이 어른이 될 때까지 유지된다고 한다. 쉽게 얘기하면, 밥 먹을 때 한자리에서 얌전히 먹지 않고 돌아다니거나, 뛰어다니며 밥을 먹는 둥 마는 둥 하는 등 좋지 않은 버릇이 이유기부터 몸에 밴다고 하니, 지금 내가 조금 힘들어도 꼭 아기는 한자리에서, 적은 양이어도 식사에 집중할 수 있게 해야 한다. 지금 힘든 게 싫어서 쉽게 넘어간다면, 앞으로 몇 년간 고달프다는 걸 절대 잊지 말자.

이번 주 우리 아이가 적응할 재료 : 비트, 현미

빨간 무라고도 불리는 비트는 철분이 굉장히 많아 아이에게 부족할 수 있는 철분을 충분히 보충해줄 수 있다. 지난주 찹쌀을 시도했을 때 아이가 곧잘 먹었다면 이번 주에는 조심스럽게 현미를 넣어 먹여보자. 처음엔 현미를 조금씩, 그 후엔 10%, 그다음엔 15%식으로 현미 양을 조금씩 늘려 흰쌀에 섞어보자.

7th week
일주일 장바구니

불린 쌀 380g, 불린 현미 30g, 소고기 안심 150g, 대구살 50g,
비트·브로콜리 20g씩, 감자·애호박 35g씩

♣ 딸아, 재료는 이렇게 골라야 한단다

비트	상처가 나 있지 않고, 매끈하고 색이 선명한 걸 고르렴. ※ 구매/손질/관리법 P.35

현미	유기농으로 선택해 좀 더 건강한 이유식을 만들어보자. ※ 구매/손질/관리법 P.30(쌀 내용 참고)

♣ 이번 주 우리 아이 이유식 재료 한눈에 보기

소고기비트감자죽 P.274
❶ 불린 쌀 … 120g
❷ 소고기 안심 … 50g
❸ 비트·감자 … 20g씩
❹ 물 또는 육수 … 600㎖

소고기현미죽 P.276
❶ 불린 쌀·소고기 안심
　　　 … 50g씩
❷ 불린 현미 … 30g
❸ 물 또는 육수 … 400㎖

대구살브로콜리애호박죽
　　P.184
❶ 불린 쌀 … 120g
❷ 대구살 … 50g
❸ 브로콜리·애호박
　　　 … 20g씩
❹ 물 또는 육수 … 600㎖

※ 중기 1주 차에서 배운 '대구살브로콜리애호박죽'에서 재료양 바꿔 끓이면 ok!

소고기애호박감자죽 P.248
❶ 불린 쌀 … 90g
❷ 소고기 안심 … 50g
❸ 애호박·감자 … 15g씩
❹ 물 또는 육수 … 450㎖

※ 중기 5주 차에서 배운 '소고기애호박감자죽'에서 재료양 바꿔 끓이면 ok!

1시간 안에
완성하는
일주일 이유식

1시간 전에 미리 할 일 소고기 핏물 빼기

필요한 것 식초(또는 베이킹소다), 냄비 3개, 찜기, 나무 숟가락 2개, 도마 2개, 절구, 이유식 용기 14개, 견출지

이건 반드시 주의 한 번에 일주일 치를 만들어 보관하는 것이기 때문에 혹시라도 이유식에 미생물이 번식하지 않도록 조심해야 한단다.

🚨 절대 침이 들어가지 않도록 맛보면서 사용한 숟가락이나 젓가락이 일절 닿지 않게!

🚨 뜨거울 때 바로 용기에 담아 냉장실이나 냉동실에 보관하도록!

🚨 냉장 혹은 냉동 보관한 이유식은 섭취하기 직전에 80℃ 이상에서 5분간 익히기!

딸아~ 엄마만 따라 해

시작

1

식초 1방울 또는 베이킹소다를 넣은 물에 브로콜리를 담가 살균한 후, 흐르는 물에 씻어 꽃 부분만 자른다.

완료

13

각각의 죽은 3회분씩 나눠 용기에 담아, 냉동실에 보관한다.

2

비트와 애호박도 깨끗하게 씻어 껍질을 벗긴다. 애호박은 가운데 씨를 도려낸다.

3

찜기에 비트와 애호박, 브로콜리, 감자를 넣고 찐다.

4

냄비에 물을 담고 소고기를 넣어 강한 불로 삶다가, 끓기 시작하면 약한 불로 줄여 익을 때까지 끓인다.

5

찜기에서 익은 순서대로 채소를 하나씩 꺼낸 다음, 대구살을 넣어 찐다.

6

찐 채소는 각각 칼로 잘게 다진다.

7

삶은 소고기도 칼로 잘게 다진다.

소고기 삶은 물은 버리면 안 되는 거 알지? 육수로 쓸 거야.

8

찐 대구살은 살만 발라낸다.

9

절구에 불린 쌀과 현미, 소고기, 대구살을 각각 으깨어 준비한다.

양손에 각각 숟가락을 잡고 열심히 저으면서 끓이도록!

12

다시 하나의 냄비에 '소고기현미죽', 다른 하나에는 '소고기애호박감자죽' 재료를 넣고 강한 불로 끓여, 끓어오르면 약한 불로 줄인 후 농도가 적당해질 때까지 끓인다.

11

다 끓인 죽은 각각 4회분씩 나눠 용기에 담고, 각각 2회분은 냉장실에, 나머지는 냉동실에 보관한다.

10

냄비를 2개 준비해, 하나에는 '소고기비트감자죽' 재료를, 다른 하나에는 '대구살브로콜리애호박죽' 재료를 넣고 강한 불로 끓인다. 한소끔 끓어오르면 약한 불로 줄여 농도를 봐가며 끓인다.

소고기비트감자죽

112kcal
탄수화물 19g
단백질 4g
지방 2g

철분이 가득한 비트와 단백질이 가득한 소고기. 어찌 보면 완벽한 식재료처럼 보이지만 단점이 있다. 비트는 단백질이 부족하고, 소고기는 비타민이 부족하다. 따라서 비트의 부족한 단백질을 채워주는 소고기와 소고기의 부족한 비타민을 채워주는 감자, 이 셋으로 서로를 보완하는 영양 만점 이유식을 만들 수 있다.

엄마만 따라 해

보관
· 2회분 냉장
· 2회분 냉동

재료
☑ 불린 쌀 … 120g
☑ 소고기 안심 … 50g
☑ 비트·감자 … 20g씩
☑ 물 또는 육수 … 600ml

최고
소고기는 삶고, 비트와 감자는 푹 쪄서 칼로 잘게 다지고 절구로 곱게 으깬 후 한번 푹 끓여내면 완성!

중기
1주
2주
3주
4주
5주
6주
7주
8주

❶ 소고기는 20분~1시간 정도 물에 담가 미리 핏물을 뺀다.

❷ 비트는 깨끗이 씻어 껍질을 자른다.

❸ 찜기에 비트와 감자를 함께 넣고 푹 찐다.

비트는 자칫하면 질길 수도 있으니 푹 쪄야 한단다.

❹ 냄비에 물을 붓고 소고기를 넣어 강한 불로 끓이다, 끓어오르면 약한 불로 줄여 고기가 익을 때까지 끓인다.

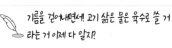
기름을 걷어내면서! 고기 삶은 물은 육수로 쓸 거라는 거 이제 다 알지?

❺ 익은 비트와 감자는 잘게 다지고 삶은 소고기도 잘게 다진다.

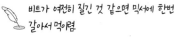
비트가 여전히 질긴 것 같으면 믹서에 한번 갈아서 먹이렴.

❻ 절구에 불린 쌀과 소고기를 각각 넣고 곱게 으깬다.

❼ 냄비에 모든 재료를 넣고 강한 불로 끓이다, 끓으면 약한 불로 줄여 농도가 적당해질 때까지 끓인다.

❽ 4회분으로 나눠 용기에 담는다.

소고기현미죽

106kcal

탄수화물 16g
단백질 4g
지방 2g

현미는 식이 섬유가 풍부해 변비 해소에 매우 좋다. 그러므로 평소에 변비를 달고 사는 아기라면 현미를 한번 시도해보는 게 좋다. 하지만 처음부터 너무 많은 비율로 현미를 넣으면 아기가 잘 받아들이지 못할 수 있으니, 처음에는 아주 소량씩 적응시키다가 아이가 곧잘 먹기 시작하면 조금씩 양을 늘리자.

 보관　모두 냉동

 재료
- ☑ 불린 쌀·소고기 안심 ┈ 50g씩
- ☑ 불린 현미 ┈ 30g　☑ 물 또는 육수 ┈ 400ml

 최고
미리 핏물 뺀 소고기를 푹 삶아 잘게 다진 후 불린 쌀이랑 현미를 절구로 잘 으깨서 푹 끓여내면 완성!

중기

| 1주 |
| 2주 |
| 3주 |
| 4주 |
| 5주 |
| 6주 |
| 7주 |
| 8주 |

❶ 소고기는 미리 20분~1시간 정도 물에 담가 핏물을 뺀다.

❷ 냄비에 물을 담고 소고기를 넣어 강한 불로 끓이다가 끓기 시작하면 약한 불로 줄여 고기가 익을 때까지 끓인다.

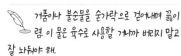

거품이나 불순물을 숟가락으로 걷어내며 끓이렴. 이 물은 육수로 사용할 거니까 버리지 말고 잘 놔둬야 해.

❸ 잘 익은 소고기는 칼로 잘게 다진다.

❹ 절구에 불린 쌀과 현미, 소고기를 각각 넣고 곱게 으깬다.

❺ 냄비에 모든 재료와 고기 삶은 물을 넣고 강한 불로 저어주며 끓이다. 끓어 오르면 약한 불로 줄여 농도가 적당해질 때까지 저으면서 끓인다.

❻ 3회분으로 나눠 용기에 담는다.

거봐, 쉽잖아~

이번 주 파티 요리

남은 재료로

대구살스테이크
만들기

❶ 대구살은 앞뒤로 소금과 후춧가루를 뿌려 밑간한다.

❷ 기름 두른 프라이팬에 대구살을 앞뒤로 노릇하게 굽는다.

❸ 분량의 재료로 양념장을 만들어 살짝 졸인 후 전분물로 농도를 조절한다.

❹ ②에 소스를 뿌린다.

재료 대구살 … 400g, 전분물(P.135 참고)·소금·후춧가루·식용유 … 약간

양념장 맛간장·양조간장 … 1큰술씩, 올리고당 … 2큰술, 식초 … 1작은술, 물 … 5큰술

이 유 중 기

오물오물 시이즌

8주 차 이유식

후기로 가기 전에 다시 한번 점검하자

여기까지 잘 진행해왔다면, 이유식이라는 고개의 반은 넘었다고 할 수 있으니 다행이고 또 잘했다고 말할 수 있다. 이제 한 주만 지나면 후기 이유식이다. 지금까지 5배 죽으로 먹이던 이유식을 다음 주면 4배 죽으로 좀 더 농도를 되직하게 만들어야 한다. 하지만 무턱대고 개월 수만 체크하면서 후기로 바로 넘어가는 건 절대 금물! 지금까지 이유식을 점검해보고, 현재 우리 아기가 어디쯤에 와 있는지 정확하게 알아야 한다. 아직 7배 죽도 다 못 끝났다면, 7배 죽을 좀 더 먹이고 천천히 6배 죽을 해도 좋다. 단계적으로 조금씩 진전하기만 한다면 속도가 좀 더뎌지는 건 괜찮다. 이번 주에는 아이의 상태를 꼼꼼하게 체크해보자.

이번 주 우리 아이가 적응할 재료 : 무가당 두유, 달걀흰자

두유는 어른에게도 좋은 영양 만점 간식이다. 이유식에서는 간식으로 주거나 수프를 만들 때 생우유 대신 사용하기도 한다. 달걀흰자는 꼭 노른자부터 적응시킨 후 한 달 정도 여유를 두고 적응시켜야 한다. 따라서 중기 후반이라 하더라도 아직 노른자를 먹이지 않았다면 흰자도 먹일 수 없다.

8th week
일주일 장바구니

불린 쌀 180g, 불린 찹쌀·닭 안심 90g씩, 비타민 50g, 사과 75g, 고구마 80g,
시금치 15g, 브로콜리 35g, 달걀 1개, 달걀노른자 1개분, 당근 15g, 무가당 두유 400㎖

♣ 딸아, 재료는 이렇게 골라야 한단다

무가당 두유
시판 제품 중 아무 두유나 골라서는 안 돼. 당을 첨가하지 않은 무가당 두유를 사야 한단다.

달걀 흰자
껍질이 두껍고 조금 까칠까칠한 게 좋은 달걀이란다. 꼭 닦아놓은 듯 깨끗한 것보다는 다소 지저분해 보이는 게 더 신선한 거야. ※ 구매/손질/관리법 p.31

♣ 이번 주 우리 아이 이유식 재료 한눈에 보기

비타민지짐 & 사과소스 P.286
❶ 비타민 … 20g
❷ 달걀노른자 … 1개분
❸ 사과 … 75g

시금치브로콜리달걀당근 찹쌀죽 P.288
❶ 불린 찹쌀 … 90g
❷ 시금치 · 브로콜리 · 당근 … 15g씩
❸ 달걀 … 1개
❹ 물 또는 육수 … 450㎖

고구마브로콜리수프 P.290
❶ 고구마 … 80g
❷ 브로콜리 … 20g
❸ 무가당 두유 … 400㎖

닭고기비타민죽 P.144
❶ 불린 쌀 … 180g
❷ 닭 안심 … 90g
❸ 비타민 … 30g
❹ 물 또는 육수 … 900㎖

※ 초기에서 배운 '닭고기비타민미음'에서 재료양 바꿔 끓이면 ok!

1시간 안에 완성하는 일주일 이유식

필요한 것 모유(또는 분유), 식초(또는 베이킹소다), 냄비 4개, 프라이팬 1, 도마 2개, 절구, 찜기, 이용식용 용기 13개, 견출지

이건 반드시 주의 한 번에 일주일 치를 만들어 보관하는 것이기 때문에 혹시라도 이유식에 미생물이 번식하지 않도록 조심해야 한단다.

🚫 절대 침이 들어가지 않도록 맛보면서 사용한 숟가락이나 젓가락이 일절 닿지 않게!

🚫 뜨거울 때 바로 용기에 담아 냉장실이나 냉동실에 보관하도록!

🚫 냉장 혹은 냉동 보관한 이유식은 섭취하기 직전에 80℃ 이상에서 5분간 익히기!

딸아~ 엄마만 따라 해 → **시작**

1 닭고기는 모유 또는 분유에 담가 비린내를 제거한다.

완료

16 아이가 직접 '비타민지짐'을 손으로 잡고 사과소스와 함께 맛있게 먹도록 한다.

15 잘 풀어놓은 달걀노른자에 비타민을 넣어 섞고, 키친타월에 올리브유를 묻혀 팬에 바른 후, 동그랑땡 크기로 부친다.

14 '고구마브로콜리수프'는 4회분으로 나눠 용기에 담고, 2회분은 냉장실에, 나머지는 냉동실에 보관한다.

13 다시 냄비에 고구마와 브로콜리를 넣고 강한 불로 끓이다, 약한 불로 줄여 두유를 부으며 졸이듯 농도가 적당해질 때까지 끓인다.

 두유 대신 모유나 분유를 넣어도 된단다.

2

찜기에 고구마를 넣어 찐다.

3

식초 1방울 또는 베이킹소다를 탄 물에 비타민과 시금치, 브로콜리를 담가 살균한 후 흐르는 물에 씻는다.

4

당근은 깨끗이 씻어 껍질을 깎아 손질한다.

5

닭고기는 흐르는 물에 씻고, 가운데 힘줄을 제거해 손질한다.

6

냄비에 닭고기와 물을 넣고 강한 불로 끓이다. 끓어오르면 비타민과 시금치, 브로콜리, 당근을 넣고 삶는다.

비타민은 지짐할 건 따로 두고 해야 한단다. 지짐할 건 데치지 않을 거야.

7

냄비 하나를 더 준비해, 껍질을 벗긴 사과를 잘라 넣고 삶는다.

8

삶은 닭고기와 채소는 각각 따로 잘게 다진다.

비타민과 시금치는 잎만, 브로콜리는 꽃 부분만 자르렴.

9

삶은 사과는 꺼내 한 숨 식힌 후, 숟가락을 이용해 으깨고 찐 고구마는 껍질을 벗겨 으깬다.

12

'닭고기비타민죽'은 6회분으로, '시금치브로콜리달걀당근찹쌀죽'은 3회분으로 나눠 용기에 담고, '닭고기비타민죽' 1회분은 냉장실에, 나머지는 모두 냉동실에 보관한다.

11

냄비 2개를 준비해, 하나에는 '닭고기비타민죽' 재료를, 또 하나에는 '시금치브로콜리달걀당근찹쌀죽' 재료를 넣고 강한 불로 끓인다. 한소끔 끓어오르면 약한 불로 줄여 농도가 적당해질 때까지 끓인다.

고구마는 약한 불로 줄인 후 마지막에 넣어야 풍미가 더 좋단다. 달걀도 처음부터 넣지 말고 약한 불로 줄일 때 넣으렴.

10

절구에 불린 쌀과 불린 찹쌀을 각각 따로 으깬다.

비타민
지짐 & 사과소스

105kcal

탄수화물 13g
단백질 3g
지방 5g

오늘은 아기에게 조금 특별한 이유식을 먹여보자. 앞에서도 한번 말했지만, 고형분을 먹는 연습을 하기에도 좋다. 손이 많이 가는 특식도 있지만, 이 비타민지짐과 사과소스처럼 새콤 고소한 맛은 좋지만 만드는 과정이 생각보다 간단한 것도 있으니, 이런 것들을 응용해 아기에게 특별한 이유식을 먹여보자.

엄마만 따라 해

보관 냉장

재료

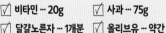
☑ 비타민 … 20g ☑ 사과 … 75g
☑ 달걀노른자 … 1개분 ☑ 올리브유 … 약간

최고
달걀노른자를 풀어서 비타민 넣어 부치고 삶은 사과를 으깨 소스를 만들면 완성!

❶ 식초 1방울 또는 베이킹소다를 탄 물에 비타민을 담가 살균한 후 흐르는 물에 씻는다.

❷ 비타민은 물기를 꼭 짜고 잎만 자른 후, 잘게 다진다.

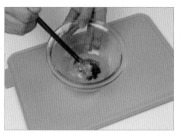

❸ 달걀노른자만 푼 다음, 손질한 비타민을 담가 잘 섞는다.

❹ 키친타월에 올리브유를 묻혀 프라이팬을 닦은 후 동그랑땡 크기로 ③을 부친다.

❺ 사과는 깨끗이 씻은 후 껍질을 벗기고 알맞은 크기로 자른다.

❻ 끓는 물에 사과를 넣고 삶는다.

❼ 삶은 사과는 숟가락 또는 절구로 으깬다.

❽ 비타민지짐에 사과소스를 곁들인다.

거봐, 쉽잖아~

중기
1주
2주
3주
4주
5주
6주
7주
8주

시금치
브로콜리달걀당근찹쌀죽

109kcal · 탄수화물 19g · 단백질 4g · 지방 1g

달걀노른자를 먼저 아기에게 적응시킨 후 적어도 한 달은 지난 후에 흰자를 마저 적응시킨다. 그렇기 않으면 아이에게 좋지 않으니, 꼭 명심해야 한다. 재료에 채소만 많아 자칫 단백질이 부족할 수 있지만, 달걀로 어느 정도 보완 가능하다. 재료가 많아 손이 많이 갈 것 같지만 그렇게 복잡하지도 않으니, 꼭 한번 시도해보자.

 보관 모두 냉동

 재료
- ☑ 불린 찹쌀 … 90g
- ☑ 시금치·브로콜리·당근 … 15g씩
- ☑ 달걀 … 1개
- ☑ 물 또는 육수 … 450ml

 최고 삶은 재료를 잘게 다져, 으깬 불린 쌀이랑 푹 끓이다 달걀을 풀어 넣으면 완성!

❶ 식초 또는 베이킹소다를 탄 물에 시금치와 브로콜리를 넣어 살균한 후 흐르는 물에 씻는다.

❷ 당근은 깨끗이 씻어 껍질을 깎고 쓸 만큼만 잘라 손질한다.

❸ 끓는 물에 시금치와 브로콜리, 당근을 넣고 데친다.

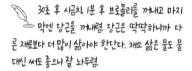

✎ 30초 후 시금치, 1분 후 브로콜리를 꺼내고 마지막엔 당근을 꺼내렴. 당근은 딱딱하니까 다른 재료보다 더 많이 삶아야 한단다. 채소 삶은 물도 물 대신 써도 좋으니 잘 놔두렴.

❹ 데친 시금치는 잎만, 브로콜리는 꽃 부분만 남기고, 당근까지 모두 각각 잘게 다진다.

❺ 절구에 불린 찹쌀을 넣고 으깬다.

❻ 냄비에 모든 재료와 채소 삶은 물을 넣고 강한 불로 끓인다. 끓어오르면 약한 불로 줄여 계속 끓이다 달걀을 풀어 넣는다.

❼ 불을 끄고 3회분으로 나눠 용기에 담는다.

거봐, 쉽잖아~

고구마
브로콜리수프

105kcal
탄수화물 13g
단백질 5g
지방 4g

이 수프는 아이가 좋아하지 않을 수 없다. 무가당이긴 해도 특유의 고소한 콩 맛이 나는 두유에 어른이 먹어도 달달하고 부드러운 고구마를 넣었으니, 이유식을 즐기지 않던 아이라도 매우 맛있게 먹을 수 있다. 평소 아이가 이유식을 별로 좋아하지 않는 것 같다면 비장의 무기로 사용해보자.

 보관 · 2회분 냉장
· 2회분 냉동

 재료 ☑ 고구마 ··· 80g ☑ 무가당 두유 ··· 400ml
☑ 브로콜리 ··· 20g

 최고 고구마는 쪄서 으깨고 브로콜리는 데쳐서 꽃 부분만 잘게 다진 후, 무가당 두유와 함께 푹 끓여내면 완성!

❶ 찜기에 고구마를 넣고 찐다.

❷ 식초 한 방울 또는 베이킹소다 탄 물에 브로콜리를 담가 살균한 후 흐르는 물에 씻고, 끓는 물에 데친다.

❸ 데친 브로콜리는 꽃 부분만 잘라 잘게 다진다.

❹ ①의 고구마는 껍질을 벗기고 숟가락 또는 절구로 으깬다.

❺ 냄비에 고구마와 브로콜리를 넣고, 강한 불로 끓인다. 저어주다가 끓기 시작하면 중약불로 줄이고, 두유를 붓는다. 농도를 봐가며 끓인 후 불을 끈다.

 무가당 두유 대신 모유나 분유를 넣어도 좋아.

❻ 4회분으로 나눠 용기에 담는다.

 거봐, 쉽잖아~

중기

1주
2주
3주
4주
5주
6주
7주
8주

이번 주 파티 요리

MERRY

남은재료로
비타민사과달걀샐러드
만들기

❶ 비타민과 사과는 먹기 좋은 크기로 썬다.

❷ 달걀은 끓는 물에 삶는다.

❸ 비타민과 사과, 달걀을 한데 담은 후 레몬청과 올리브유로 드레싱을 만들어 뿌린다.

 재료 비타민 … 200g, 사과 … ½개, 삶은 달걀 … 1개   **드레싱** 레몬청·올리브유 … 약간

너는 모르겠지. 할머니가 왜 웃는지.
할머니는 너의 존재가 너무 소중하고 감사하단다.

조이야, 세상이 이렇게 밝고 좋은 거였니?
할머니는 요즘 사는 게 얼마나 즐거운 건지
새삼스레 느낀단다.

이 유 후 기
집중 시이즌

♥ ◁ ○   🔖

오늘은 어떤 이유식을 만들어볼까?
할머니는 열공 중~

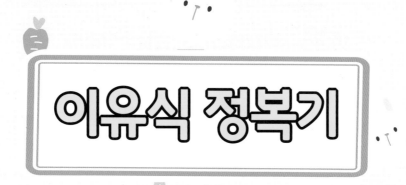

이유식 정복기

🌤️ 생후 9~11개월 어른 밥 트레이닝 이유식 🌤️

아이가 이제 이유식을 곧잘 먹고, 먹는 양이 이유식 용기의 3/4까지 늘었다면 9개월부터는 슬슬 후기 이유식을 시작하면 된다. 후기 이유식은 그야말로 어른 밥 먹기 전 밥 먹기를 '훈련'하는 단계라고 할 수 있다. 따라서 중기보다 알갱이 크기가 굵고 되기 때문에 아이 상태를 자세히 살펴 후기 이유식을 받아들일 준비가 되었는지 판단한 후 시작하면 된다. 아기는 이 시기에 아랫니가 조금씩 나기 시작하는데, 잇몸도 이전보다는 더 단단해지기 때문에 잇몸과 아랫니 한두 개를 이용해 야무지게 씹는다.

엄마의 스피드 레슨

무른밥에서 진밥으로

하루 세 번

수유와 따로 하기

100~150g

간식 1회

5대 영양소 챙기기

3일에 재료
하나씩 추가

물은 쌀의 4배 →3배

데치기/찌기 ▶ **칼로 다지기**

▶ 끓이기

일주일 치 이유식을 한 번에

21개의 용기
6개는 냉장, 15개는 냉동 보관

 딸아

10분만이라도
이걸 읽고
시작하렴

후기는 기간이 긴 만큼, 전반과 후반으로 나눠 이유식을 계획하면 좋아. 전반에는 무른밥으로 먹이다가 6주 지나고 후반으로 가면 점점 진밥의 형태로 먹이는 거야. 삼시 세끼로 횟수가 늘어 엄마가 바빠졌지만, 다행히도 다져서 끓이기만 하기 때문에 조리법은 간단해.

 ## 후기 이유식, 언제 시작하면 되겠니?

중기 이유식을 잘 따라 먹고, 먹는 데 흥미를 느끼는 게 보이면 후기 이유식을 준비하자. 아기가 아직 준비가 안 됐다고 생각된다면 한두 달 정도 중기 이유식을 더 먹인다. 늦는다고 탈이 나는 건 절대 아니다. 오히려 서두를수록 탈이 난다는 사실을 명심해야 한다. 대신 아이 상태를 보고 중기에 해당하는 농도로 만들되 하루 세 번으로 양을 늘린다든지, 반대로 후기에 해당하는 농도로 하고, 하루 두 번만 먹인다든지 하는 것처럼 탄력적으로 진행하는 게 현명하다고 할 수 있다.

 ## 모유와는 작별 인사를 준비할 시기

물론 아직 모유 혹은 분유를 완전히 뗄 수는 없다. 돌이 지난 후까지 수유를 어느 정도는 병행해야 하지만, 이제 아기가 조금씩 모유나 분유와 작별 인사를 준비하도록 도와주는 기간이 후기라고 할 수 있다. 지금까지 수유와 붙여서 이유식을 먹이던 습관도 되도록 이유식만 먹이고 수유는 다른 시간대에 하거나, 이유식을 먹고 모유나 분유를 젖병이 아닌 컵에 담아 마치 식후 주스 먹듯 느낌을 바꿔줄 필요가 있다. 컵으로 마시는 훈련은 만 7~8개월에 시작할 수 있다. 중기 이유식 시기에 컵으로 마시는 훈련을 시작한 아기들은 후기 이유식 시기에는 컵으로 능숙하게 마실 수 있게 된다. 그야말로 아기는 이제 젖병 시기를 지나 유아가 되기 위한 준비를 하는 시기에 들어섰다고 할 수 있다.

전문가에게 물어봤지!

후기 이유식에서 가장 중요한 것은 무엇이죠?
후기에 꼭 필요한 우리 아이 발달

후기부터는 아이가 손을 컨트롤하는 능력이 발달하고 젖병을 들고 혼자 먹을 수 있으며 씹고 삼키는 행동이 안정적으로 가능한 시기입니다. 따라서 아이가 스스로 섭취하는 연습을 하는 시기이기도 합니다.

하지만 아이에게 스스로 식사하는 것을 훈련시키는 것은 부모 입장에서 쉽지 않은 도전입니다. 평소보다 더 많이 흘리고 더 많이 청소해야 될 테니까요. 하지만 후기는 스스로 먹는 연습을 통해 손을 쓰는 연습, 음식을 보며 스스로 (먹을지 말지) 고민하고 연구하며 행동해보는 연습을 하는 시기입니다. 또 수유에서 점차 일반식으로 이행하면서 다양한 식품을 접하게 해 음식 섭취에 대한 흥미를 높이고 고형식에 가까운 식사, 즉 일반식에 가까운 식사로 한 걸음 더 다가가는 시기입니다. 이 시기에 영양을 적절히 섭취하면 혼자 서고 더 나아가 걷는 데 필요한 근력을 키울 수 있게 됩니다.

후기 이유식 땐 무엇을 꼭 챙겨야 할까요?
필수 섭취 영양소

이 시기에는 아이에게 필요한 영양소가 늘어납니다. 따라서 모유만으로는 다양한 영양소를 필요량만큼 제공하기 어려우므로 모유 수유는 점차 줄이고 이유식 섭취량을 늘리는 것이 적절한 성장 발달에 필수입니다.

그렇다면 후기 이유식에서 중요한 영양소는 무엇일까요? 사실 이 시기에는 한두 가지 특정 영양소가 두드러지게 중요하다기보다 성장 발달에 직간접적으로 영향을 미치는 모든 필수 영양소를 넉넉히 제공하는 데 초점을 맞춰야 합니다. 가장 현실적이고 바람직한 방법은 아이에게 다양한 식품을 제공하는 것입니다. 간혹 부모님들 중에는 아이의 섭취량을 늘리기 위해 아이가 좋아하고 잘 먹는 식품 위주로 매번 비슷한 이유식을 주는 경우가 있습니다. 아이가 비슷한 이유식을 장기간 섭취하면 부족한 영양소가 생기기 마련이고, 이는 성장 발달에 영향을 줄 수 있습니다. 조금 더 쉽게 이야기하면, 아이가 당근을 좋아하고 잘 먹는다는 이유로 주로 당근만 이유식에 포함한다면 비타민 A는 부족하지 않겠지만 비타민 C는 부족해질 가능성이 높아집니다. 비타민 C가 부족하면 피부조직을 형성하는 콜라겐 합성이 지연됩니다. 또는 생선류를 전혀 주지 않는다면 비타민 D 섭취량이 부족할 수 있습니다. 비타민 D는 골격 형성에 지대한 영향을 미치는 영양소로 부족하면 키 성장에 좋지 않은 영향을 줄 수 있습니다. 이러한 문제가 발생하는 것을 막기 위해선 다양한 식품을 시도하고 2~3일 주기로 메뉴를 바꿔가며 제공하는 것이 바람직합니다.

후기 이유식, 엄마만 따라 해! 후기 이유식 먹이는 방법

 Step 01 **한눈에 보는 후기 이유식 먹이는 방법**

이유식		모유/분유	
일일 횟수	3회	일일 수유 횟수	2~3회
형태	초반 무른밥 → 후반 진밥		
배 죽	초반 4배 죽 → 후반 3배 죽		
섭취량	100~150g	수유량	600~800㎖
간식	1회		

 **딸들아~
필수 체크**

☑ 횟수 체크 후기 이유식부터는 하루 세 끼!

☑ 형태 체크 알갱이의 덩어리는 조금 더 크게, 농도는 조금 더 되직하게!

☑ 농도 체크 '배 죽'은 불린 쌀 대비 몇 배의 물을 넣느냐 하는 의미. 초반엔 불린 쌀의 4배의 물을 넣다가 점점 3배까지
물을 줄여가며 점점 되게 조절해 적응시키도록!

☑ 양 체크 100g 정도로 시작해, 잘 먹는 아이는 150g까지 먹일 수 있도록! 양은 어디까지나 상대적인 기준이고, 그날
아기 상태에 따라 많이 먹을 수도 있고 적게 먹을 수도 있단다. 따라서 한 번에 먹이는 양을 딱 정해놓고 그
양을 채우도록 하면 안 되고, 아이가 먹는 대로 맞춰줄 것!

☑ 간식 체크 핑거 푸드는 후기에서 빼놓을 수 없는 간식! 여기에 같이 먹을 수 있는 주스나 과일 셰이크를 함께 줘 간식
도 든든할 수 있도록!

Step 02 **후기에는 어떤 음식을 먹여야 할까?**

이제 이유식의 큰 산만 남았다. 물론 완료기가 버티고 있긴 하지만, 후기까지만 잘 넘기면 완
료기에는 아이가 이미 음식과 많이 친해졌기 때문에 그다지 어렵지 않다. 그러니 힘들어도
이번 단계만 잘 넘길 수 있도록 엄마가 스스로 힘을 얻는 게 가장 중요하단다. 요리 개수도 많
고 재료도 많아지다 보니 엄마가 진이 빠지기 쉬운데, 후기에도 똑같이 한 가지 재료씩 추가해
알레르기 반응을 보이는지 차근차근 살펴야 한다. 혹시 간을 조금이라도 하고 싶다면 채소나
고기 육수로 간을 내보렴. 건새우를 넣은 팩은 알레르기를 일으킬 수 있으니 주의!

※ 간식으로 새로운 재료를 적응시킬 수 있는 여지를 두기 위해 일부러 몇몇 주에서는 한 가지 재료만 추가하기도 했단다.

YES! 후기에 먹일 수 있는 재료

🚩 탄수화물

| 쌀 | 찹쌀 | 감자 | 고구마 | 밤 | 밀가루 음식 |

※ 속껍질은 제거!

🚩 단백질

소고기　닭고기　흰 살 생선　돼지고기　달걀노른자

두부　완두콩　강낭콩

🚩 채소 & 과일

애호박　단호박　양배추　브로콜리　콜리플라워　청경채　사과　바나나

아보카도　배　당근　시금치　자두　버섯류　미역　김　우엉　연근

콩나물　귤　오렌지　비타민　가지

🚨 후기에 피하면 좋은 재료

달거나 기름진 빵, 과자, 소금, 어른용 반찬과 찌개, 복숭아, 우유, 견과류, 일반 기름, 꿀

🚩 기타

플레인 요구르트　식물성 기름(소량)

Step 03 **후기 이유식 스케줄표**

　이유식 횟수가 늘고, 양이 느는 후기부터는 수유와 이유식이나 아기의 영양소에서 차지하는 비율이 55:45 정도로 비슷해진다고 할 수 있단다. 이유식 비율이 점점 더 커질 수 있도록 유도해야 하는데, 처음에는 이유식을 먹고 나서 모유나 분유는 컵으로 간단하게 먹이다가, 나중에는 아예 수유 횟수를 줄여 이유식을 먹일 때는 이유식만 먹고 끝낼 수 있도록 하면 돼. 이 시기에는 조금씩 이유식 시간을 가족과 식사 시간에 맞춰 함께 먹는 습관을 길러주는 게 좋은데, 아무리 그래도 저녁 이유식은 오후 7시를 넘기지 않도록 하렴. 밤에는 수유를 끊고, 아침에도 일어나자마자 바로 먹던 기존 버릇을 고칠 수 있도록 해야 한단다.

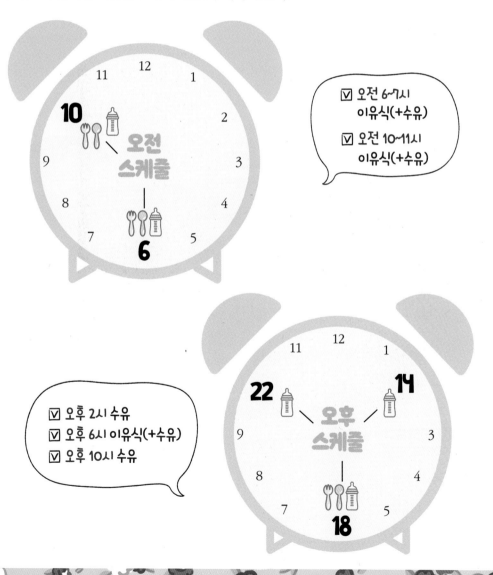

엄마가 알려주는 후기 이유식 조리 포인트

 **조리 원칙**

☑ 후기 이유식은 되직하면서 덩어리도, 알갱이가 다소 큼지막한 것도 보이게 해야 한단다.

☑ 후기 이유식도 조미료나 양념으로 간을 해서는 절대로 안 돼. 육수로 간을 하렴.

☑ 후기 이유식은 찜기로 찌거나 끓는 물에 삶고 데치는 것 위주로 하면서, 가끔 특식으로 팬에 볶은 요리를 해주렴.

필요 조리법

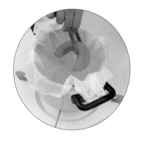

찌기

찜기를 이용하거나 냄비에 물을 반쯤 담고 삼발이를 올려 쪄 내는 방법이란다.

삶기

펄펄 끓는 물에 부드러워질 정도로 푹 삶아내는 방법이란다.

다지기

재료를 칼로 잘게 다져 아이가 먹기 좋도록 하는 방법이란다.

필요 조리 도구

☑ 냄비 4~5개 ☑ 칼 ☑ 나무 주걱(또는 숟가락) ☑ 이유식 용기(밀폐 용기)

☑ 도마 1~2개

영양사 선생님

후기 이유식을 할 땐 무엇을 주의해야 할까요?

이 시기에는 아이가 이유식에 적응을 잘하든 못하든 포기하지 않고 아이에게 허용된 선의 음식만 제공하는 것이 중요합니다.

종종 아이가 이유식에 잘 적응하면 잘하는 대로 이것저것 새로운 음식을 먹여보고 싶어서 기름지거나 짭짤한 어른 음식을 시도하는 경우가 있고, 아이가 이유식에 잘 적응하지 못하면 뭐라도 먹여야겠다는 생각에 설탕이 잔뜩 들어간 요구르트 등 나쁜 식습관을 형성할 수 있는 식품을 주는 경우가 있습니다.

가공식품은 가공 과정에 넣는 다양한 첨가물 때문에 아이가 알레르기 반응을 일으킬 수 있고, 단맛이 강한 식품은 삼삼한 맛의 이유식을 더 기피하게 할 수 있습니다. 또 기름진 음식은 설사나 조기 포만감(음식을 충분히 섭취하기 전에 포만감을 느낌)을 유발할 수 있습니다. 따라서 성장 분위 10% 이하의 영양 결핍 의심 유아가 아니라면 먹는 양이 조금 부족해도 아이가 좋아하는 식품을 찾기까지 인내하는 것이 필요합니다.

단, 먹는 양이 갑자기 줄거나 기운이 없는데도 음식을 전혀 찾지 않는다면 아픈 것일 수 있으니 이런 경우엔 담당 의의 진료를 받아보시길 바랍니다.

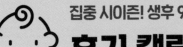

후기 캘린더 한눈에 보기

	월요일	화요일	수요일	목요일	금요일	토요일	일요일	어른 반찬
1주 (3회)	◀···· 소고기우엉고구마무른밥 P.316 ····▶ 재료: 쌀, 소고기, 우엉, 고구마			◀ 소고기우엉연두부무른밥 P.318 재료: 쌀, 소고기, 우엉, 연두부			▶	고구마밥
	◀···· 닭고기비타민사과무른밥 P.320 ····▶ 재료: 쌀, 닭고기, 비타민, 사과			◀ 닭고기비타민무른밥 P.144 재료: 쌀, 닭고기, 쌀, 비타민			····▶	
	◀···· 두부완두콩달걀찜 P.322 ····▶ 재료: 두부, 완두콩, 달걀			◀ 대구살브로콜리애호박무른밥 P.184 재료: 쌀, 대구살, 브로콜리, 애호박			▶	
2주 (3회)	◀···· 양송이두부타락죽 P.332 ····▶ 재료: 쌀, 두부, 양송이, 모유 또는 분유			◀ 소고기양송이양파달걀밥 P.334 재료: 쌀, 소고기, 양송이, 양파, 달걀			▶	단호박 크림수프
	◀ 소고기시금치 고구마무른밥 P.216 재료: 쌀, 소고기, 시금치, 고구마		▶	◀ 대구살연두부단호박무른밥 P.336 재료: 쌀, 대구살, 연두부, 단호박			····▶	
	◀ 대구살무표고버섯 무른밥 P.212 재료: 쌀, 대구살, 무, 표고버섯		▶	◀ 닭고기비타민무른밥 P.144 재료: 쌀, 닭고기, 비타민			▶	
3주 (3회)	◀··· 두부오믈렛 P.346 재료: 두부, 당근, 시금치, 완두콩, 달걀	◀		◀ 브로콜리감자두부미역무른밥 P.348 재료: 쌀, 브로콜리, 감자, 두부, 미역			····▶	시금치전
	◀ 소고기양송이검은콩 브로콜리무른밥 P.350 재료: 쌀, 소고기, 양송이, 검은콩, 브로콜리		▶	◀ 소고기우엉시금치무른밥 P.352 재료: 쌀, 소고기, 우엉, 시금치			▶	
	◀ 닭고기아욱고구마 당근무른밥 P.354 재료: 쌀, 닭고기, 아욱, 고구마, 당근		▶	◀ 닭고기당근브로콜리무른밥 P.356 재료: 쌀, 닭고기, 당근, 브로콜리			▶	
4주 (3회)	◀ 대구살무표고버섯 무른밥 P.212 재료: 쌀, 대구살, 무, 표고버섯		▶	◀ 소고기오이시금치무른밥 P.366 재료: 쌀, 소고기, 오이, 시금치			····▶	오이 탕탕이
	◀ 감자연두부완두콩 샐러드 P.368 재료: 감자, 연두부, 완두콩, 플레인 요구르트		▶	◀ 소고기애호박표고버섯무른밥 P.202 재료: 쌀, 소고기, 애호박, 표고버섯			▶	
	◀ 소고기당근애호박 무른밥 P.264 재료: 쌀, 소고기, 당근, 애호박		▶	◀ 대구살닭고기영양죽 P.370 재료: 쌀, 닭고기, 대구살, 당근			▶	

다양한 재료를 꼭꼭 씹어 먹기 시작하는 후기! 수미 엄마표 세 달 플랜!
본격적으로 제대로 된 영양 공급과 올바른 식습관 형성을 목표로 엄마도 아이도 이유식에 집중해야 하는 시기란다.

※ 새롭게 시도한 재료를 색으로 표시해두었어요!

월요일	화요일	수요일	목요일	금요일	토요일	일요일	어른 반찬	
	새우미역무른밥 P.380 재료: 쌀, 새우, 미역			소고기검은콩연근무른밥 P.382 재료: 쌀, 소고기, 검은콩, 연근				**5주** **(3회)**
	소고기시금치 고구마무른밥 P.216 재료: 쌀, 소고기, 시금치, 고구마			닭고기비타민무른밥 P.144 재료: 쌀, 닭고기, 비타민			닭칼국수	
	닭고기사과오이무른밥 P.384 재료: 쌀, 닭고기, 사과, 오이			대구살브로콜리애호박무른밥 P.184 재료: 쌀, 대구살, 브로콜리, 애호박				
	양송이당근시금치 타락죽 P.394 재료: 쌀, 양송이, 당근, 시금치, 달걀, 모유 또는 분유			게살브로콜리당근양파무른밥 P.396 재료: 쌀, 게살, 브로콜리, 당근, 양파				**6주** **(3회)**
	소고기우엉고구마 무른밥 P.316 재료: 쌀, 소고기, 우엉, 고구마			대구살닭고기영양죽 P.370 재료: 쌀, 대구살, 닭고기, 당근			게살브로콜 리버터볶음	
	닭고기당근브로콜리 무른밥 P.356 재료: 쌀, 닭고기, 당근, 브로콜리			소고기우엉시금치무른밥 P.352 재료: 쌀, 소고기, 우엉, 시금치				
	닭고기당근시금치 옥수수진밥 P.406 재료: 쌀, 닭고기, 당근, 시금치, 옥수수			닭고기파프리카우엉진밥 P.408 재료: 쌀, 닭고기, 파프리카, 우엉				**7주** **(3회)**
	새우양송이양파덮밥 P.410 재료: 쌀, 새우, 양송이, 양파, 달걀			새우애호박진밥 P.412 재료: 쌀, 새우, 애호박			오므라이스	
	소고기애호박 감자진밥 P.248 재료: 쌀, 소고기, 애호박, 감자			소고기파프리카연근진밥 P.414 재료: 쌀, 소고기, 파프리카, 연근				
	시금치게살볶음 P.424 재료: 시금치, 게살			들깨미역진밥 P.426 재료: 쌀, 들깨, 미역				**8주** **(3회)**
	소고기양송이양파 달걀밥 P.334 재료: 쌀, 소고기, 양송이, 양파, 달걀			닭고기들깨두유진밥 P.428 재료: 쌀, 닭고기, 들깨, 무가당 두유			오삼불고기	
	돼지고기당근 두부조림 P.430 재료: 돼지고기, 당근, 두부			소고기양송이검은콩브로콜리진밥 P.350 재료: 쌀, 소고기, 양송이, 검은콩, 브로콜리				

	월요일	화요일	수요일	목요일	금요일	토요일	일요일	어른 반찬
9주 (3회)	잔치국수 p.440 재료: 소면, 소고기, 당근, 애호박, 양파, 달걀	◄	소고기콩나물시금치진밥 P.442 ► 재료: 쌀, 소고기, 콩나물, 시금치		◄	시금치게살볶음 P.424 ► 재료: 시금치, 게살		콩나물잡채
	◄ 돼지고기당근 두부조림 P.430 재료: 돼지고기, 당근, 두부		◄	대구살무표고버섯진밥 P.212 ► 재료: 쌀, 대구살, 무, 표고버섯				
	◄ 닭고기아욱고구마 당근진밥 P.354 재료: 쌀, 닭고기, 아욱, 고구마, 당근		◄	닭고기당근시금치옥수수진밥 P.406 ► 재료: 쌀, 닭고기, 당근, 시금치, 옥수수				
10주 (3회)	◄ 당근고구마롤샌드위치 P.452 ► 재료: 쌀식빵, 당근, 고구마, 달걀노른자, 아기용 치즈		◄	김당근양파달걀진밥 P.454 ► 재료: 쌀, 김, 당근, 양파, 달걀				고구마햄치 즈샌드위치
	◄ 새우양송이양파덮밥 P.410 ► 재료: 쌀, 새우, 양송이, 양파, 달걀		◄	소고기양송이양파달걀밥 P.334 ► 재료: 쌀, 소고기, 양송이, 양파, 달걀				
	◄ 닭고기파프리카우엉진밥 P.408 ► 재료: 쌀, 닭고기, 파프리카, 우엉		◄	게살브로콜리당근양파진밥 P.396 ► 재료: 쌀, 게살, 브로콜리, 당근, 양파				
11주 (3회)	◄ 소고기적채애호박진밥 P.464 ► 재료: 쌀, 소고기, 적채, 애호박		◄	멸치김주먹밥 P.466 ► 재료: 쌀, 잔멸치, 김				피칸잔멸치 볶음
	◄ 시금치게살볶음 P.424 ► 재료: 시금치, 게살		◄	소고기검은콩연근진밥 P.382 ► 재료: 쌀, 소고기, 검은콩, 연근				
	◄ 닭고기들깨두유진밥 P.428 ► 재료: 쌀, 닭고기, 들깨, 무가당 두유		◄	대구살닭고기영양죽 P.370 ► 재료: 쌀, 대구살, 닭고기, 당근				
12주 (3회)	◄ 달걀샐러드&사과즙소스 P.476 ► 재료: 달걀, 사과, 아기용 치즈		◄	닭고기사과오이진밥 P.384 ► 재료: 쌀, 닭고기, 사과, 오이				두부전골
	◄ 돼지고기당근 두부조림 P.430 ► 재료: 돼지고기, 당근, 두부		◄	소고기아스파라거스 양파진밥 P.480 재료: 쌀, 소고기, 아스파라거스, 양파				
	◄ 소고기근대양파진밥 P.478 ► 재료: 쌀, 소고기, 근대, 양파		◄	새우애호박진밥 P.412 ► 재료: 쌀, 새우, 애호박				

이 유 후 기

집중 시이즌

1주 차 이유식

후기 이유식으로의 전환을 신중하게 고민하자

후기 이유식은 말 그대로 이유식의 끝이다. 물론 아직 완료기가 남아 있긴 하지만, 완료기는 말 그대로 모든 훈련을 끝낸 아기가 어른이 먹는 음식을 먹을 수 있게끔 적응시키는 시기다. 그렇기 때문에 실질적인 이유식 적응은 후기에 완료된다고 봐야 한다. 상황이 이렇다 보니 후기는 중기보다 횟수나 양, 농도, 알갱이 크기가 모두 달라진다. 따라서 아기가 이러한 후기 이유식을 받아들일 준비가 충분히 되어 있는지 신중하면서도 확실하게 판단해 중기를 한두 달 더 진행할지, 바로 후기 이유식을 시작할지 확실하게 결정하는 게 가장 중요하다. 아기의 상태에 따라 양만 늘리거나, 농도만 되게 하는 등 융통성 있는 엄마의 지혜가 필요하다.

이번 주 우리 아이가 적응할 재료 : 우엉, 연두부

후기부터는 아이가 먹을 수 있는 채소나 과일이 더 다양해진다. 먼저 후기 1주 차부터 아기에게 먹일 채소는 우엉이다. 우엉은 매우 질기기 때문에 믹서로 갈거나 충분히 다져서 사용해야 한다. 여기에 단백질을 보충하면서도 부드럽게 즐길 수 있는 연두부를 이번 주에 아기에게 함께 소개해주자.

1st week
일주일 장바구니

불린 쌀 550g, 소고기 안심 · 닭 안심 70g씩, 대구살 · 연두부 40g씩, 우엉 15g, 고구마 5g, 비타민 18g, 사과 10g, 브로콜리 · 애호박 8g씩, 완두콩 45g, 달걀 2개, 모유 또는 분유 60㎖

♣ 딸아, 재료는 이렇게 골라야 한단다

우엉	껍질이 굵은 것보다 얇은 게 좋단다. 또 상처나 혹이 없는 걸 골라야 하는데, 너무 마른 것보다는 수분이 적당한 게 좋아. ※ 구매/손질/관리법 P.35

연두부	물론 다른 재료 모두 그렇겠지만, 유통기한을 정확하게 확인하고, 이왕이면 유기농을 골라 사용하렴. ※ 구매/손질/관리법 P.37(두부 내용 참고)

♣ 이번 주 우리 아이 이유식 재료 한눈에 보기

소고기우엉고구마무른밥 P.316
❶ 불린 쌀 … 90g
❷ 소고기 안심 … 30g
❸ 우엉 · 고구마 … 5g씩
❹ 참기름 … ½큰술
❺ 물 또는 육수 … 360㎖

소고기우엉연두부무른밥 P.318
❶ 불린 쌀 … 120g
❷ 소고기 안심 · 연두부 … 40g씩
❸ 우엉 … 10g
❹ 참기름 … ½큰술
❺ 물 또는 육수 … 480㎖

닭고기비타민사과무른밥 P.320
❶ 불린 쌀 … 100g
❷ 닭 안심 … 30g
❸ 비타민 · 사과 … 10g씩
❹ 참기름 … ½큰술
❺ 물 또는 육수 … 400㎖

두부완두콩달걀찜 P.322
❶ 두부 … 150g
❷ 완두콩 … 45g
❸ 달걀 … 2개
❹ 모유 또는 분유 … 60㎖

닭고기비타민무른밥 P.144
❶ 불린 쌀 … 120g
❷ 닭 안심 … 40g
❸ 비타민 … 8g
❹ 물 또는 육수 … 480㎖

※ 초기에서 배운 '닭고기비타민미음'에서 재료양 바꿔 끓이면 ok!

대구살브로콜리애호박무른밥 P.184
❶ 불린 쌀 … 120g
❷ 대구살 … 40g
❸ 브로콜리 · 애호박 … 8g씩
❹ 물 또는 육수 … 480㎖

※ 중기에서 배운 '대구살브로콜리애호박죽'에서 재료양 바꿔 끓이면 ok!

1시간 안에 완성하는 일주일 이유식

전날에 미리 할 일	완두콩 불리기
1시간 전에 미리 할 일	소고기 핏물 빼기
20분 전에 미리 할 일	닭고기 비린내 제거하기 (모유나 분유에 담가두기)
필요한 것	모유(또는 분유), 식초(또는 베이킹소다), 도마 2개, 찜기, 냄비 4개, 이유식 용기 21개, 견출지

딸아~ 엄마만 따라 해

시작

재료 손질 ▶ **1**

식초 또는 베이킹소다를 탄 물에 비타민, 브로콜리를 넣고 살균한 후 흐르는 물에 씻는다.

10 ◀ 다지기

비타민과 브로콜리, 애호박, 소고기와 닭고기는 잘게 다진다.

11 완두콩은 일일이 껍질을 벗겨 칼로 잘게 다지거나 칼등으로 눌러 으깬다.

12 고구마도 껍질을 벗기고 칼등으로 눌러 으깨며 다진다.

13 대구살도 살만 발라내 잘게 다진다.

이건 반드시 주의

한 번에 일주일 치를 만들어 보관하는 것이기 때문에 혹시라도 이유식에 미생물이 번식하지 않도록 조심해야 한단다.

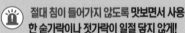 절대 침이 들어가지 않도록 맛보면서 사용한 숟가락이나 젓가락이 일절 닿지 않게!

뜨거울 때 바로 용기에 담아 냉장실이나 냉동실에 보관하도록!

냉장 혹은 냉동 보관한 이유식은 섭취하기 직전에 80℃ 이상에서 5분간 익히기!

② 애호박도 베이킹소다를 뿌려 살균한 후 흐르는 물에 씻는다.

③ 비타민은 잎만, 브로콜리는 꽃송이만 자르고, 애호박은 가운데 씨를 도려낸다.

④ 우엉과 사과도 껍질을 벗기고 잘게 다진다. 사과는 씨까지 도려낸다.

⑤ 연두부와 두부는 흐르는 물에 한번 씻고, 칼등으로 눌러 으깨가며 다진다.

⑨ 두 냄비 모두 끓으면 1) 소고기 냄비는 약한 불로 줄이고 완두콩과 비타민을 넣은 후 좀 더 익힌 다음 불을 끈다. 2) 다른 냄비에는 닭고기를 넣고 좀 더 끓이다, 약한 불로 줄이고 먼저 익은 순서대로 재료를 꺼낸다.

⑧ 냄비 2개를 준비해 물을 담는다. 1) 냄비 하나에 소고기를 넣고 강한 불로 끓인다(둥둥 뜨는 기름을 걷어내며 끓인다). 2) 다른 냄비에는 물만 강한 불로 끓인다.

⑦ 찜기에 고구마, 브로콜리, 애호박을 함께 넣고 찐 다음 찜기에 대구살을 넣어 찐다.

◀ 찌고 삶기

⑥ 닭고기는 흐르는 물에 씻고 힘줄을 제거한다.

무른밥 끓이기 ▶

⑭ 냄비 2개를 준비한다. 1) 냄비 하나에 '닭고기비타민무른밥' 재료를 넣고 강한 불로 끓인다. 2) 다른 냄비에는 '대구살브로콜리애호박무른밥' 재료를 넣고 강한 불로 끓인다. 3) 모두 저어주며 끓이다 한번 끓어오르면 약한 불로 줄여 농도가 적당해질 때까지 끓인 후 각각 4회분으로 나눠 용기에 담아, 모두 냉동실에 보관한다.

⑮ 다시 냄비 2개를 헹궈 준비한다. 1) 냄비 하나에 '소고기우엉고구마무른밥' 재료를 넣고 강한 불로 끓인다. 2) 다른 냄비에는 '닭고기비타민사과무른밥' 재료를 분량대로 넣고 강한 불로 끓인다. 3) 모두 저어주며 끓이다 한번 끓어오르면 약한 불로 줄여 농도가 적당해질 때까지 끓인 후 각각 3회분으로 나눠 용기에 담고, 각각 2회분은 냉장실, 나머지는 냉동실에 보관한다.

완료

⑰ 그릇에 달걀 1개를 풀고 모유를 넣어 골고루 섞고 체에 거른 후 내열 용기에 달걀물과 두부, 완두콩을 넣고 찜기에 넣어 찐다. 완성된 달걀찜은 3회분으로 나눠 용기에 담고, 냉장실에 보관한다.

⑯ 냄비 하나를 다시 헹궈 준비한 후 '소고기우엉연두부무른밥' 재료를 넣고 강한 불로 저어주며 끓이다 약한 불로 줄여 좀 더 끓인 다음 4회분으로 나눠 용기에 담아, 냉동실에 보관한다.

소고기
우엉고구마무른밥

122kcal

탄수화물 19g
단백질 3g
지방 3g

우엉은 다소 질기긴 하지만 어른에게나 아이에게나 참 좋은 식재료다. 조림이나 볶음으로도 많이 먹고, 김밥 재료로도 항상 등장하는 우엉은 사람들이 차로 많이 우려 마실 정도로 좋은 영양소가 많기로 유명하다. 특히 식이 섬유가 풍부해 아이에게 아주 좋다. 아이가 평소에 자주 변비로 고생한다면 우엉으로 이유식을 만들어 먹여보자.

 보관
· 2회분 냉장
· 1회분 냉동

 재료
☑ 불린 쌀 ··· 90g
☑ 소고기 안심 ··· 30g
☑ 참기름 ··· ½큰술
☑ 우엉·고구마 ··· 5g씩
☑ 물 또는 육수 ··· 360ml

 최고
소고기는 삶아 다지고, 고구마는 쪄서 다지고, 우엉은 껍질 벗겨 잘게 다져 불린 쌀과 푹 끓여내면 완성!

❶ 소고기는 미리 20분~1시간 정도 물에 담가 핏물을 뺀다.

❷ 고구마는 찜기에 넣고 푹 찐다.

❸ 우엉은 사용할 만큼만 잘라 껍질을 벗기고 칼로 잘게 다진다.

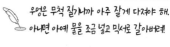
우엉은 무척 질기니까 아주 잘게 다져야 해. 아니면 아예 물을 조금 넣고 믹서로 갈아버려!

❹ 냄비에 물을 담고 소고기를 넣어 강한 불로 끓이다, 한번 끓어오르면 약한 불로 줄여 조금 더 익힌다.

❺ 다 삶은 소고기는 건져내 칼로 잘게 다진다.

❻ 찐 고구마도 껍질을 벗겨 칼등으로 눌러가며 잘게 부순다.

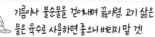
기름이나 불순물을 걷어내며 끓이렴. 고기 삶은 물은 육수로 사용하면 좋으니 버리지 말 것!

❼ 냄비에 불린 쌀과 모든 재료를 넣고, 강한 불로 저어가며 끓이다, 끓기 시작하면 참기름을 넣고 약한 불로 줄여 농도를 봐가며 좀 더 끓인다.

❽ 3회분으로 나눠 용기에 담는다.

후기
1주
2주
3주
4주
5주
6주
7주
8주
9주
10주
11주
12주

소고기
우엉연두부무른밥

122kcal

탄수화물 19g
단백질 4g
지방 3g

두부는 식물성 단백질을 섭취하기 가장 좋은 식재료다. 그중에서도 연두부는 일반 두부보다 부드럽고 야들야들해서 어린아이가 조물조물 먹기에도 안성맞춤이다. 연두부는 단백질뿐만 아니라 식이 섬유도 풍부해 아이의 장운동에도 매우 좋은데, 특히 연두부에 들어 있는 탄수화물은 소화가 잘되도록 돕는 기능까지 한다.

엄마만 따라 해

보관 모두 냉동

재료
- ☑ 불린 쌀 … 120g
- ☑ 소고기 안심·연두부 … 40g씩
- ☑ 물 또는 육수 … 480ml
- ☑ 참기름 … ½큰술
- ☑ 우엉 … 10g

최고 소고기는 삶아 다지고, 우엉은 껍질을 깎아 다지고, 연두부는 으깨어 불린 쌀과 함께 육수를 넣고 푹 끓이면 완성!

❶ 소고기는 20분~1시간 정도 미리 물에 담가 핏물을 뺀다.

❷ 냄비에 물을 담고 소고기를 넣어 강한 불로 끓이다, 한번 끓어오르면 약한 불로 줄여 충분히 삶은 후 건져내 칼로 잘게 다진다.

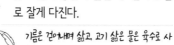
기름은 걷어내며 삶고, 고기 삶은 물은 육수로 사용하면 좋으니 그대로 두렴!

❸ 우엉은 껍질을 깎은 다음 칼로 잘게 다진다.

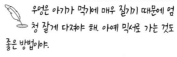
우엉은 아가가 먹기에 매우 질기기 때문에 엄청 잘게 다져야 해. 아예 믹서로 가는 것도 좋은 방법이야.

❹ 연두부는 흐르는 물에 헹궈 물을 빼고, 칼등으로 눌러 으깨가며 잘게 다진다.

❺ 냄비에 불린 쌀과 모든 재료를 넣고, 고기 삶은 물을 넣어 강한 불로 저어주며 끓이다, 끓기 시작하면 약한 불로 줄여 참기름을 넣고 농도가 적당해질 때까지 저으면서 끓인다.

❻ 4회분으로 나눠 용기에 담는다.

거봐, 쉽잖아~

닭고기
비타민사과무른밥

120kcal 탄수화물 20g
단백질 4g
지방 2g

 닭고기와 비타민에 사과까지 넣어 단백질과 비타민이 풍부한 영양 만점 이유식이다. 비타민이 워낙 많아 이름까지 비타민으로 불리는 '다채'에 아침에 먹으면 황금이라는 사과까지 더했다. 사과의 새콤함이 입맛을 사로잡기 때문에 아기가 잘 먹지 않을까 하는 걱정은 하지 않아도 되는 효자 이유식이다.

엄마만 따라 해

보관
· 2회분 냉장
· 1회분 냉동

재료
☑ 불린 쌀 … 100g
☑ 닭 안심 … 30g
☑ 참기름 … ½큰술
☑ 비타민·사과 … 10g씩
☑ 물 또는 육수 … 400ml

최고
데친 비타민과 삶은 닭고기를 다져 잘게 다진 사과, 불린 쌀과 함께 육수를 넣고 푹 끓이면 완성!

❶ 미리 모유나 분유에 20분간 재워둔 닭고기는 힘줄을 잘라 손질한다.

❷ 식초 또는 베이킹소다를 푼 물에 비타민을 담가 살균한 후, 흐르는 물에 씻고 잎만 잘라 손질한다.

❸ 끓는 물에 닭고기와 비타민을 넣고 함께 삶다 차례대로 건져내 칼로 잘게 다진다.

✎ 비타민은 1분 정도 데치고 바로 꺼내렴. 닭고기와 비타민 삶은 물은 육수로 사용하면 좋으니 그대로 두렴. 둥둥 뜨는 거품이나 불순물은 걷어내면서 끓여야 한단다.

❹ 사과는 껍질을 깎고 사용할 만큼 잘라 씨를 도려낸 후 잘게 다진다.

❺ 냄비에 불린 쌀과 모든 재료를 넣고 고기 삶은 물을 넣어 강한 불로 저어가며 끓인다. 끓기 시작하면 약한 불로 줄여 참기름을 넣고 농도가 적당해질 때까지 끓인다.

 사과가 푹 익을 때까지 끓여야 한단다.

❻ 3회분으로 나눠 용기에 담는다.

거봐, 쉽잖아~

두부완두콩달걀찜

111kcal

탄수화물 6g
단백질 10g
지방 5g

후기 첫 번째 주 저녁은 나름의 특식으로 즐겁게 시작해보자. 지금까지 미음이나 죽, 무른 밥처럼 쌀로 만든 죽 형태로의 이유식 위주로 먹였다면 이제 씹는 연습을 좀 더 할 수 있고 음식의 촉감을 더 구체적으로 느낄 수 있는 달걀찜으로 아기의 관심을 끌어보자. 후기 첫 주에 부담 없이 시작할 수 있는 간단한 특식이라고 할 수 있다.

 보관 모두 냉장

 재료
- ☑ 두부 ⋯ 150g
- ☑ 완두콩 ⋯ 45g
- ☑ 달걀 ⋯ 2개
- ☑ 모유 또는 분유 ⋯ 60ml

 최고 두부와 삶은 완두콩은 잘게 다지고, 달걀은 모유 넣고 잘 풀어 체에 한번 밭친 후 모든 재료를 섞어 찜기에 넣어 찌면 완성!

❶ 두부는 흐르는 물에 씻어 물기를 빼고, 칼등으로 눌러 으깬다.

❷ 끓는 물에 완두콩을 삶아 껍질을 일일이 벗겨낸 후 칼로 잘게 다지거나 절구로 곱게 으깬다.

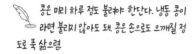
콩은 미리 하루 정도 불려야 한단다. 냉동 콩이라면 불리지 않아도 돼. 콩은 손으로도 으깨질 정도로 푹 삶으렴.

❸ 그릇에 달걀을 풀고 부드러워지도록 모유 또는 분유를 넣어 고르게 섞은 후 체에 거른다.

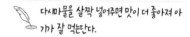
다시마물을 살짝 넣어주면 맛이 더 좋아져 아기가 잘 먹는단다.

❹ 내열 용기에 모든 재료를 넣고 찜기에 넣어 10분 정도 쪄낸다.

❺ 3회분으로 나눠 용기에 담는다.

후기
1주
2주
3주
4주
5주
6주
7주
8주
9주
10주
11주
12주

거봐, 쉽잖아~

이번 주 파티 요리

MERRY

남은 재료로
고구마밥
만들기

❶ 고구마는 흐르는 물에 깨끗이 씻은 후 껍질을 벗겨 듬성듬성 썰고, 찬물에 10분간 담가 전분기를 뺀다.
❷ 쌀은 깨끗이 씻은 후 쌀과 물의 비율을 1:1로 잡아 밥솥에 담는다.
❸ 썰어둔 고구마를 쌀 위에 골고루 올린다.

재료 고구마 … 1개, 쌀·물 … 2컵씩

이 유 후 기

집중 시이즌

2주 차 이유식

조리법의 폭을 넓혀보자

후기에는 어른들이 먹는 일반식을 연습하기 위해 다양한 스타일로 이유식을 만들어 먹이는 노력이 필요하다. 지금까지 미음이나 죽 형태로만 먹여오던 이유식을 찜이라든가 조림처럼 어른들이 먹는 음식 형태로 만들어 먹이면 아기가 다양한 음식과 친해질 수 있고, 일반식 먹는 연습도 할 수 있다. 하지만 그렇다고 해서 조미료도 어른 음식과 똑같이 넣어서는 안 된다. 아예 간을 하지 않는 걸 계속 유지하되, 다시마물 같은 천연 재료를 조금씩 활용해 맛을 낸다.

이번 주 우리 아이가 적응할 재료 : 양송이

양송이버섯은 이유식에 쓰면 정말 좋은 적합한 재료다. 뇌 발달에 좋은 물질을 함유했으며 영양소도 골고루 들어 있다.
또 고기나 채소가 줄 수 없는 쫄깃쫄깃한 식감을 느낄 수 있게 해주기 때문에 아기의 오감을 자극한다.

2nd week
일주일 장바구니

불린 쌀 630g, 소고기 안심·대구살 70g씩, 닭 안심·연두부 40g씩, 양송이 25g,
두부 60g, 단호박 40g, 비타민 8g, 달걀 1개, 시금치·무·표고버섯·고구마 5g씩, 양파 10g

♣ 딸아, 재료는 이렇게 골라야 한단다

> **양송이** 갓이 오목하고 예쁜 우산 모양인 게 좋단다. 표면에 껍질이 까져 있는 것보다 갓부터 기둥까지 연결된 막이 찢어져 있지 않은 걸 고르렴.
> ※ 구매/손질/관리법 P.35

♣ 이번 주 우리 아이 이유식 재료 한눈에 보기

양송이두부타락죽 P.332
❶ 불린 쌀 … 90g
❷ 두부 … 60g
❸ 양송이 … 15g
❹ 모유 또는 분유 … 150㎖
❺ 물 또는 육수 … 200㎖

소고기양송이양파달걀밥 P.334
❶ 불린 쌀 … 120g
❷ 소고기 안심 … 40g
❸ 양송이·양파 … 10g씩
❹ 달걀 … 1개
❺ 물 또는 육수 … 480㎖

대구살연두부단호박무른밥 P.336
❶ 불린 쌀 … 120g
❷ 대구살·연두부 … 40g씩
❸ 단호박 … 40g
❹ 참기름 … 흘큰술
❺ 물 또는 육수 … 480㎖

소고기시금치고구마무른밥 P.216
❶ 불린 쌀 … 90g
❷ 소고기 안심 … 30g
❸ 시금치·고구마 … 5g씩
❹ 물 또는 육수 … 360㎖

※ 중기에서 배운 '소고기시금치고구마죽'에서 재료양 바꿔 끓이면 ok!

대구살무표고버섯무른밥 P.212
❶ 불린 쌀 … 90g
❷ 대구살 … 30g
❸ 무·표고버섯 … 5g씩
❹ 물 또는 육수 … 360㎖

※ 중기에서 배운 '대구살무표고버섯죽'에서 재료양 바꿔 끓이면 ok!

닭고기비타민무른밥 P.144
❶ 불린 쌀 … 120g
❷ 닭 안심 … 40g
❸ 비타민 … 8g
❹ 물 또는 육수 … 480㎖

※ 초기에서 배운 '닭고기비타민미음'에서 재료양 바꿔 끓이면 ok!

1시간 안에 완성하는
일주일 이유식

월
- 양송이두부타락죽 냉장/p.332
- 소고기시금치고구마무른밥 냉장/p.216
- 대구살무표고버섯무른밥 냉장/p.212

화
- 양송이두부타락죽 냉장/p.332
- 소고기시금치고구마무른밥 냉장/p.216
- 대구살무표고버섯무른밥 냉장/p.212

수
- 양송이두부타락죽 냉장/p.332
- 소고기시금치고구마무른밥 냉동/p.216
- 대구살무표고버섯무른밥 냉동/p.212

목
- 소고기양송이양파달걀밥 냉동/p.334
- 대구살연두부단호박무른밥 냉동/p.336
- 닭고기비타민무른밥 냉동/p.144

금
- 소고기양송이양파달걀밥 냉동/p.334
- 대구살연두부단호박무른밥 냉동/p.336
- 닭고기비타민무른밥 냉동/p.144

토
- 소고기양송이양파달걀밥 냉동/p.334
- 대구살연두부단호박무른밥 냉동/p.336
- 닭고기비타민무른밥 냉동/p.144

일
- 소고기양송이양파달걀밥 냉동/p.334
- 대구살연두부단호박무른밥 냉동/p.336
- 닭고기비타민무른밥 냉동/p.144

1시간 전에 미리 할 일 소고기 핏물 빼기

20분 전에 미리 할 일 닭고기 비린내 제거하기
(모유나 분유에 담가두기)

필요한 것 모유(또는 분유), 식초(또는 베이킹소다),
찜기, 도마 2개, 냄비 4개, 나무 숟가락 2
개, 이유식 용기 21개, 견출지

 딸아~ 엄마만 따라 해 시작

재료 손질 ▶ **1**
전자레인지에 단호박을
5분간 돌린 후, 껍질을
깎고 씨를 발라내 손질
한다.

11 대구살도 익으면 살만
발라내 잘게 다진다.

10 ◀ 다지기 익은 단호박과 고구마는
칼등으로 눌러 으깨가며
다진다.

12 시금치는 데친 후 꺼내 물기를 꼭
짜고 잎만 잘라 잘게 다진다.

13 비타민은 데친 후 꺼내
잎만 잘라 잘게 다진다.

14 삶은 소고기와 닭고기,
양파, 무도 잘게 다져 준
비한다.

이건 반드시 주의

한 번에 일주일 치를 만들어 보관하는 것이기 때문
에 혹시라도 이유식에 미생물이 번식하지 않도록 조
심해야 한다.

- 절대 침이 들어가지 않도록 맛보면서 사용
한 숟가락이나 젓가락이 일절 닿지 않게!

- 뜨거울 때 바로 용기에 담아 냉장실이나
냉동실에 보관하도록!

- 냉장 혹은 냉동 보관한 이유식은 섭취하기
직전에 80℃ 이상에서 5분간 익히기!

2

식초 또는 베이킹소다를 탄 물에 시금치와 비타민을 담가 살균한 후 흐르는 물에 씻는다.

3

양파와 무, 고구마는 껍질을 깎아 손질한다.

4

두부는 흐르는 물에 씻고 칼등으로 눌러 으깨며 다진다.

5

양송이와 표고버섯은 기둥을 떼어내고 갓만 남긴다. 양송이는 갓의 껍질을 벗기고, 표고버섯은 갓의 이물질을 털어 각각 흐르는 물에 씻은 후 잘게 다진다.

9

두 냄비 물이 모두 끓으면 1) 소고기 냄비는 약한 불로 줄이고 시금치와 양파를 넣어 데친 후, 불을 끈다. 2) 다른 냄비에는 닭고기와 무, 비타민을 넣고 데치다, 약한 불로 줄이고 먼저 익은 순서대로 재료를 꺼낸다.

8

냄비 2개를 준비해 물을 담는다. 1) 냄비 하나에는 소고기를 넣고 강한 불로 끓인다. 2) 다른 냄비에는 물만 강한 불로 끓인다.

7 ◀ 찌고 삶기

찜기에 단호박과 고구마를 넣고 찐 후 대구살을 넣어 찐다.

6

닭고기는 흐르는 물에 씻고 힘줄을 제거한다.

무른밥 끓이기 ▶ **15**

냄비 2개를 준비한다. 1) 냄비 하나에 '대구살연두부단호박무른밥' 재료를 넣고 강한 불로 끓인다. 2) 다른 냄비에는 '닭고기비타민무른밥' 재료를 넣고 강한 불로 끓인다. 3) 모두 저어주며 끓이다, 한번 끓어오르면 약한 불로 줄여 농도가 적당해질 때까지 끓인 후, 각각 4회분으로 나눠 용기에 담아, 냉동실에 보관한다.

16

다시 냄비 2개를 헹궈 준비한다. 1) 냄비 하나에는 '소고기시금치고구마무른밥' 재료를 넣고 강한 불로 끓인다. 2) 다른 냄비에는 '대구살무표고버섯무른밥' 재료를 넣고 강한 불로 끓인다. 3) 모두 저어주며 끓이다 한번 끓어오르면 약한 불로 줄여 농도가 적당해질 때까지 끓인 후, 각각 3회분으로 나눠 용기에 담고, 각각 2회분은 냉장실, 나머지는 냉동실에 보관한다.

17

냄비 2개를 헹궈 다시 한번 준비한다. 1) 냄비 하나에 불린 쌀과 소고기, 양송이, 양파, 육수를 넣고 강한 불로 끓인다. 2) 다른 냄비에는 불린 쌀과 양송이, 두부, 육수를 넣고 강한 불로 끓인다.

완료

19

'양송이두부타락죽' 3회분은 냉장실에, '소고기양송이양파달걀밥' 4회분 모두 냉동실에 보관한다.

18

모두 저어주며 끓이다 한번 끓어오르면 약한 불로 줄이고, 소고기 냄비에는 달걀 푼 물을, 양송이 냄비에는 모유 또는 분유를 부어가며 더 끓인다. 소고기달걀밥은 4회분으로, 타락죽은 3회분으로 나눠 용기에 담는다.

양송이두부타락죽

134kcal 탄수화물 22g
단백질 4g
지방 3g

 엄마만 따라 해

쫄깃쫄깃한 질감이 좋은 양송이버섯은 아기의 소화를 돕는 성분이 많이 들어 있기 때문에 아직 어린 아기가 먹기에 더할 나위 없이 좋은 재료다. 여기에 단백질이 가득한 두부와 모유까지 넣으면 아이에게 안성맞춤인 건강 이유식이 완성된다. 맛 또한 고소하기 때문에 입맛이 까다로운 아이도 제법 잘 먹는다.

 보관   모두 냉장

 재료
☑ 불린 쌀 … 90g
☑ 두부 … 60g
☑ 양송이 … 15g
☑ 모유 또는 분유 … 150ml
☑ 물 또는 육수 … 200ml

 최고   두부와 양송이는 곱게 으깨고 다진 후, 불린 쌀과 함께 푹 끓이다 모유를 부으며 졸이듯 끓이면 완성!

❶ 두부는 흐르는 물에 씻은 후 칼등으로 눌러 으깨고 다진다.

❷ 양송이는 기둥을 떼고 갓의 껍질을 얇게 벗겨 흐르는 물에 씻은 후 칼로 잘게 다진다.

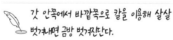
🖋 갓 안쪽에서 바깥쪽으로 칼을 이용해 살살 벗겨내면 금방 벗겨진단다.

❸ 냄비에 불린 쌀과 재료를 넣고 물 또는 육수를 부어 강한 불로 끓인다. 끓기 시작하면 중간 불로 줄이고 모유 또는 분유를 조금씩 부어가며 졸이는 느낌으로 농도를 맞추며 끓인다.

❹ 3회분으로 나눠 용기에 담는다.

거봐, 쉽잖아~

 후기

1주
2주
3주
4주
5주
6주
7주
8주
9주
10주
11주
12주

소고기
양송이양파달걀밥

120kcal

탄수화물 19g
단백질 5g
지방 2g

익히면 단맛이 나는 양파와 고소한 달걀이 만나 달달하면서도 고소한 이유식이 탄생했다. 소고기와 달걀을 넣었으니 아이에게 꼭 필요한 철분과 단백질을 충분히 보충해줄 수 있는 건 물론이거니와 비타민이 많은 양파와 섬유소가 많은 양송이가 만났으니, 어디 하나 버릴 데 없는 기특한 이유식이다.

보관 모두 냉동

재료
☑ 불린 쌀 … 120g
☑ 소고기 안심 … 40g
☑ 달걀 … 1개
☑ 양송이버섯·양파 … 10g씩
☑ 물 또는 육수 … 480ml

최고
삶은 소고기와, 양파, 손질한 양송이를 잘게 다져 불린 쌀과 육수를 넣고 푹 끓이다 달걀을 풀어 넣으면 완성!

❶ 소고기는 미리 20분~1시간 동안 물에 담가 핏물을 뺀다.

❷ 양송이는 기둥을 떼어내고, 갓의 껍질을 벗겨 흐르는 물에 씻은 후 칼로 잘게 다진다.

✎ 갓 안쪽에서 바깥쪽으로 칼로 살살 깎아내면 금방 벗겨진단다.

❸ 양파도 껍질을 벗기고 사용할 만큼만 잘라 손질한다.

❹ 냄비에 물을 담아 소고기를 넣고 강한 불로 끓이다 끓기 시작하면 약한 불로 줄여 양파를 넣어 함께 삶는다.

 ✎ 기름 걷어내는 것 잊지 마!

❺ 양파가 다 익으면 먼저 꺼내 잘게 다지고, 소고기도 다 익으면 꺼내 잘게 다져 준비한다.

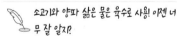 ✎ 소고기와 양파 삶은 물은 육수로 사용! 이젠 너무 잘 알지?

❻ 냄비에 불린 쌀과 소고기, 양파, 양송이, 고기 삶은 물을 넣고 강한 불로 끓인다. 저어주다가 끓기 시작하면 약한 불로 줄이고 달걀을 풀어 넣는다.

✎ 달걀을 풀어줄 때 알끈을 제거하고 체에 한 번 밭치면 더 고와져 아기가 쉽게 먹을 수 있단다.

❼ 4회분으로 나눠 용기에 담는다.

대구살
연두부단호박무른밥

115kcal 탄수화물 20g
단백질 4g
지방 2g

이 이유식에는 고기보다는 채소가 더 많이 들어간다. 물론 대구살에도 단백질과 좋은 영양소가 많지만, 성장이 필요한 아기에게 충분한 영양소를 공급하기 위해 물보다는 육수를 부어 끓이는 게 좋다. 이럴 때를 대비해 미리 소고기 육수나 닭고기 육수를 많이 만들어놓고 한 번에 쓸 만큼씩 나눠 냉동해놓으면 아주 좋단다.

 보관 모두 냉동

 재료
☑ 불린 쌀 ⋯ 120g
☑ 대구살·연두부 ⋯ 40g씩
☑ 참기름 ⋯ ½큰술
☑ 단호박 ⋯ 40g
☑ 물 또는 육수 ⋯ 480ml

 최고
찐 단호박과 대구살은 다지고, 연두부는 으깨서 불린 쌀이랑 모두 넣고 푹 끓이면 완성!

❶ 단호박은 전자레인지에 5분 정도 돌린 후 껍질을 깎고 씨를 발라내 찜기에 찐다.

❷ 연두부는 흐르는 물에 씻고 칼등으로 눌러 으깨며 다진다.

❸ 단호박이 다 익으면 꺼내 칼등으로 눌러 으깬다.

❹ 찜기에 대구살을 넣어 푹 찐 후 꺼내 살만 발라 다진다.

❺ 냄비에 불린 쌀과 다진 재료를 넣고 물 또는 육수를 부어 강한 불로 끓인다. 저어주다가 끓기 시작하면 약한 불로 줄여 참기름을 넣고 농도가 적당해질 때까지 끓인다.

❻ 4회분으로 나눠 용기에 담는다.

거봐, 쉽잖아~

이번 주 파티 요리

MERRY

남은 재료로
단호박크림수프
만들기

❶ 단호박은 껍질을 벗겨 끓는 물에 넣어 익힌다. ❷ 양파는 가늘게 채 썬다.

❸ 냄비에 버터를 넣고 채 썬 양파를 갈색이 나도록 볶는다.

❹ 단호박이 익었으면 단호박 끓인 물 1컵과 양파를 함께 넣고 핸드 블렌더로 간다.

❺ ④를 끓이다가 보글보글 끓기 시작하면 생크림을 넣고 약한 불에서 5분 정도 더 끓인 후
소금으로 간해 마무리한다.

재료 단호박 … 1통, 생크림 … 200g, 양파 … 1개, 물 … 1컵, 버터 … 1큰술, 소금 … 약간

집중 시이즌

3주 차 이유식

영양소에 더 신경 쓰자

후기로 들어서면서 아이가 모유나 분유에서 얻던 영양소보다 이유식으로 얻는 영양소의 비중이 더 커지기 시작한다. 따라서 재료 배합에 신경 쓰지 않으면 자칫 아이에게 필요한 단백질이나 철분은 물론, 비타민이나 무기질 같은 필수 영양소가 부족해질 수 있다. 고기와 불린 쌀을 비롯해 단백질과 탄수화물이 포함된 식사를 매끼 할 수 있도록 하고, 채소도 다양하게 먹을 수 있도록 하자. 삼시 세끼로도 부족할 수 있는 비타민이나 식이 섬유 같은 것은 간식으로 과일을 주거나 해서 채운다. 또 초기부터 현미를 먹던 아기라면 거친 곡류에 익숙하므로 후기에는 다른 잡곡도 섞어본다.

닭다리살을 주자

지금부터는 지방 함량을 더 늘릴 수 있도록
닭다리살을 이용해 이유식을 만들어보자. 껍
질은 벗겨서 사용해야 한다.

이번 주 우리 아이가 적응할 재료 : 미역

엄마에게도 좋은 미역은 아이에게도 더할 나위 없이 좋다. 아이에게 필요한 칼슘과 식이 섬유가 들어 있어 뼈 성장에도
좋고 장 활동에도 매우 좋다. 한 가지 주의할 점은 바로 염분. 염분이 많기 때문에 여러 번 벅벅 비벼서 흐르는 물에 씻어
야 한다. 또 질길 수 있으므로 곱게 다지거나 갈아서 주어야 한다.

3rd week
일주일 장바구니

불린 쌀 580g, 소고기 안심 80g, 닭다리살 70g, 두부 255g, 달걀 1+½개, 브로콜리 33g, 감자 13g, 건미역 5g, 양송이·검은콩 10g씩, 아욱 5g, 고구마 20g, 우엉 10g, 시금치 25g, 당근 30g

♣ 딸아, 재료는 이렇게 골라야 한단다

미역   미역을 고를 때는 윤기가 좔좔 흐르는 걸 선택해야 한단다. 요즘에는 말린 미역을 주로 사기 때문에 사실 이런 게 의미가 없긴 하지만, 말린 게 아니라면 광택이 좋고, 두께도 두툼한 걸 고르렴. ※ 구매/손질/관리법 P.37

♣ 이번 주 우리 아이 이유식 재료 한눈에 보기

두부오믈렛 P.346
❶ 두부 … 130g
❷ 당근·시금치 … 15g씩
❸ 완두콩 … 6g
❹ 달걀 … 1+½개
❺ 올리브유 … 약간

브로콜리감자두부미역무른밥 P.348
❶ 불린 쌀 … 150g
❷ 브로콜리·감자 … 13g씩
❸ 두부 … 125g
❹ 건미역 … 5g
❺ 물 또는 육수 … 600㎖

소고기양송이검은콩브로콜리무른밥 P.350
❶ 불린 쌀 … 90g
❷ 소고기 안심 … 30g
❸ 양송이·검은콩·브로콜리 … 10g씩
❹ 참기름 … 1/2큰술
❺ 물 또는 육수 … 360㎖

소고기우엉시금치무른밥 P.352
❶ 불린 쌀 … 120g
❷ 소고기 안심 … 50g
❸ 우엉·시금치 … 10g씩
❹ 참기름 … 1/2큰술
❺ 물 또는 육수 … 480㎖

닭고기아욱고구마당근무른밥 P.354
❶ 불린 쌀 … 90g
❷ 닭다리살 … 30g
❸ 아욱·당근 … 5g씩
❹ 고구마 … 20g
❺ 참기름 … 1/2큰술
❻ 물 또는 육수 … 360㎖

닭고기당근브로콜리무른밥 P.356
❶ 불린 쌀 … 130g
❷ 닭다리살 … 40g
❸ 당근·브로콜리 … 10g씩
❹ 참기름 … 1/2큰술
❺ 물 또는 육수 … 520㎖

1시간 안에 완성하는
일주일 이유식

 딸아~ 엄마만 따라 해

 시작

재료 손질 ▶ **1**

식초나 베이킹소다를 푼 물에 시금치, 브로콜리를 담가 살균한 후 흐르는 물에 씻는다.

◀ 다지기 **11**

두 냄비 모두 끓으면 1) 소고기 냄비는 약한 불로 줄이고 시금치를 넣어 데친 후, 불을 끈다.
2) 다른 냄비에는 닭고기와 당근, 아욱, 완두콩을 넣고 좀 더 끓이다 약한 불로 줄이고 익은 순서대로 재료를 꺼낸다.

12

찐 브로콜리는 잘게 다지고, 감자와 고구마는 껍질을 벗겨 칼등으로 으깬다.

13

완두콩과 검은콩도 껍질을 벗겨 다지거나 으깬다.

14

소고기와 닭고기도 잘게 다진다.

전날에 미리 할 일 완두콩, 검은콩 불리기

1시간 전에 미리 할 일 소고기 핏물 빼기

20분 전에 미리 할 일 닭고기 비린내 제거하기 (모유나 분유에 담가두기), 미역 불리기

필요한 것 모유(또는 분유), 식초(또는 베이킹소다), 찜기, 도마 2개, 냄비 4~5개, 나무 숟가락, 나무젓가락, 프라이팬, 이유식 용기 21개, 견출지

이건 반드시 주의

한 번에 일주일 치를 만들어 보관하는 것이기 때문에 혹시라도 이유식에 미생물이 번식하지 않도록 조심해야 한단다.

⚠ 절대 침이 들어가지 않도록 맛보면서 사용한 숟가락이나 젓가락이 일절 닿지 않게!

⚠ 뜨거울 때 바로 용기에 담아 냉장실이나 냉동실에 보관하도록!

⚠ 냉장 혹은 냉동 보관한 이유식은 섭취하기 직전에 80℃ 이상에서 5분간 익히기!

2 브로콜리는 꽃 부분만 자르고, 당근은 껍질을 깎아 손질한다.

3 감자는 깨끗이 씻어 준비한다.

4 아욱은 잎만 잘라 빨래하듯 치대며 물에 여러 번 씻은 후 물기를 꼭 짠다.

5 두부는 흐르는 물에 씻어 물기를 뺀 후 칼 등으로 눌러 으깬다.

6 미역은 흐르는 물에 박박 비벼 여러 번 씻고, 칼로 잘게 다진다.

10 냄비 2개를 준비해 물을 담는다. 1) 냄비 하나에는 소고기와 검은 콩을 넣고 강한 불로 끓인다(둥 둥 뜨는 기름은 걷어내며 끓인 다). 2) 다른 냄비에는 물만 강한 불로 끓인다.

9 ◀찌고 삶기 찜기에 깨끗이 씻은 감자와 고구마, 브로콜리를 넣고 찐다.

8 닭고기는 흐르는 물에 씻고 힘줄을 제거한다.

7 양송이는 기둥을 떼고 갓의 껍질을 벗겨 흐르는 물에 씻어 잘게 다지고, 우엉도 껍질을 깎은 후 잘게 다진다.

무른밥 끓이기 ▶

15 냄비 2개를 준비한다. 1) 냄비 하나에는 '브로콜리감자두부미역무른밥' 재료를 넣고 강한 불로 끓인다. 2) 다른 냄비에는 '소고기우엉시금치무른밥' 재료를 넣고 강한 불로 끓인다. 3) 모두 저어주며 끓이다 한번 끓어오르면 약한 불로 줄여 농도가 적당해질 때까지 끓인 후, 각각 4회분으로 나눠 용기에 담아, 냉동실에 보관한다.

16 다시 냄비 2개를 헹궈 준비한다. 1) 냄비 하나에는 '소고기양송이검은콩브로콜리무른밥' 재료를 넣고 강한 불로 끓인다. 2) 다른 냄비에는 '닭고기아욱고구마당근무른밥' 재료를 넣고 강한 불로 끓인다. 3) 모두 저어주며 끓이다 한번 끓어오르면 약한 불로 줄여 농도가 적당해질 때까지 끓인 후, 각각 3회분으로 나눠 용기에 담고, 각 2회분은 냉장실에, 나머지는 냉동실에 보관한다.

완료

18 프라이팬을 불에 올려 달군 후 올리브유를 살짝 두르고 두부와 당근, 시금치, 완두콩을 분량대로 넣고 볶다가, 달걀을 풀어 넣은 후 나무 젓가락으로 골고루 저어 익힌다. 2회분으로 나눠 용기에 담아, 모두 냉장실에 보관한다.

17 냄비 하나를 헹궈 준비한 후 '닭고기당근브로콜리무른밥' 재료를 넣고 강한 불로 저어주며 끓이다 약한 불로 줄여 끓인 후, 4회분으로 나눠 용기에 담아 냉동실에 보관한다.

두부오믈렛

134kcal 탄수화물 5g
단백질 11g
지방 7g

이번 주에는 조금은 특별한 이유식을 시도해보자. 거의 죽이나 무른 밥만 먹던 아기가 고형물에 더 익숙해질 수 있도록 오믈렛을 만들어 먹여보는 것이다. 두부와 달걀이 들어가고 시금치 같은 영양소 많은 채소도 넣기 때문에 균형 잡힌 영양을 공급할 수 있다. 부드럽게 익힌 달걀은 아기에게 좋은 먹기 연습 대상이 되어준다.

보관 · 모두 냉장

재료

☑ 두부 ·· 130g
☑ 당근·시금치 ·· 15g씩
☑ 완두콩 ·· 6g

☑ 달걀 ·· 1+½개
☑ 올리브유 ·· 약간

초고

채소를 손질해 삶아 곱게 다져, 으깬 두부와 함께 달달 볶다가 달걀물을 부어 익혀주면 완성!

❶ 당근은 깨끗이 씻어 껍질을 깎아 알맞은 크기로 잘라 손질한다.

❷ 식초 또는 베이킹소다 탄 물에 시금치를 넣어 살균한 다음 흐르는 물에 씻는다.

❸ 미리 물에 담가 1시간 정도 불린 콩은 흐르는 물에 씻는다.

냉동 콩이면 불릴 필요 없이 바로 요리해도 오케이!

❹ 끓는 물에 손질한 채소를 모두 넣고 삶은 후 익은 차례대로 꺼내 물기를 뺀다.

시금치는 30초면 충분해.

❺ 시금치는 잎만 잘라 잘게 다지고, 완두콩도 껍질을 벗겨 잘게 다진다. 익은 당근도 잘게 다진다.

❻ 두부는 흐르는 물에 씻어 물기를 뺀 다음 칼등으로 눌러 으깬다.

❼ 팬에 올리브유를 살짝 두르고 손질한 채소와 두부를 넣고 달달 볶는다. 여기에 달걀 1개를 그릇에 풀어 붓고 나무 젓가락으로 골고루 저어 부드럽게 익힌다.

달걀을 풀 때 물을 30㎖ 정도 넣어서 풀면 더 부드러운 오믈렛이 된단다.

❽ 2회분으로 나눠 용기에 담는다.

브로콜리
감자두부미역무른밥

123kcal
탄수화물 20g
단백질 4g
지방 3g

뭐니 뭐니 해도 미역에는 칼슘에 많이 들어 있어 성장기 아이에게 무엇보다도 필요한 식재료다. 식이 섬유도 다른 채소 못지않게 들어 있기 때문에 아이의 원활한 장 활동에도 좋은 영향을 준다. 아이가 평소 변비로 고생한다면 미역을 곱게 갈아 만든 이유식을 먹이자.

 보관 모두 냉동

 재료
- ☑ 불린 쌀 … 150g
- ☑ 브로콜리·감자 … 13g씩
- ☑ 건미역 … 5g
- ☑ 두부 … 125g
- ☑ 물 또는 육수 … 600ml

 최고
찐 감자와 브로콜리는 으깨고 다진 후, 두부와 다진 미역을 넣고 불린 쌀과 함께 푹 끓이면 완성!

❶ 식초 또는 베이킹소다를 탄 물에 브로콜리를 담가 살균한 후 흐르는 물에 씻고, 꽃만 잘라 손질한다.

❷ 찜기에 깨끗이 씻은 감자와 손질한 브로콜리를 넣고 푹 익을 때까지 찐다.

❸ 미역은 미리 20분 정도 물에 불린 후 흐르는 물에 박박 비벼 여러 번 씻고, 칼로 잘게 다진다.

미역에는 염분이 많기 때문에 여러 번 비벼 헹궈야 해. 또 칼로 잘 다져지지 않으면 믹서를 이용하는 것도 좋은 방법이야.

❹ 두부는 흐르는 물에 씻어 물기를 빼고 칼등으로 눌러 으깬다.

❺ 브로콜리는 칼로 잘게 다지고, 감자는 껍질을 벗겨 칼등으로 눌러 으깬다.

❻ 냄비에 불린 쌀과 모든 재료를 넣고 물 또는 육수를 부어 강한 불로 끓인다. 저어주다 끓기 시작하면 약한 불로 줄여 농도가 적당해질 때까지 끓인 후, 5회분으로 나눠 용기에 담는다.

소고기
양송이검은콩브로콜리무른밥

133kcal · 탄수화물 19g · 단백질 5g · 지방 4g

씹는 질감의 재미를 느끼기 시작하는 아이에게 재미를 줄 수 있는 이유식이다. 오독오독한 브로콜리에 부드러운 검은콩, 쫄깃쫄깃한 양송이, 그리고 소고기는 씹는 재미를 충족시키고도 남는다. 물론 칼로 잘게 다져 넣기 때문에 100% 그대로 전달하진 못하지만, 아직 어린 아기에게 씹는 재미를 주기에는 충분하다.

보관
· 2회분 냉장
· 1회분 냉동

재료
☑ 불린 쌀 … 90g
☑ 소고기 안심 … 30g
☑ 물 또는 육수 … 360ml
☑ 양송이·검은콩
 ·브로콜리 … 10g씩
☑ 참기름 … ½큰술

최고
소고기와 검은콩, 브로콜리는 삶아 다지고, 양송이는 잘게 다져 불린 쌀과 함께 푹 끓이면 완성!

❶ 소고기는 미리 20분~1시간 정도 물에 담가 핏물을 뺀다.

❷ 브로콜리는 식초 또는 베이킹소다를 푼 물에 담가 살균한 후, 흐르는 물로 씻고 꽃만 남겨 손질한다.

❸ 양송이는 기둥을 떼어내고 갓의 껍질을 잘라 흐르는 물에 씻은 다음 잘게 다진다.

🖋 갓 안쪽에서 바깥쪽으로 칼로 살살 부드럽게 깎으면 잘 깎인단다.

❹ 미리 불린 검은콩도 흐르는 물에 씻어 준비한다.

🖋 콩은 하룻밤 정도는 불려야 해. 못해도 3시간은 불려야 한단다.

❺ 냄비에 물을 담고 소고기와 검은콩을 넣어 강한 불로 끓인다. 끓기 시작하면 약한 불로 줄이고 브로콜리를 넣어 함께 삶는다.

🖋 기름을 걷어내면서 끓여야 해!

❻ 1분 후 브로콜리를 먼저 꺼내고 소고기와 검은콩도 충분히 익힌 후 꺼내 각각 잘게 다진다.

🖋 검은콩은 껍질을 벗겨서 다지는 거 잊지 않았지. 소고기 삶은 물은 육수로 사용할 거니까 버리지 말도록!

❼ 냄비에 불린 쌀과 재료를 넣고 소고기 삶은 물을 부어 강한 불로 끓인다. 끓으면 약한 불로 줄여 참기름을 넣고 계속 저으면서 농도를 봐가며 끓인 후, 3회분으로 나눠 용기에 담는다.

후기
1주
2주
3주
4주
5주
6주
7주
8주
9주
10주
11주
12주

소고기
우엉시금치무른밥

121kcal

탄수화물 18g
단백질 4g
지방 3g

소고기와 시금치를 넣으면 요리법은 간단해도 아이에겐 딱 맞는 건강한 이유식이 완성된다. 여기에 우엉까지 넣으면 향과 풍미가 더 풍부해지는데, 우엉은 아기가 먹기에는 많이 질기기 때문에 다지는 데 많은 신경을 써야 한다. 이 이유식은 조리법이 생각보다 간단해 요리에 서툰 엄마도 뚝딱뚝딱 금방 만들어낼 수 있다.

 보관 모두 냉동

 재료
☑ 불린 쌀 ··· 120g
☑ 소고기 안심 ··· 50g
☑ 참기름 ··· ½큰술
☑ 우엉·시금치 ··· 10g씩
☑ 물 또는 육수 ··· 480ml

 최고
삶은 소고기와 데친 시금치 잎, 껍질 깎은 우엉을 각각 잘게 다져 불린 쌀과 함께 푹 끓이면 완성!

❶ 소고기는 미리 20분~1시간 정도 물에 담가 핏물을 뺀다.

❷ 식초 또는 베이킹소다를 푼 물에 시금치를 담가 살균한 후 흐르는 물에 씻는다.

❸ 우엉은 껍질을 깎아 손질해 잘게 다진다.

우엉은 질기기 때문에 아기가 먹을 수 있도록 잘게 다져야 하는데, 믹서로 가는 것도 좋은 방법이란다.

❹ 냄비에 물을 담아 소고기를 넣고 강한 불로 끓이다, 끓기 시작하면 약한 불로 줄이고 시금치를 넣어 약 1분간 데친다.

 기름과 불순물을 걷어내면서 끓이렴! 소고기 삶은 물은 육수로 사용하는 거 알지?

❺ 데친 시금치는 잎만 잘라 잘게 다지고, 삶은 소고기도 꺼내 잘게 다진다.

❻ 냄비에 불린 쌀과 재료를 모두 넣고 강한 불로 끓인다. 저어주다 끓기 시작하면 약한 불로 줄여 참기름을 넣고 농도가 적당해질 때까지 끓인 다음, 4회분으로 나눠 용기에 담는다.

닭고기
아욱고구마당근무른밥

125kcal 탄수화물 21g
단백질 4g
지방 3g

아욱은 손질하기가 쉽지 않은 식재료다. 요리에 아욱을 쓸 때는 특유의 풋내를 없애야 하는데, 이유식을 만들 때는 일반 요리보다 더 정성을 들여야 한다. 풋내 없애는 방법은 빨래하는 것처럼 잎을 치대면서 여러 번 씻고 헹구는 것인데, 다른 식재료에 비해 많은 인내심과 노력이 필요한 일이다.

엄마만 따라 해

· 2회분 냉장
· 1회분 냉동

- ☑ 불린 쌀 … 90g
- ☑ 닭다리살 … 30g
- ☑ 참기름 … ½큰술
- ☑ 아욱·당근 … 5g씩
- ☑ 고구마 … 20g
- ☑ 물 또는 육수 … 360ml

손질한 닭고기와 아욱, 당근을 삶아 잘게 다지고 고구마는 쪄서 으깬 후, 불린 쌀과 함께 끓이면 완성!

❶ 닭고기는 모유 또는 분유에 약 20분 간 담가 비린내를 제거한 후, 흐르는 물에 씻어 힘줄을 제거한다.

❷ 고구마는 깨끗이 씻어 찜기에 넣어 찐 후 껍질을 벗겨 칼등으로 눌러서 으깬다.

❸ 아욱은 잎만 잘라 빨래하듯 치대며 물에 여러 번 씻고, 물기를 짜낸다.

✎ 푸른 물이 빠질 때까지 치대면서 여러 번 씻어야 풋내가 빠진단다.

❹ 깨끗이 씻은 당근은 껍질을 깎아 손질한다.

❺ 물을 부은 냄비에 닭고기를 넣어 강한 불로 끓인다. 한번 끓어오르면 약한 불로 줄여 아욱과 당근을 넣어 함께 삶는다.

 닭고기 삶은 물은 육수로 사용하기!

❻ 삶은 아욱과 당근, 닭고기는 칼로 잘게 다진다.

❼ 냄비에 모든 재료를 넣고 강한 불로 끓이다, 끓어오르면 약한 불로 줄여 참기름을 넣고 농도가 적당해질 때까지 끓인다.

❽ 3회분으로 나눠 용기에 담는다.

닭고기
당근브로콜리무른밥

118 kcal | 탄수화물 20g
단백질 4g
지방 2g

후기 이유식 중 이보다 더 만들기 쉬운 이유식은 없다고 해도 과언이 아니다. 닭고기나 당근, 브로콜리 모두 한 번에 넣어 삶고 데치면 되기에 과정이 쉽고, 조리 시간도 매우 짧다. 물론 브로콜리는 삶는 것보다 찌는 게 영양소 파괴가 덜하지만, 시간이 없다면 한 번에 넣고 삶는 것도 괜찮은 방법이다.

 모두 냉동

- ☑ 불린 쌀 … 130g
- ☑ 닭다리살 … 40g
- ☑ 참기름 … ½큰술
- ☑ 당근·브로콜리 … 10g씩
- ☑ 물 또는 육수 … 520ml

 손질한 닭고기와 당근, 브로콜리를 푹 삶아 잘게 다져 불린 쌀과 함께 끓여내면 완성!

❶ 닭고기는 20분간 모유나 분유에 담가 비린내를 제거한 후, 흐르는 물에 씻어 힘줄을 제거한다.

❷ 당근은 깨끗이 씻어 껍질을 깎아 손질하고, 브로콜리는 식초나 베이킹소다를 탄 물에 담가 살균한 후 흐르는 물에 씻어 꽃 부분만 남긴다.

❸ 끓는 물에 닭고기와 브로콜리, 당근을 넣어 함께 삶는다.

> 당근은 다른 재료보다 2~3분은 먼저 넣어 익혀야 해. 끓는 물에 넣기 전 참기름을 약간 넣어 볶은 뒤 삶는 것도 비타민 A 흡수율을 높이는 방법이야. 그리고 닭고기 삶은 물은 육수로 사용하렴!

❹ 삶은 닭고기와 브로콜리, 당근은 각각 잘게 다진다.

❺ 냄비에 불린 쌀과 잘게 다진 재료를 넣고, 닭고기 삶은 물을 부어 강한 불로 저어주며 끓인다. 끓어오르면 약한 불로 줄여 농도가 적당해질 때까지 저으며 끓인다.

❻ 4회분으로 나눠 용기에 담는다.

거봐, 쉽잖아~

이번 주 파티 요리

남은 재료로
시금치전
만들기

❶ 시금치는 먹기 좋은 크기로 듬성듬성 자른다.

❷ 물, 부침가루, 튀김가루를 넣어 반죽을 만든다.

❸ ②에 시금치를 적셔 팬에 먹기 좋은 크기로 부친다.

재료 시금치 … 1단, 튀김가루·부침가루 … 1컵씩, 물 … 2컵, 식용유 … 약간

이 유 후 기

집중 시이즌

4주 차 이유식

식사 습관을 길러주자

이 시기 아이의 식습관이 평생 간다. 따라서 아이가 바른 식사 습관을 기를 수 있도록 엄마가 좀 더 노력해야 한다. 가령, 이제 막 돌아다니기 시작하고 호기심이 많아진 아이가 식사에 집중하지 않고 여기저기 돌아다니려고 한다면, 따라다니면서 한 숟가락이라도 더 먹이려고 하는 게 아니라 아이를 한자리에 가만히 앉혀놓고 집중해서 먹을 수 있도록 유도해야 한다. 먹는 시간이 짧아도 너무 조급해하지 말고, 조금씩 집중하는 시간을 늘리면 된다. 식사 시간에 한자리에서 집중해 먹지 않으면 더 못 먹는다는 인식을 심어줄 필요가 있다. 그뿐 아니라 한 손에 잡는 핑거 푸드를 간식으로 적극 활용해 아이가 음식을 스스로 먹게끔 해야 이후에도 스스로 먹으려고 한다. 숟가락을 직접 들고 먹도록 하는 것도 필요한 단계다. 다 흘려서 고생할지라도 아기를 위해 엄마가 양보해야 한다.

이번 주 우리 아이가 적응할 재료 : 오이

사실 오이는 아이들에게 호불호가 분명하게 갈리는 식재료다. 특유의 향이 있기 때문에 이 향을 비리다고 느끼는 아이가 더러 있다. 이럴 때는 처음부터 오이를 레시피대로 넣어 먹이려고 하지 말고, 아주 소량만 먹이기 시작해 적응시키는 게 좋다. 또 알레르기를 유발할 위험도 다른 식재료보다는 높으니 껍질과 씨는 반드시 제거하고 먹여야 한다. 오이 속 미네랄 이산화규소는 머리카락, 손톱, 발톱을 윤기 나고 강하게 해주므로 아이가 꼭 먹어야 하는 식품이다. 따라서 적응시키기 힘들다고 포기하지 말고 조금씩 차근차근 해보자.

4th week
일주일 장바구니

불린 쌀 550g, 소고기 안심 120g, 닭다리살 30g, 감자 200g, 연두부 150g, 대구살 50g, 무 5g, 표고버섯·애호박 13g씩, 당근 15g, 오이·시금치 10g씩·완두콩 30g, 플레인 요구르트 150g

- -

♣ 딸아, 재료는 이렇게 골라야 한단다

오이
모양이 너무 삐쭉빼쭉한 것보다 일정하면서 알맞게 단단한 것이 좋단다. 특히 수박처럼 꼭 꼭지를 보고 골라야 하는데, 꼭지가 싱싱한 게 신선하고 좋은 거란다.
※ 구매/손질/관리법 P.35

♣ 이번 주 우리 아이 이유식 재료 한눈에 보기

소고기오이시금치무른밥 P.366
❶ 불린 쌀 … 130g
❷ 소고기 안심 … 50g
❸ 오이·시금치 … 10g씩
❹ 물 또는 육수 … 520㎖

감자연두부완두콩샐러드 P.368
❶ 감자 … 200g
❷ 연두부 … 150g
❸ 완두콩 … 30g
❹ 플레인 요구르트 … 150g

대구살닭고기영양죽 P.370
❶ 불린 쌀 … 120g
❷ 닭다리살 … 30g
❸ 대구살 … 20g
❹ 당근 … 10g
❺ 참기름 … ⅓큰술
❻ 물 또는 육수 … 480㎖

대구살무표고버섯무른밥 P.212
❶ 불린 쌀 … 90g
❷ 대구살 … 30g
❸ 무·표고버섯 … 5g씩
❹ 물 또는 육수 … 360㎖

※ 중기에서 배운 '대구살무표고버섯죽'에서 재료양 바꿔 끓이면 ok!

소고기애호박표고버섯무른밥 P.202
❶ 불린 쌀 … 120g
❷ 소고기 안심 … 40g
❸ 애호박·표고버섯 … 8g씩
❹ 물 또는 육수 … 480㎖

※ 중기에서 배운 '소고기애호박표고버섯죽'에서 재료양 바꿔 끓이면 ok!

소고기당근애호박무른밥 P.264
❶ 불린 쌀 … 90g
❷ 소고기 안심 … 30g
❸ 당근·애호박 … 5g씩
❹ 물 또는 육수 … 360㎖

※ 중기에서 배운 '소고기당근애호박죽'에서 재료양 바꿔 끓이면 ok!

1시간 안에 완성하는
일주일 이유식

전날에 미리 할 일 완두콩 불리기

1시간 전에 미리 할 일 소고기 핏물 빼기

20분 전에 미리 할 일 닭고기 비린내 제거하기
(모유나 분유에 담가두기)

필요한 것 모유(또는 분유), 식초(또는 베이킹소다), 찜기, 도마 2개, 냄비 4~5개, 키친타월 (또는 수건), 나무 술가락, 굵은소금, 이유식 용기 21개, 견출지

딸아~ 엄마만 따라 해 **시작**

재료 손질 ▶ **1**

애호박은 겉면을 베이킹 소다로 문질러 씻은 후, 흐르는 물에 씻어 껍질을 벗기고 씨를 도려낸다.

9 **◀ 다지기**

감자는 껍질을 벗겨 으깨고, 애호박은 칼로 잘게 다진다. 대구살은 살만 발라 잘게 다진다.

10 **무른밥 끓이기 ▶**

다 익은 소고기와 닭고기, 무, 당근은 각각 잘게 다진다. 시금치는 잎만 떼어, 완두콩은 껍질을 벗겨 다진다. 연두부는 으깬다.

이건 반드시 주의

한 번에 일주일 치를 만들어 보관하는 것이기 때문에 혹시라도 이유식에 미생물이 번식하지 않도록 조심해야 한단다.

🔔 절대 침이 들어가지 않도록 맛보면서 사용한 숟가락이나 젓가락이 일절 닿지 않게!

🔔 뜨거울 때 바로 용기에 담아 냉장실이나 냉동실에 보관하도록!

🔔 냉장 혹은 냉동 보관한 이유식은 섭취하기 직전에 80℃ 이상에서 5분간 익히기!

2

시금치는 식초나 베이킹소다를 푼 물에 담가 살균한 후 흐르는 물에 씻고, 무와 당근은 껍질을 벗겨 손질한다.

3

표고버섯은 기둥을 떼고 갓에 묻은 먼지를 털고 젖은 수건이나 키친타월로 표면을 살살 닦아낸 후 잘게 다진다.

4

오이는 굵은소금으로 문질러 씻고, 흐르는 물에 씻은 후 껍질을 깎고 씨를 도려낸 다음 잘게 다진다.

5

닭고기는 흐르는 물에 씻고 힘줄을 제거한다.

◀찌고 삶기

8

두 냄비 모두 끓으면 1) 소고기 냄비는 약한 불로 줄이고 무, 당근, 시금치를 넣은 후 좀 더 익힌 다음 불을 끈다. 2) 다른 냄비에는 닭고기와 완두콩, 연두부를 넣고 더 끓이다 약한 불로 줄이고 익은 순서대로 재료를 꺼낸다.

7

냄비 2개를 준비해 물을 담는다. 1) 냄비 하나에는 소고기를 넣고 강한 불로 끓인다(둥둥 뜨는 기름은 걷어내며 끓인다). 2) 다른 냄비에는 물만 강한 불로 끓인다.

6

찜기에 애호박과 감자를 넣고 찐다. 익으면 대구살을 넣어 찐다.

11

잘 으깬 감자와 연두부, 완두콩은 섞어 3회분으로 나눠 용기에 담고, 냉장실에 보관하다 먹일 때마다 플레인요구르트에 섞는다.

12

냄비 2개를 준비한다. 1) 냄비에 하나에는 '소고기애호박표고버섯무른밥' 재료를 넣고 강한 불로 끓인다. 2) 다른 냄비에는 '소고기오이시금치무른밥' 재료를 넣고 강한 불로 끓인다. 3) 모두 저어주며 끓이다 한번 끓어오르면 약한 불로 줄여 농도가 적당해질 때까지 끓인 후, 각각 4회분으로 나눠 용기에 담고, 냉동실에 보관한다.

13

다시 냄비 2개를 헹궈 준비한다. 1) 냄비 하나에는 '대구살무표고버섯무른밥' 재료를 넣고 강한 불로 끓인다. 2) 다른 냄비에는 '소고기당근애호박무른밥' 재료를 넣고 강한 불로 끓인다. 3) 모두 저어주며 끓이다 한번 끓어오르면 약한 불로 줄여 농도가 적당해질 때까지 끓인 후, 각각 3회분으로 나눠 용기에 담아, 각 2회분은 냉장실, 나머지는 냉동실에 보관한다.

완료

14

냄비 하나를 헹궈 '대구살닭고기영양죽' 재료를 넣고 강한 불로 저어주며 끓이다, 끓기 시작하면 약한 불로 줄여 농도가 적당해질 때까지 끓인 후 4회분으로 나눠 용기에 담아, 냉동실에 보관한다.

소고기
오이시금치무른밥

115kcal

탄수화물 20g
단백질 4g
지방 2g

많은 엄마들이 달걀 다음으로 많이 고민하는 것이 바로 오이다. 아이 중에는 오이 특유의 향과 비린내 때문에 잘 먹지 못하는 경우가 많다. 또 알레르기 위험도 다른 채소보다 높기 때문에 조심해서 사용해야 한다. 하지만 장점이 많은 오이를 아예 뺄 수는 없다. 아이가 꼭 친해져야 할 채소인 만큼 맛있는 이유식으로 적응시키자.

 보관 모두 냉동

 재료
☑ 불린 쌀 … 130g
☑ 소고기 안심 … 50g
☑ 오이·시금치 … 10g씩
☑ 물 또는 육수 … 520ml

 최고 오이는 손질해서, 시금치 잎은 데쳐서, 소고기는 삶아서 모두 잘게 다져 불린 쌀이랑 육수랑 끓이면 완성!

❶ 소고기는 미리 찬물에 담가 20분~1시간 정도 핏물을 뺀다.

❷ 식초나 베이킹소다 푼 물에 시금치를 담가 살균한 후 흐르는 물에 씻는다.

❸ 오이는 굵은소금으로 문질러 씻어 흐르는 물에 씻고, 껍질을 벗긴 다음 씨를 도려 내고 잘게 다진다.

🖋 오이는 알레르기 유발 위험이 높은 채소라서, 처음 사용하기 시작할 때는 조심해서 사용해야 해. 알레르기를 일으킬 수 있는 껍질은 깎고 씨는 도려내서 먹이렴.

❹ 냄비에 물을 담고 소고기를 넣어 강한 불로 끓이다, 끓어오르면 약한 불로 줄여 시금치를 넣어 데친다.

🖋 기름을 걷어내면서 끓이렴. 시금치는 1분이면 충분해. 고기 삶은 물은 육수로 쓸 거니까 잘 놔두렴!

❺ 잘 데친 시금치는 잎만 잘라 잘게 다지고, 삶은 소고기도 잘게 다진다.

❻ 냄비에 불린 쌀과 채소, 그리고 소고기 삶은 물을 넣고 강한 불로 끓인다. 저어주다 끓기 시작하면 약한 불로 줄여 농도가 적당해질 때까지 끓이고, 4회분으로 나눠 용기에 담는다.

후기

1주
2주
3주
4주
5주
6주
7주
8주
9주
10주
11주
12주

감자
연두부완두콩샐러드

122kcal　　탄수화물 16g
　　　　　단백질 7g
　　　　　지방 3g

엄마만 따라 해

이번 주 특식은 상큼한 맛이 일품인 샐러드다. 그 자체만으로도 맛있는 찐 감자를 으깨서 단백질을 보충해줄 수 있는 연두부와 으깬 완두콩, 그리고 상큼한 플레인 요구르트와 섞어서 먹이기만 하면 되는 아주 간단한 이유식이다. 어른들이 먹어도 맛있기 때문에, 많이 해서 아이와 엄마, 아빠가 함께 나눠 먹어도 좋다.

 보관　모두 냉장

 재료
- ☑ 연두부 ⋯ 150g
- ☑ 완두콩 ⋯ 30g
- ☑ 플레인 요구르트 ⋯ 150g
- ☑ 감자 ⋯ 200g

 최고
감자는 쪄서 으깨고, 연두부는 데쳐서 으깨고, 완두콩은 삶아서 껍질 벗겨 으깨서 플레인 요구르트와 함께 잘 섞으면 끝!

❶ 감자는 찜기에 넣어 찐 후 껍질을 벗기고 부드럽게 으깬다.

❷ 연두부는 흐르는 물에 씻고 미리 불려 둔 완두콩과 함께 끓는 물에 넣어 삶는다.

🖋 연두부는 끓는 물에 1분 정도만 살짝 데쳐주면 돼. 완두콩은 미리 3시간에서 하루 정도 불린 후에 손으로도 부스러질 때까지 푹 삶으렴.

❸ 데친 연두부는 으깨고, 완두콩은 껍질을 벗기고 잘게 다지거나 으깨 재료들끼리 잘 섞어 3회분으로 나눠 용기에 담는다.

🖋 먹을 때마다 요구르트를 섞어 부으렴!

거봐, 쉽잖아~

대구살
닭고기영양죽

119 kcal
탄수화물 20g
단백질 5g
지방 2g

어른들에게 힘을 북돋아주고 영양을 가득 채워주는 삼계탕 한 그릇. 아이들도 가끔은 이런 건강식이 필요한데, 닭고기와 대구살을 넣어 영양죽을 만들어 먹이면, 제대로 된 삼계탕이나 백숙은 아니더라도 충분한 영양과 에너지를 줄 수 있다. 특히 기진맥진하기 쉬운 한여름 더울 때 먹이면 아기에게 힘을 북돋아줄 수 있다.

보관 모두 냉동

재료

☑ 불린 쌀 ··· 120g
☑ 닭다리살 ··· 30g
☑ 참기름 ··· ½큰술

☑ 대구살 ··· 20g
☑ 당근 ··· 10g
☑ 물 또는 육수 ··· 480ml

최고

대구살은 찌고, 닭고기와 당근은 삶아서 모두 잘게 으깨 불린 쌀과 함께 육수를 넣고 푹 끓이면 완성!

❶ 닭고기는 미리 모유나 분유에 20분 간 재워 비린내를 없애고, 힘줄을 잘 라 손질한다.

❷ 대구살은 찜기에 넣어 찐 후 살만 발 라 잘게 다진다.

❸ 당근은 깨끗이 씻어 껍질을 벗기고, 사 용할 만큼만 잘라 손질한다.

❹ 끓는 물에 닭고기와 당근을 넣고 함 께 삶은 후 각각 칼로 잘게 다진다.

 닭고기 삶은 물은 육수로 사용할 테니 잘 두렴.

❺ 냄비에 불린 쌀과 재료, 닭고기 삶은 물을 넣고 강한 불로 끓이다, 끓기 시 작하면 약한 불로 줄여 참기름을 넣고 농도가 적당해질 때까지 저어주며 끓 인다.

❻ 4회분으로 나눠 용기에 담는다.

거봐, 쉽잖아~

후기

1주
2주
3주
4주
5주
6주
7주
8주
9주
10주
11주
12주

이번 주 파티 요리

남은 재료로
오이탕탕이
만들기

❶ 오이는 굵은소금으로 박박 문질러 깨끗이 씻는다.

❷ 꼭지를 제거한 오이를 오이를 지퍼백에 넣어 방망이나 밀대로 살짝 두들긴다.

❸ 볼에 오이를 반 정도만 넣고 소금을 넣은 후 나머지 오이를 넣고 소금을 약간 뿌린다.

❹ 홍고추는 송송 썰고 분량의 재료를 넣어 드레싱을 만든다.

❺ ③의 오이에 홍고추와 만들어둔 드레싱을 넣어 골고루 버무린다.

재료 오이 … 3개, 홍고추 … 1개, 소금 … 약간   **드레싱** 유자청 … 2큰술, 올리브유 … 1큰술, 레몬즙 … 약간

이 유 후 기

집중 시이즌

5주 차 이유식

젖병 대신 컵을 쓰자

이유식 양과 횟수가 늘면서 이제 이유식을 먹이고 바로 수유를 할 필요는 없다. 하지만 중기 끝나고 후기를 시작한다고 해서 바로 무 자르듯 수유를 줄이면 아기가 혼란을 느낄 수 있다. 그렇기 때문에 이유식을 먹이고 모유나 분유의 양을 줄여가다 끊는 게 좋다. 이때는 젖병 대신 컵을 이용해 모유나 분유를 주자. 다른 시간에 이유식 없이 수유만 할 때는 기존처럼 젖병으로 주다가도 이유식을 먹인 후 모유나 분유를 줄 때는 컵에 담아 아기가 마치 식사를 하고 주스나 후식을 먹는 듯한 느낌을 경험하면서 점점 이유식에만 집중할 수 있도록 하자.

Part 3. 후기 이유식   375

새우는 알레르기 위험이 높은 재료 중 하나!

그렇기 때문에 먹이기 전에 미리 소량만 익혀 아이 상태를 보고 괜찮으면 며칠 후에 먹이는 게 좋단다. 물론 알레르기 반응을 보이지 않는 아이도 많지만, 정 찜찜하면 완료기에 시도해보는 것도 괜찮아.

이번 주 우리 아이가 적응할 재료 : 새우, 연근

칼슘과 비타민 D, 마그네슘이 풍부한 새우는 아이의 뼈 성장에 매우 많은 도움을 준다. 머리와 껍질을 떼고 내장을 빼내한번 쪄야 하니 엄마 입장에서는 그리 반가운 재료는 아니지만, 아이의 성장을 위해서는 좋은 음식이기 때문에 꼭 먹여보자. 연근도 비타민 B·C가 많아 아이에게 좋다. 어릴 때부터 연근을 먹지 않다 보면 성인이 되어서도 편식하기 쉬우므로 이유식 때부터 먹이면서 아이가 연근과 친해지도록 하자.

5th week
일주일 장바구니

불린 쌀 660g, 소고기 안심 70g, 닭다리살 80g, 대구살 40g, 새우 40g, 건미역 5g,
검은콩·연근 10g씩, 비타민·브로콜리·애호박 8g씩, 시금치·고구마 5g씩, 사과·오이 15g씩

♣ 딸아, 재료는 이렇게 골라야 한단다

새우
생새우를 사서 직접 손질해 찌는 것도 좋지만, 내장을 제거한 새우를 구입해 요리하는 것도 좋은 방법이야. 오히려 내장을 늦게 빼면 살이 퍽퍽해질 수 있기 때문에 손질된 걸 선택하는 것도 좋은 방법이란다. ※ 구매/손질/관리법 P.37

연근
당연히 속이 부드러우면서 구멍이 예쁘고 균등하게 나 있는 게 좋은데, 사서 자르기 전엔 속을 볼 수 없으니 모양이 일정하게 굵고 적당히 긴 것을 고르렴. ※ 구매/손질/관리법 P.35

♣ 이번 주 우리 아이 이유식 재료 한눈에 보기

새우미역무른밥 P.380
❶ 불린 쌀 … 100g
❷ 새우 … 40g
❸ 건미역 … 5g
❹ 참기름 … ½큰술
❺ 물 또는 육수 … 400㎖

소고기검은콩연근무른밥 P.382
❶ 불린 쌀 … 130g
❷ 소고기 안심 … 40g
❸ 검은콩·연근 … 10g씩
❹ 참기름 … ½큰술
❺ 물 또는 육수 … 520㎖

닭고기사과오이무른밥 P.384
❶ 불린 쌀 … 100g
❷ 닭다리살 … 40g
❸ 사과·오이 … 15g씩
❹ 물 또는 육수 … 400㎖

소고기시금치고구마무른밥 P.216
❶ 불린 쌀 … 90g
❷ 소고기 안심 … 30g
❸ 시금치·고구마 … 5g씩
❹ 물 또는 육수 … 360㎖

※ 중기에서 배운 '소고기시금치고구마죽'에서 재료양 바꿔 끓이면 ok!

닭고기비타민무른밥 P.144
❶ 불린 쌀 … 120g
❷ 닭다리살 … 40g
❸ 비타민 … 8g
❹ 물 또는 육수 … 480㎖

※ 초기에서 배운 '닭고기비타민미음'에서 재료양 바꿔 끓이면 ok!

대구살브로콜리애호박무른밥 P.184
❶ 불린 쌀 … 120g
❷ 대구살 … 40g
❸ 브로콜리·애호박 … 8g씩
❹ 물 또는 육수 … 480㎖

※ 중기에서 배운 '대구살브로콜리애호박죽'에서 재료양 바꿔 끓이면 ok!

1시간 안에 완성하는 일주일 이유식

전날에 미리 할 일 검은콩 불리기

1시간 전에 미리 할 일 소고기 핏물 빼기

20분 전에 미리 할 일 닭고기 비린내 제거하기 (모유나 분유에 담가두기), 미역 불리기

필요한 것 모유(또는 분유), 식초(또는 베이킹소다), 굵은 소금, 도마 2개, 찜기, 냄비 4~5개, 나무 숟가락, 이유식 용기 21개, 견출지

 딸아~ 엄마만 따라 해 시작

재료 손질 ▶ 1

식초나 베이킹소다를 푼 물에 시금치, 비타민, 브로콜리를 담가 살균한 후, 흐르는 물에 헹구고 꽃 부분만 자른다.

12

냄비 2개를 준비해 물을 담는다. 1) 냄비 하나에 소고기와 검은콩을 넣고 강한 불로 끓인다(둥둥 뜨는 기름은 걷어내며 끓인다). 2) 다른 냄비에는 물만 강한 불로 끓인다.

11

찜기에 손질한 브로콜리와 애호박을 넣고, 깨끗이 씻은 고구마를 함께 넣어 찐다. 다 익으면 대구살을 넣어 찐다.

13 **다지기 ▶**

두 냄비 모두 끓으면 1) 소고기 냄비는 약한 불로 줄이고 시금치를 넣어 데친 후 좀 더 익힌 다음 불을 끈다. 2) 다른 냄비에는 닭고기와 비타민을 넣고 좀 더 끓이다, 약한 불로 줄이고 익은 순서대로 재료를 꺼낸다.

14

살짝 데친 비타민은 꺼내 잎만 잘라 잘게 다진다.

이건 반드시 주의

한 번에 일주일 치를 만들어 보관하는 것이기 때문에 혹시라도 이유식에 미생물이 번식하지 않도록 조심해야 한단다.

- 절대 침이 들어가지 않도록 맛보면서 사용한 숟가락이나 젓가락이 일절 닿지 않게!
- 뜨거울 때 바로 용기에 담아 냉장실이나 냉동실에 보관하도록!
- 냉장 혹은 냉동 보관한 이유식은 섭취하기 직전에 80℃ 이상에서 5분간 익히기!

2 애호박은 베이킹소다로 겉면을 문질러 씻은 후, 흐르는 물에 헹구고 껍질과 씨를 제거한다.

3 고구마는 깨끗이 씻거나 껍질을 깎는다.

4 식초나 베이킹소다 푼 물에 시금치와 비타민을 담가 살균한 후 흐르는 물에 헹군다.

5 닭고기는 흐르는 물에 헹구고, 힘줄을 제거해 손질한다.

◀ 찌고 삶기

10 사과는 껍질을 깎고 잘게 다진다.

9 오이는 굵은소금으로 문질러 씻어 헹구고 껍질을 자른 후 씨를 도려내 잘게 다진다.

8 불린 미역은 벅벅 비벼씻고, 잘게 다진다.

7 연근은 껍질을 벗기고 얇게 썬 후, 끓는 물에 식초 한 방울을 넣어 푹 삶아 잘게 다진다.

6 새우는 머리를 자르고 껍질을 벗긴 후 이쑤시개로 내장을 꺼내고 끓는 물에 삶은 다음 잘게 다진다.

15 데친 시금치는 잎만 잘라 잘게 다지고, 삶은 소고기와 닭고기는 각각 잘게 다진다. 검은콩은 일일이 껍질을 벗겨 으깨거나 다진다.

16 고구마는 으깨고, 브로콜리와 애호박은 잘게 다진다. 대구살도 살만 발라내 잘게 다진다.

무른밥 끓이기 ▶

17 냄비 2개를 준비한다. 1) 냄비 하나에 '소고기검은콩연근무른밥' 재료를 넣고 강한 불로 끓인다. 2) 다른 냄비에는 '닭고기비타민무른밥' 재료를 넣고 강한 불로 끓인다. 3) 끓어오르면 약한 불로 줄여 끓인 후, 각각 4회분으로 나눠 용기에 담아, 냉동실에 보관한다.

완료

19 냄비 2개를 헹궈 준비한다. 1) 냄비 하나에 '새우미역무른밥' 재료를 넣고 강한 불로 끓인다. 2) 다른 냄비에는 '대구살브로콜리애호박무른밥' 재료를 넣고 강한 불로 끓인다. 3) 끓어오르면 약한 불로 줄여 각각 3회분과 4회분으로 나눠 용기에 담고, '새우미역무른밥' 2회분은 냉장실, 나머지는 냉동실에 보관한다.

18 다시 냄비 2개를 헹궈 준비한다. 1) 냄비 하나에 '소고기시금치고구마무른밥' 재료를 넣고 강한 불로 끓인다. 2) 다른 냄비에는 '닭고기사과오이무른밥' 재료를 넣고 강한 불로 끓인다. 3) 모두 저어주다 끓어오르면 약한 불로 줄여 끓인 후, 각각 3회분으로 나눠 용기에 담아, 각 2회분은 냉장실에, 나머지는 냉동실에 보관한다.

새우미역무른밥

120kcal
탄수화물 20g
단백질 4g
지방 2g

엄마만 따라 해

새우는 칼슘이 많고 비타민 D나 마그네슘도 풍부해 아이의 뼈 성장에 많은 도움을 줄 수 있다. 그뿐 아니라 씹는 식감도 다른 채소나 고기와는 또 달라서 아이가 다양한 식감을 느낄 수 있게 한다. 불린 쌀을 함께 넣어 무른밥 형태로 먹여 그냥 미역국으로만 먹였을 때보다 아이에게 더 탄탄한 영양과 포만감을 주도록 하자.

보관
· 2회분 냉장
· 1회분 냉동

재료
☑ 불린 쌀 ··· 100g ☑ 새우 ··· 40g
☑ 건미역 ··· 5g ☑ 참기름 ··· ½큰술
☑ 물 또는 육수 ··· 400ml

최고
불린 미역은 깨끗이 씻어 다지고, 손질한 새우는 삶아서 다지고, 불린 쌀이랑 모두 넣어 푹 끓이면 완성!

❶ 미역은 미리 물에 20분간 불린 후 흐르는 물에 박박 비벼 여러 번 씻어 칼로 잘게 다진다.

🖊 미역의 염분을 빼기 위해 박박 씻는 거야. 또 워낙 질기기 때문에 칼로 최대한 잘게 다지거나 아예 믹서로 갈아버리렴.

❷ 새우는 머리를 자르고 껍질을 벗긴 후, 내장을 꺼내 손질한 다음 끓는 물에 삶는다.

🖊 새우는 자체적으로 짠맛이 있기 때문에 미리 삶는 게 좋단다. 내장은 둘째 마디와 셋째 마디 사이에 있는데, 이쑤시개를 이용해서 빼면 아주 잘 빠져.

❸ 삶은 새우는 칼로 잘게 다진다.

❹ 냄비에 불린 쌀과 다진 재료, 그리고 물 또는 육수를 붓고 강한 불로 끓인다. 저어주다가 끓으면 약한 불로 줄여 참기름을 넣고 농도가 적당해질 때까지 끓인 후, 3회분으로 나눠 용기에 담는다.

🖊 육수가 아닌 물로 끓일 거라면, 다시마 팩으로 넣어 우린 물을 쓰는 것도 아주 좋아. 아이가 알레르기 반응을 보이지 않는다면 참기름 한 방울 톡 넣어주는 것도 풍미를 살리는 아주 좋은 방법이지.

영양사 선생님

아이들 중에는 간혹 새우에 민감한 경우가 있는데, 새우를 넣은 이유식을 먹이기 전에 전날에라도 익힌 새우를 소량 먹여보고 괜찮은지 반응을 볼 필요가 있습니다. 아이가 적응을 잘한다면 새우는 칼슘과 단백질이 풍부한 식품으로 성장에 도움을 줄 수 있으니 자주 사용하면 좋습니다.

소고기
검은콩연근무른밥

133kcal

탄수화물 21g
단백질 4g
지방 3g

연근은 비타민 B·C가 풍부한 채소다. 특히 비타민 C가 무척 많이 들어 있어, 연근만 잘 먹어도 비타민이 부족해지지 않을 정도다. 그렇다 보니 연근은 이유식에 빠져서는 안 되는 매우 기특한 재료다. 커서도 연근을 자주 먹으면 좋으니 맛있게 이유식을 만들어 아이가 연근을 좋아할 수 있도록, 평생 친구가 되도록 만들자.

 보관 모두 냉동

 재료
- ☑ 불린 쌀 … 130g
- ☑ 소고기 안심 … 40g
- ☑ 참기름 … ½큰술
- ☑ 검은콩·연근 … 10g씩
- ☑ 물 또는 육수 … 520ml

 최고 소고기랑 검은콩은 삶아서 다지고, 연근도 삶아 다져서, 불린 쌀이랑 육수 넣고 푹 끓이면 완성!

❶ 소고기는 미리 20분~1시간 정도 물에 담가 핏물을 뺀다.

❷ 검은콩도 미리 물에 담가 불려놓는다.

✎ 콩은 최소 3시간에서 하루 정도 불려야 해. 하지만 냉동 콩이라면 불리지 않고 사용해도 상관없단다.

❸ 연근은 껍질을 깎아 사용할 만큼만 손질한 후, 끓는 물에 식초 한 방울 넣고 삶아 쓴맛을 없애, 칼로 잘게 다진다.

✎ 껍질은 알레르기를 일으킬 수 있기 때문에 꼭 깎아서 써야 해. 그리고 푹 익혀야 한단다.

❹ 냄비에 물을 담고 소고기와 검은콩을 넣어 강한 불로 끓인다. 끓어오르면 약한 불로 줄여 소고기와 콩이 푹 익을 때까지 삶는다.

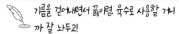

✎ 기름을 걷어내면서 끓이렴. 육수로 사용할 거니까 잘 놔두고!

❺ 소고기는 잘게 다지고, 검은콩은 껍질을 일일이 벗겨 으깨거나 다진다.

❻ 냄비에 불린 쌀과 모든 재료를 넣고, 소고기 삶은 물을 부어 강한 불로 끓인다. 끓어오르면 약한 불로 줄여 참기름을 넣고 농도가 적당해질 때까지 저어주며 끓인 후 4회분으로 나눠 용기에 담는다.

닭고기
사과오이무른밥

115kcal

탄수화물 21g
단백질 4g
지방 1g

엄마만 따라 해

이번에는 새콤달콤한 이유식으로 아이 입맛을 사로잡아보자. 엄마 입맛에는 달콤까지는 아니더라도 사과의 새콤함과 달짝지근한 맛은 이유식이라는 긴 터널 막바지에 와 있는 아기에게 더할 나위 없이 맛있게 느껴질 것이다. 여기에 닭고기를 함께 넣어 자칫 부족할 수 있는 단백질과 영양소를 보충해주자.

보관
· 2회분 냉장
· 1회분 냉동

재료
☑ 불린 쌀 … 100g
☑ 닭다리살 … 40g
☑ 사과·오이 … 15g씩
☑ 물 또는 육수 … 400ml

최고
닭고기는 삶아서 다지고, 오이와 사과는 껍질 깎고 씨 도려내 잘게 다져 불린 쌀이랑 육수랑 넣고 푹 끓이면 완성!

❶ 닭고기는 미리 20분간 모유나 분유에 담가 비린내를 제거한 후, 흐르는 물에 씻고 힘줄을 잘라 손질한다.

❷ 끓는 물에 닭고기를 넣고 익을 때까지 끓인 후 잘게 다진다.

닭고기 삶은 물은 잘 뒀다가 육수로 사용하렴!

❸ 오이는 굵은소금으로 문질러 닦아 흐르는 물에 헹군 후 껍질을 벗기고 씨를 도려내 칼로 잘게 다진다.

알레르기를 일으킬 수 있는 껍질과 씨는 꼭 제거해야 한단다.

❹ 사과는 껍질을 깎고 사용할 만큼 자른 후 칼로 잘게 다진다.

❺ 냄비에 불린 쌀과 모든 재료를 넣고 닭고기 삶은 물을 넣어 강한 불로 저어주며 끓이다, 끓어오르면 약한 불로 줄여 농도가 적당해질 때까지 끓인다.

❻ 3회분으로 나눠 용기에 담는다.

거봐, 쉽잖아~

이번 주 파티 요리

MERRY

남은 재료로
닭칼국수
만들기

❶ 애호박은 가늘게 채 썰고, 홍고추와 대파는 어슷 썰어 준비한다. ❷ 닭 안심살은 냄비에 넣고 익힌다.

❸ 익은 닭 안심살은 찢어서 준비하고, 안심살 삶은 물에 멸치액젓, 국간장을 넣어 육수를 만든다.

❹ 만들어둔 육수에 준비한 채소를 넣어 끓이다가 팔팔 끓기 시작하면 칼국수 면과 찢어놓은 닭 안심살을 함께 넣어 끓인다. ❺ 중간 불에서 끓이면서 칼국수 면이 익을 때쯤 소금과 후춧가루를 추가해 간을 맞춘다.

재료 닭 안심 … 300g, 칼국수 면 … 200g, 애호박 … 1개, 소금·홍고추·대파·후춧가루 … 약간,
멸치액젓 … 1작은술, 국간장 … 1큰술

집중 시이즌

6주 차 이유식

반찬처럼 먹여보자

후기 이유식 시기에는 아기 스스로 먹는 훈련이 완성되어야 한다. 따라서 이 시기부터는 모든 재료를 섞어 죽 형태로만 주지 말고 밥과 반찬을 따로 주어 아기가 먹고 싶은 반찬을 스스로 선택해서 먹게 해주는 것도 좋다. 아기가 혼자 숟가락을 들고 먹으려고 할 때 이렇게 반찬처럼 구성하면, 스스로 자기가 먹고 싶은 걸 직접 생각하고 고를 수 있어 식사 훈련에 더 효과적일 수 있다.

이번 주 우리 아이가 적응할 재료 : 게살

새우만큼이나 아이가 잘 먹고 영양가도 풍부한 해산물이 바로 게살이다. 대게나 꽃게의 살만 발라 아이에게 주면 되는데, 직접 손질해서 찐 후 살을 발라야 하므로 바쁜 엄마들에게는 큰 부담일 수 있다. 하지만 요즘은 이유식용 냉동 대게살도 잘 나오기 때문에 이런 걸 이용해 자주 만들어주는 것도 현명한 방법이다. 그 자체로도 짭쪼롬하기 때문에 아이가 맛있게 잘 먹는데, 염분이 많으면 좋지 않으니 한번 삶아서 요리하자.

6th week
일주일 장바구니

불린 쌀 640g, 소고기 안심 70g, 닭다리살 60g, 대구살 20g, 양송이 15g, 당근 35g, 게살 70g, 브로콜리 15g, 시금치 18g, 우엉 13g, 양파 10g, 고구마 5g, 달걀 1개, 모유 또는 분유 150㎖

♣ 딸아, 재료는 이렇게 골라야 한단다

게살

배 부분이 말랑한 것보다는 딱딱한 게 좋단다. 그리고 살아 있는 대게를 구입한다면 다리를 이리저리 뻗으며 움직이는 게 좋아. 이렇게 활발하게 살아 있는 게를 직접 손질해 먹이려니 겁부터 나지? 누누이 말하지만 엄마가 즐거워야 아이도 즐거운 법이란다. 너무 스트레스받으면 냉동 대게살로 요리하는 것도 아주 좋은 방법이야!

※ 구매/손질/관리법 P.37

♣ 이번 주 우리 아이 이유식 재료 한눈에 보기

양송이당근시금치타락죽 P.394
❶ 불린 쌀 … 90g
❷ 양송이 … 15g
❸ 당근 · 시금치 … 10g씩
❹ 달걀 … 1개
❺ 물 또는 육수 … 200㎖
❻ 모유 또는 분유 … 150㎖

게살브로콜리당근양파무른밥 P.396
❶ 불린 쌀 … 130g
❷ 대게살(냉동) … 70g
❸ 브로콜리 · 당근 · 양파 … 10g씩
❹ 참기름 … ½큰술
❺ 물 또는 육수 … 520㎖

소고기우엉고구마무른밥 P.316
❶ 불린 쌀 … 90g
❷ 소고기 안심 … 30g
❸ 우엉 · 고구마 … 5g씩
❹ 물 또는 육수 … 360㎖

※ 후기 1주 차에서 배운 '소고기우엉고구마무른밥'에서 재료양 바꿔 끓이면 ok!

닭고기당근브로콜리무른밥 P.356
❶ 불린 쌀 … 90g
❷ 닭다리살 … 30g
❸ 당근 · 브로콜리 … 5g씩
❹ 물 또는 육수 … 360㎖

※ 후기 3주 차에서 배운 '닭고기당근브로콜리무른밥'에서 재료양 바꿔 끓이면 ok!

소고기우엉시금치무른밥 P.352
❶ 불린 쌀 … 120g
❷ 소고기 안심 … 40g
❸ 우엉 · 시금치 … 8g씩
❹ 물 또는 육수 … 480㎖

※ 후기 3주 차에서 배운 '소고기우엉시금치무른밥'에서 재료양 바꿔 끓이면 ok!

대구살닭고기영양죽 P.370
❶ 불린 쌀 … 120g
❷ 닭다리살 … 30g
❸ 대구살 … 20g
❹ 당근 … 10g
❺ 참기름 … ½큰술
❻ 물 또는 육수 … 480㎖

※ 후기 4주 차에서 배운 '대구살닭고기영양죽'에서 재료양 바꿔 끓이면 ok!

1시간 안에 완성하는 일주일 이유식

1시간 전에 미리 할 일	소고기 핏물 빼기, 게 손질해 찌기(냉동 게살을 이용할 경우 X)
20분 전에 미리 할 일	닭고기 비린내 제거하기 (모유나 분유에 담가두기)

필요한 것 모유(또는 분유), 식초(또는 베이킹소다), 찜기, 도마 2개, 냄비 5개, 나무 숟가락, 믹서(필요한 경우), 이유식 용기 21개, 견출지

딸아~ 엄마만 따라 해

시작

재료 손질 ▶ ①
고구마는 깨끗이 씻거나 껍질을 깎는다.

⑨
두 냄비 모두 끓으면 1) 소고기 냄비는 약한 불로 줄이고 시금치를 넣어 데친 후 불을 끈다. 2) 다른 냄비에는 닭고기와 당근, 브로콜리를 넣고 좀 더 끓이다, 약한 불로 줄이고 익은 순서대로 재료를 꺼낸다.

다지기 ▶ ⑩
찐 고구마는 껍질을 벗겨 칼등으로 으깬다.

⑪
대구살도 다 익으면 살만 발라내 잘게 다진다.

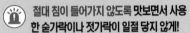
이건 반드시 주의

한 번에 일주일 치를 만들어 보관하는 것이기 때문에 혹시라도 이유식에 미생물이 번식하지 않도록 조심해야 한단다.

- 절대 침이 들어가지 않도록 맛보면서 사용한 숟가락이나 젓가락이 일절 닿지 않게!
- 뜨거울 때 바로 용기에 담아 냉장실이나 냉동실에 보관하도록!
- 냉장 혹은 냉동 보관한 이유식은 섭취하기 직전에 80℃ 이상에서 5분간 익히기!

완료

2 식초나 베이킹소다를 푼 물에 시금치와 브로콜리를 살균한 후 흐르는 물에 씻고 브로콜리는 꽃 부분만 자른다.

3 당근과 양파, 우엉은 껍질을 깎고 사용할 만큼 적당한 크기로 잘라 손질한다. 우엉은 잘게 다진다.

4 양송이는 기둥을 떼고 갓의 껍질을 벗겨낸 후 잘게 다진다.

5 닭고기는 흐르는 물에 헹구고, 힘줄을 제거해 손질한다.

8 냄비 2개를 준비해 물을 담는다. 1) 냄비 하나에 소고기를 넣고 강한 불로 끓인다 (둥둥 뜨는 기름은 걷어내어 끓인다). 2) 다른 냄비에는 물만 강한 불로 끓인다.

7 ◀ 찌고 삶기
찜기에 깨끗이 씻은 고구마를 넣어 찐 후 대구살을 찐다.

6 끓는 물에 게살과 양파를 넣어 삶는다. 게살은 데치고, 양파는 달달해질 때까지 푹 익힌 후 각각 잘게 다진다.

12 소고기와 닭고기는 각각 잘게 다진다.

13 시금치는 물기를 짜내고 잎만 떼어 잘게 다진다.

14 당근과 브로콜리도 잘게 다진다.

무른밥 끓이기 ▶

15 냄비 2개를 준비한다. 1) 냄비 하나에 '양송이당근시금치타락죽' 재료를 넣고 강한 불로 끓인다. 2) 다른 냄비에는 '소고기우엉고구마무른밥' 재료를 넣고 강한 불로 끓인다. 3) 끓어오르면 약한 불로 줄여 끓인다. 타락죽은 달걀을 풀어 넣고, 모유나 분유를 부어가며 졸이듯 끓인다. 각각 3회분으로 나눠 용기에 담고, '소고기우엉고구마무른밥' 1회분은 냉동실, 나머지는 냉장실에 보관한다.

17 다시 냄비 2개를 헹궈 준비한다. 1) 냄비 하나에 '닭고기당근브로콜리무른밥' 재료를 넣고 강한 불로 끓인다. 2) 다른 냄비에는 '소고기우엉시금치무른밥' 재료를 넣고 강한 불로 끓인다. 3) 끓어오르면 약한 불로 줄여 끓인 후, 각각 3회분과 4회분으로 나눠 용기에 담는다. '닭고기당근브로콜리무른밥' 2회분은 냉장실, 나머지는 냉동실에 보관한다.

16 냄비 2개를 헹궈 준비한다. 1) 냄비 하나에 '게살브로콜리당근양파무른밥' 재료를 넣고 강한 불로 끓인다. 2) 다른 냄비에는 '대구살닭고기영양죽' 재료를 넣고 강한 불로 끓인다. 3) 끓어오르면 약한 불로 줄여 농도가 적당해질 때까지 끓인 후, 각각 4회분으로 나눠 용기에 담아 냉동실에 보관한다.

양송이
당근시금치타락죽

140 kcal 탄수화물 23g
단백질 4g
지방 3g

뽀빠이 힘의 원천 시금치와 눈에 좋은 당근, 고단백 식품인 양송이를 넣어 달짝지근하게 끓이는 타락죽이다. 건강도 건강이지만, 주황색과 흰색, 초록색을 적절하게 섞어 한눈에도 맛있어 보인다. 보기에도 좋은 게 먹기에도 좋다고 했던가? 아이도 어른처럼 맛있어 보이는 걸 먹고 싶어 하니 안성맞춤이다.

 보관 · 모두 냉장

 재료
- ☑ 불린 쌀 … 90g
- ☑ 양송이 … 15g
- ☑ 달걀 … 1개
- ☑ 당근·시금치 … 10g씩
- ☑ 물 또는 육수 … 200ml
- ☑ 모유 또는 분유 … 150ml

 최고 당근과 양송이는 곱게 다지고 시금치는 데쳐서 잎만 다진 후, 불린 쌀과 함께 끓이다 달걀, 모유를 부어 끓이면 완성!

❶ 당근은 깨끗이 씻어 껍질을 깎고 쓸 만큼만 잘라 다진다.

❷ 양송이는 기둥을 떼어내고 갓의 껍질을 얇게 벗긴 후, 흐르는 물에 씻어 칼로 잘게 다진다.

🪶 갓 안쪽에서 바깥쪽으로 살살 벗기렴.

❸ 식초나 베이킹소다를 탄 물에 시금치를 담가 살균한 후 흐르는 물에 씻고, 끓는 물에 데친 다음 잎만 떼어 잘게 다진다.

❹ 냄비에 불린 쌀과 재료를 넣고 물이나 육수를 부어 강한 불로 끓인다. 끓어오르면 중간 불로 줄이고 모유나 분유를 부어가며 졸이면서 농도를 맞추며 끓인다. 불을 끄기 1~2분 전에 달걀을 풀어 넣는다.

❺ 3회분으로 나눠 용기에 담는다.

거봐, 쉽잖아~

게살
브로콜리당근양파무른밥

115kcal

탄수화물 20g
단백질 4g
지방 1g

엄마만 따라 해

여기 사용하는 게살은 마트에서 흔히 사 먹는 '게맛살'이 아니라 진짜 게살을 말한다. 게맛살은 밀가루나 여러 첨가물이 섞여 있기 때문에 써서는 안 된다. 요즘은 진짜 대게나 꽃게를 손질해 푹 쪄서 살을 발라 놓은 냉동 대게살이 잘 나와 있단다. 게 손질에 스트레스받는 것보다 쉬운 방법으로 만들어, 엄마가 즐거운 게 가장 현명한 방법이라고 본다.

 보관 모두 냉동

 재료
- ☑ 불린 쌀 … 130g
- ☑ 대게살(냉동) … 70g
- ☑ 참기름 … ½큰술
- ☑ 브로콜리·당근·양파 … 10g씩
- ☑ 물 또는 육수 … 520ml

 최고
재료를 모두 손질해 한번 데쳐서, 잘게 다진 후 불린 쌀과 함께 푹 끓이면 완성!

❶ 식초나 베이킹소다를 푼 물에 브로콜리를 담갔다가 흐르는 물에 헹구고, 꽃 부분만 잘라 손질한다.

❷ 당근과 양파는 껍질을 벗기고 사용할 만큼 잘라 손질한다.

❸ 끓는 물에 발라낸 게살(또는 냉동 게살)과 당근, 브로콜리, 양파를 넣는다.

게살은 염분이 있기 때문에 한번 데쳐서 사용하는 게 좋아. 실제 대게나 꽃게를 손질해 찌는 방법도 있지만, 요즘은 냉동 게살, 특히 이유식용으로도 나온 게 많으니, 사정에 맞게 선택하는 게 현명한 거란다. 삶은 물은 버리지 말도록!

❹ 데친 게살과 당근, 브로콜리, 양파를 잘게 다진다.

❺ 냄비에 불린 쌀과 재료를 모두 넣고 재료 삶은 물을 부어 강한 불로 저어주며 끓이다, 끓어오르면 약한 불로 줄여 참기름을 넣고 농도가 적당해질 때까지 끓인다.

❻ 4회분으로 나눠 용기에 담는다.

거봐, 쉽잖아~

후기
1주
2주
3주
4주
5주
6주
7주
8주
9주
10주
11주
12주

이번 주 파티 요리

남은 재료로
게살브로콜리버터볶음
만들기

❶ 게살은 먹기 좋게 찢어둔다.

❷ 브로콜리는 꽃송이를 떼어 끓는 물에 약 10초간 데친다.

❸ 팬에 버터를 넣고 브로콜리를 넣어 볶다가 게살을 넣고 함께 볶는다.

❹ 브로콜리가 어느 정도 익으면 소금과 후춧가루로 간한다.

※ 엄마, 아빠 반찬에는 게맛살을 사용했단다!

재료 게맛살 … 2개, 브로콜리 … 1개, 버터 … 1큰술, 소금·후춧가루 … 약간

집중 시이즌

7주 차 이유식

농도를 3배 죽으로 업그레이드 해보자

굳이 구분하자면 지금까지는 후기 초반이었다고 할 수 있다. 이제 후기의 딱 절반을 넘어가는 만큼 아기의 발달과 성장을 위해 이유식의 농도를 조금 더 되직하게 업그레이드할 필요가 있다. 기존 물 양을 불린 쌀의 4배로 하던 4배 죽 이유식을 3배 죽 이유식으로 바꿔보자. 불린 쌀의 양보다 3배 많은 물로 양을 잡으면 된다. 물론 이 역시 한번 시도해보고 아기가 잘 받아들이지 못하는 것 같으면 다시 4배 죽으로 돌아와 조금 더 기다려주는 게 좋다.

이번 주 우리 아이가 적응할 재료 : 옥수수, 파프리카

사실 옥수수는 엄마에게 그렇게 달가운 식재료는 아니다. 삶아서 옥수수알의 껍질을 일일이 까기도 해야 하는데, 완두콩이나 검은콩보다 손질하기가 여간 어려운 것이 아니다. 하지만 아이들이 곧잘 먹는 음식인 만큼 용기를 내서 꼭 시도해자. 파프리카도 아이들이 좋아하는 의외의 재료가 될 수 있다. 다양한 색의 파프리카를 이용해 예쁜 이유식을 만들면 아기도 재미없는 이유식보다 더 좋아하고 호기심을 가진다.

7th week
일주일 장바구니

불린 쌀 570g, 소고기 안심·닭다리살 90g씩, 애호박 30g, 감자·당근·시금치·옥수수
·양파·양송이·우엉·연근 10g씩, 새우 70g, 파프리카 20g

♣ 딸아, 재료는 이렇게 골라야 한단다

옥수수 직접 옥수수를 삶아 알알이 떼어내 냉동시킨 후 이유식을 만들 때마다 꺼내 쓰는 것도 좋아. 하지만 요즘같이 엄마들이 바쁜 시대에는 엄마도 아이도 즐거운 방법을 찾는 게 더 현명한 것 같아. 요즘은 이유식용 냉동 옥수수도 많이 판매하니 그런 걸 이용하는 것도 삶의 지혜라고 할 수 있어. ※ 구매/손질/관리법 P.35

파프리카 표면이 쭈글쭈글하고 단단하지 않은 건 신선하지 않단다. 한눈에 보기에도 단단하고, 표면이 깨끗하며 꼭지가 싱싱한 게 좋아. ※ 구매/손질/관리법 P.36

♣ 이번 주 우리 아이 이유식 재료 한눈에 보기

닭고기당근시금치옥수수진밥 P.406
❶ 불린 쌀 … 100g
❷ 닭다리살 … 40g
❸ 당근·시금치·옥수수 … 10g씩
❹ 참기름 … ½큰술
❺ 물 또는 육수 … 300㎖

닭고기파프리카우엉진밥 P.408
❶ 불린 쌀 … 130g
❷ 닭다리살 … 50g
❸ 파프리카·우엉 … 10g씩
❹ 참기름 … ½큰술
❺ 물 또는 육수 … 390㎖

새우양송이양파덮밥 P.410
❶ 불린 쌀 … 100g
❷ 새우 … 40g
❸ 양송이·양파 … 10g씩
❹ 달걀 … 큰술
❺ 물 또는 육수 … 300㎖

새우애호박진밥 P.412
❶ 불린 쌀 … 130g
❷ 새우 … 30g
❸ 애호박 … 20g
❹ 참기름 … ½큰술
❺ 물 또는 육수 … 390㎖

소고기파프리카연근진밥 P.414
❶ 불린 쌀 … 130g
❷ 소고기 안심 … 50g
❸ 파프리카·연근 … 10g씩
❹ 참기름 … ½큰술
❺ 물 또는 육수 … 390㎖

소고기애호박감자진밥 P.248
❶ 불린 쌀 … 100g
❷ 소고기 안심 … 40g
❸ 애호박·감자 … 10g씩
❹ 물 또는 육수 … 300㎖

※ 중기에서 배운 '소고기애호박감자죽'에서 재료양 바꿔 끓이면 ok!

1시간 안에 완성하는 일주일 이유식

1시간 전에 미리 할 일 소고기 핏물 빼기

20분 전에 미리 할 일 닭고기 비린내 제거하기
(모유나 분유에 담가두기)

필요한 것 식초(또는 베이킹소다), 칼, 도마 2개, 찜기, 냄비 2~4개, 나무 숟가락, 프라이팬, 이유식 용기 21개, 견출지

딸아~ 엄마만 따라 해

시작

재료 손질 ▶ **1**

식초나 베이킹소다를 푼 물에 시금치를 담가 살균한 후 흐르는 물에 씻는다.

◀ 다지기 **10**

냄비 2개를 준비해 물을 담는다. 1) 냄비 하나에 소고기를 넣고 강한 불로 끓인다(둥둥 뜨는 기름은 걷어내며 끓인다). 2) 다른 냄비에는 물만 강한 불로 끓인다.

11

두 냄비 모두 물이 끓으면 1) 소고기 냄비는 약한 불로 줄여 좀 더 익힌 후 불을 끈다. 2) 다른 냄비에는 닭고기와 당근, 옥수수, 시금치를 넣고 좀 더 끓이다 약한 불로 줄이고 익은 순서대로 재료를 꺼낸다.

12

시금치는 물기를 짜내고 잎만 떼어 잘게 다진다. 당근과 애호박도 각각 잘게 다지고, 감자는 으깨듯 다진다. 소고기와 닭고기도 각각 잘게 다진다.

이건 반드시 주의

한 번에 일주일 치를 만들어 보관하는 것이기 때문에 혹시라도 이유식에 미생물이 번식하지 않도록 조심해야 한단다.

🚨 절대 침이 들어가지 않도록 맛보면서 사용한 숟가락이나 젓가락이 일절 닿지 않게!

🚨 뜨거울 때 바로 용기에 담아 냉장실이나 냉동실에 보관하도록!

🚨 냉장 혹은 냉동 보관한 이유식은 섭취하기 직전에 80℃ 이상에서 5분간 익히기!

2

베이킹소다로 애호박과 파프리카의 표면을 문질러 닦고 흐르는 물에 씻는다. 애호박은 껍질과 씨를 도려내 준비하고, 파프리카는 꼭지와 씨를 제거한 후 잘게 다져 준비한다.

3

당근과 우엉, 양파의 껍질을 벗긴다. 당근은 사용할 만큼 잘라 준비하고, 우엉과 양파는 각각 잘게 다진다.

4

새우의 머리와 껍질, 내장을 제거한 후 끓는 물에 삶아 잘게 다진다.

◀ 찌고 삶기 **9**

찜기에 애호박과 감자를 넣고 젓가락 푹 들어갈 때까지 찐다.

8

닭고기는 흐르는 물에 씻고 힘줄을 제거한다.

7

감자는 흐르는 물에 깨끗이 씻거나 껍질을 벗겨 준비한다.

6

양송이의 기둥을 떼고 갓의 껍질을 벗겨 흐르는 물에 씻은 후 잘게 다진다.

5

새우 삶은 물에 식초를 한 방울 넣어 다시 끓인 다음 껍질을 깎아 얇게 썰어놓은 연근을 넣고 삶아낸 후 잘게 다진다.

진밥 끓이기 ▶ **13**

옥수수는 알알의 껍질을 벗겨준다.

14

냄비 2개를 준비한다. 1) 냄비 하나에 '소고기애호박감자진밥' 재료를 넣고 강한 불로 끓인다. 2) 다른 냄비에는 '닭고기당근시금치옥수수진밥' 재료를 넣고 강한 불로 끓인다. 3) 끓어오르면 약한 불로 줄여 끓인 후, 각각 3회분으로 나눠 용기에 담는다. 각 2회분은 냉장실, 나머지는 냉동실에 보관한다.

15

다시 냄비 2개를 헹궈 준비한다. 1) 냄비 하나에 '닭고기파프리카우엉진밥' 재료를 넣고 강한 불로 끓인다. 2) 다른 냄비에는 '새우애호박진밥' 재료를 넣고 강한 불로 끓인다. 3) 모두 저어주며 끓이다 한 번 끓어오르면 약한 불로 줄여 농도가 적당해질 때까지 끓인 후, 각각 4회분으로 나눠 용기에 담고 냉동실에 넣는다.

완료

17

프라이팬을 불에 올려 달군 후, 새우, 양송이, 양파를 넣고 볶다가 달걀을 풀어 부어준다. 냄비에 불린 쌀과 물 또는 육수를 넣고 끓여, '새우양송이양파덮밥'을 만들어 각각 3회분으로 나눠 용기에 담는다. 2회분은 냉장실에, 1회분은 냉동실에 넣는다.

16

냄비 하나를 헹궈 준비한 후 '소고기파프리카연근진밥' 재료를 분량대로 넣고 강한 불로 끓이다, 약한 불로 줄여 조금 더 끓인 후 4회분으로 나눠 용기에 담아 냉동실에 보관한다.

닭고기
당근시금치옥수수진밥

133kcal

탄수화물 21g
단백질 4g
지방 3g

이번에 만들 이유식은 엄마들이 조금은 긴장해야 할 이유식이다. 손이 좀 많이 가기 때문이다. 바로 옥수수 때문인데, 식이 섬유가 풍부한 옥수수는 아기에겐 좋지만, 엄마에겐 알알이 껍질을 벗겨내야 하는 까다로운 재료다. 손으로 일일이 벗기는 게 어렵다면 체에 대고 으깨가며 껍질을 걸러주는 것도 좋은 방법이다.

 보관
· 2회분 냉장
· 1회분 냉동

 재료
☑ 불린 쌀 … 100g
☑ 닭다리살 … 40g
☑ 참기름 … ½큰술
☑ 당근·시금치·옥수수 … 10g씩
☑ 물 또는 육수 … 300ml

 최고
재료를 모두 삶은 후, 시금치는 잎만, 옥수수 알은 껍질을 벗겨 모두 잘게 다진 다음 불린 쌀과 푹 끓이면 완성!

❶ 닭고기는 모유 또는 분유에 20분간 재워 비린내를 제거한 다음, 흐르는 물에 씻고 힘줄을 제거해 손질한다.

❷ 식초나 베이킹소다를 푼 물에 시금치를 담가 살균한 다음 흐르는 물에 씻는다.

❸ 당근은 깨끗이 씻어 껍질을 깎은 후 알맞은 크기로 잘라 손질한다.

❹ 끓는 물에 닭고기와 시금치, 당근, 냉동 옥수수알을 넣고 함께 삶는다.

✎ 옥수수는 바로바로 삶아 사용해도 되지만, 시중에서 파는 유기농 냉동 옥수수를 사용하는 것도 좋은 방법이란다. 상온에 잠시 꺼내두었다가 사용할 만큼만 옥수수알을 떼어내 준비하렴.

❺ 1분간 데친 시금치는 잎만 잘라 잘게 다지고, 잘 익은 당근과 닭고기도 꺼내 잘게 다진다.

✎ 닭고기 삶은 물 잘 두었다가 육수로 사용하렴!

❻ 삶은 옥수수알은 일일이 껍질을 벗겨 으깬다.

❼ 냄비에 불린 쌀과 재료를 모두 넣고 닭고기 삶은 물을 부은 후, 강한 불로 저어주며 끓인다. 끓어오르면 약한 불로 줄여 참기름을 넣고 농도가 적당해질 때까지 끓인 후, 3회분으로 나눠 용기에 담는다.

거봐, 쉽잖아~

닭고기
파프리카우엉진밥

126kcal

탄수화물 21g
단백질 4g
지방 2g

이번에 새로 만나는 주인공은 바로 파프리카다. 매콤한 맛이 더 강한 피망과 달리 달달한 맛이 나는 파프리카는 비타민 C가 풍부해 어른들도 샐러드로 즐겨 먹는 식재료다. 비타민 K와 마그네슘도 많이 들어 있어 아이의 뼈 성장에 많은 도움을 줄 수 있다. 색깔도 다양해 여러 가지 색의 이유식을 만들 수 있다.

 보관 모두 냉동

 재료
☑ 불린 쌀 … 130g
☑ 닭다리살 … 50g
☑ 참기름 … ½큰술

☑ 파프리카·우엉 … 10g씩
☑ 물 또는 육수 … 390ml

 최고 채소는 껍질 벗겨 잘게 다지고, 닭고기도 손질해 삶아 잘게 다진 후 불린 쌀이랑 푹 끓이면 완성!

후기
1주
2주
3주
4주
5주
6주
7주
8주
9주
10주
11주
12주

❶ 닭고기는 모유나 분유에 20분 정도 담가 비린내를 제거한 다음, 흐르는 물에 씻고 힘줄을 제거해 손질한다.

❷ 우엉은 껍질을 깎아 잘게 다지거나 믹서로 곱게 간다.

❸ 파프리카는 베이킹소다로 문질러 닦아 흐르는 물에 씻은 후, 꼭지와 씨를 도려내고 잘게 다진다.

❹ 끓는 물에 닭고기를 넣어 삶다가 다 익으면 건져내 잘게 다진다.

 닭고기 삶은 물은 잘 두었다가 육수로 사용하렴!

❺ 냄비에 불린 쌀과 재료를 모두 넣고 닭고기 삶은 물을 부어 강한 불로 저어주며 끓인다. 끓어오르면 약한 불로 줄여 참기름을 넣고 농도가 적당해질 때까지 끓인다.

❺ 4회분으로 나눠 용기에 담는다.

거봐, 쉽잖아~

새우
양송이양파덮밥

128kcal

탄수화물 21g
단백질 7g
지방 1g

이제 아기에게도 어른들이 먹는 음식이 어떤 스타일인지 맛보여줄 때가 됐다. 그렇다고 간이나 양념을 어른 음식처럼 하라는 게 아니다. 먹는 '스타일'을 죽이 일반식 형태로 자주 주어야 아이가 남은 후기를 끝내고 완료기를 거쳐 자연스럽게 일반 음식으로 넘어갈 수 있다. 이번 주에는 덮밥을 아이에게 소개해보자.

보관
· 2회분 냉장
· 1회분 냉동

재료
☑ 불린 쌀 ··· 100g
☑ 새우 ··· 40g
☑ 달걀 ··· 1개
☑ 양송이버섯·양파 ··· 10g씩
☑ 물 또는 육수 ··· 300ml

최고
삶은 새우와 양송이, 양파를 팬에 볶다가 달걀을 부은 후, 진밥에 덮으면 완성!

❶ 새우는 머리를 떼고 껍질을 벗겨 내장을 꺼내 손질한 후, 끓는 물에 삶아 잘게 다진다.

 내장을 뺄 때는 등의 둘째 마디와 셋째 마디 사이로 이쑤시개를 넣어 빼렴.

❷ 양송이는 기둥을 떼고 갓의 껍질을 안쪽부터 바깥쪽으로 살살 부드럽게 벗긴 후 흐르는 물에 씻어 잘게 다진다.

❸ 양파는 껍질을 벗긴 후 썰어 잘게 다진다.

❹ 달군 프라이팬에 새우와 양송이, 양파를 넣고 볶다가, 달걀을 잘 풀어 부어준다.

❺ 냄비에 불린 쌀을 넣고 물 또는 육수를 부어 강한 불로 저어주며 끓이다, 약한 불로 줄여 농도가 적당해질 때까지 끓인다.

❻ 완성된 ④의 덮밥과 ⑤의 진밥을 각각 3회분으로 나눠 용기에 담는다.

거봐, 쉽잖아~

새우애호박진밥

117kcal

탄수화물 20g
단백질 5g
지방 1g

엄마만 따라 해

아이에게는 별미이면서도 엄마에게는 이보다 더 간단할 수 없는 최고의 이유식이다. 새우를 넣었기 때문에 매일 먹던 소고기나 닭고기 이유식보다 아이에게는 특식처럼 여겨지고, 딱 두 가지 재료를 손질해 삶고 찐 후 다져서 끓이기만 하면 되니 엄마에게는 너무도 고마운 효자 이유식이라고 할 수 있다.

보관　모두 냉동

재료
☑ 불린 쌀 … 130g
☑ 새우 … 30g
☑ 참기름 … ½큰술
☑ 애호박 … 20g
☑ 물 또는 육수 … 390ml

최고　손질한 새우는 삶아서 다지고, 손질한 애호박은 쪄서 다진 후, 불린 쌀이랑 육수 넣고 푹 끓여내면 완성!

❶ 새우는 머리를 자르고 껍질을 벗긴 후 내장을 빼내 손질하고 끓는 물에 삶은 다음 잘게 다진다.

✎ 새우는 염분이 있기 때문에 머리 한번 삶는 게 좋아. 내장은 둘째 마디와 셋째 마디 사이를 이쑤시개로 콕 찍어 빼내면 된단다.

❷ 애호박은 베이킹소다로 문질러 닦은 후, 흐르는 물에 씻어 적당한 크기로 잘라 껍질과 씨를 도려낸 다음 찜기로 쪄 잘게 다진다.

❸ 냄비에 불린 쌀과 ①, ②, 물이나 육수를 넣고 강한 불로 저어가며 끓인다. 끓으면 약한 불로 줄여 참기름을 넣고 농도가 작당해 질 때까지 끓인다.

❹ 4회분으로 나눠 용기에 담는다.

거봐, 쉽잖아~

후기
1주
2주
3주
4주
5주
6주
7주
8주
9주
10주
11주
12주

소고기
파프리카연근진밥

128kcal 탄수화물 20g
단백질 4g
지방 3g

파프리카는 의외로 손질하기 쉬운 재료다. 깨끗이 씻은 후 꼭지와 씨만 도려내 잘게 다지면 손질이 끝나는데, 여러 가지 색의 파프리카를 이용하면 색감이 예뻐 아기의 오감을 자극할 수 있다. 이번에는 단백질과 철분을 채워줄 수 있는 소고기와 비타민 B·C가 풍부한 연근을 함께 넣어 건강하고 예쁜 이유식을 만들어보자.

보관 모두 냉동

재료
- ☑ 불린 쌀 ⋯ 130g
- ☑ 소고기 안심 ⋯ 50g
- ☑ 참기름 ⋯ ½큰술
- ☑ 파프리카·연근 ⋯ 10g씩
- ☑ 물 또는 육수 ⋯ 390ml

최고 소고기는 삶아서 다지고, 파프리카와 연근은 손질해서 잘게 다진 후 불린 쌀과 함께 육수 넣고 푹 끓이면 완성!

❶ 소고기는 20분에서 1시간 정도 물에 담가 핏물을 뺀다.

❷ 파프리카는 베이킹소다로 문질러 닦은 후, 흐르는 물에 씻어 꼭지와 씨를 도려내 잘게 다진다.

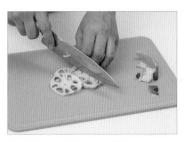

❸ 연근은 껍질을 깎아 얇게 썰어 끓는 물에 식초 한 방울 넣고 삶은 후 잘게 다진다.

✎ 연근 껍질은 알레르기를 일으킬 수 있으니 반드시 깎은 후 푹 익혀야 해. 또 질기기 때문에 충분히 삶아야 한단다.

❹ 냄비에 물을 담고 소고기를 넣은 후 강한 불로 끓이다, 끓어오르면 약한 불로 줄여 삶다가, 꺼내 잘게 다진다.

✎ 기름은 걷어내면서 끓이고, 육수로 사용할 거니 잘 놔두렴!

❺ 냄비에 불린 쌀과 재료를 모두 넣고 소고기 삶은 물을 부어 강한 불로 저으면서 끓인다. 끓어오르면 약한 불로 줄여 참기름을 넣고 농도가 적당해질 때까지 끓인다.

✎ 파프리카는 잘게 다진 후 제일 마지막에 넣어 살짝만 익혀렴. 그래야 비타민 C가 덜 파괴된단다.

❻ 4회분으로 나눠 용기에 담는다.

이번 주 파티 요리

남은 재료로
오므라이스
만들기

❶ 양파, 당근, 파프리카는 잘게 다진다.

❷ ①을 기름 두른 팬에 볶다가 밥과 굴소스를 함께 넣어 볶는다.

❸ 달걀을 잘 풀어 동그랗게 부친다.

❹ ②의 볶음밥에 ③을 얹어 완성한다.

재료 양파·당근 … ½개, 노란 파프리카·빨간 파프리카·식용유 … 약간, 달걀 … 1개, 밥 … 1공기, 굴소스 … 3큰술

집중 시이즌

8주 차 이유식

간식으로 영양을 늘려보자

이제껏 하루에 한 번씩만 주던 간식을 하루 두 번으로 조금씩 늘릴 때가 됐다. 그렇다고 무턱대고 처음부터 배부르게 간식을 주면 아이가 잘 먹던 이유식도 거부할 수 있으니, 기존 간식에 과일주스나 스무디 정도를 추가하자. 간식으로 아이가 놓칠 수 있는 다양한 영양소를 좀 더 풍부하게 채워줄 수 있다. 손에 잡고 먹는 핑거 푸드도 좋다. 아이가 음식이 맛있고 식사가 재밌다는 생각을 가질 수 있도록 예쁘고 재미난 데다 영양도 풍부한 간식을 먹여보자.

이번 주 우리 아이가 적응할 재료 : 들깨, 돼지고기

이제 드디어 고기 삼대장이 다 나왔다. 이미 아이에게 적응시킨 닭고기와 소고기, 그리고 이번 주에 아이에게 처음으로 인
사시킬 돼지고기가 바로 그 주인공이다. 들깨 같은 깨 종류도 슬슬 아기에게 하나씩 적응시킬 때가 왔다. 제일 만만한 들
깨부터 시작하자.

8th week
일주일 장바구니

불린 쌀 550g, 소고기 안심 100g, 돼지고기·양송이 25g씩, 닭다리살 50g,
게살 30g, 시금치 45g, 건미역 12g, 당근 75g, 들깨 18g, 양파 10g, 달걀 1개,
무가당 두유 100㎖, 검은콩·브로콜리 15g씩, 두부 125g

♣ 딸아, 재료는 이렇게 골라야 한단다

들깨	일단 냄새가 고소해야 해. 그냥 놔두어 고소한 향이 은은하게 퍼지는 게 좋지. 갈색을 띠는 것으로 고르게 보이는 게 좋단다. ※ 구매/손질/관리법 P.30

돼지고기	지방이 없고 힘줄도 없이 오로지 부드러운 살코기로만 이루어진 것을 이용해 조리해야 한단다. ※ 구매/손질/관리법 P.31

♣ 이번 주 우리 아이 이유식 재료 한눈에 보기

시금치게살볶음 P.424
1 시금치 … 45g
2 게살 … 30g
3 올리브유 … 약간

돼지고기당근두부조림 P.430
1 돼지고기 … 25g
2 두부 … 125g
3 당근 … 75g
4 참기름 … 1큰술

닭고기들깨두유진밥 P.428
1 불린 쌀 … 130g   2 닭다리살 … 50g
3 들깨 … 5g   4 무가당 두유 … 100㎖
5 물 또는 육수 … 260㎖

들깨미역진밥 P.426
1 불린 쌀 … 160g
2 들깨 … 13g
3 건미역 … 12g
4 물 또는 육수 … 480㎖

소고기양송이양파달걀밥 P.334
1 불린 쌀 … 100g
2 소고기 안심 … 40g
3 양송이·양파 … 10g씩
4 달걀 … 1개
5 물 또는 육수 … 300㎖

※ 후기 2주차에서 배 운 '소고기양송이양파
달걀밥'에서 재료양 바꿔 끓이면 ok!

소고기양송이검은콩브로콜리진밥 P.350
1 불린 쌀 … 160g
2 소고기 안심 … 60g
3 양송이·검은콩·브로콜리 … 15g씩
4 참기름 … 1큰술
5 물 또는 육수 … 480㎖

※ 후기 3주 차에서 배운 '소고기양송이검은콩브로콜리
무른밥'에서 재료양 바꿔 끓이면 ok!

1시간 안에 완성하는 일주일 이유식

전날에 미리 할 일 검은콩 불려 놓기

1시간 전에 미리 할 일 소고기 핏물 빼기

20분 전에 미리 할 일 닭고기 비린내 제거하기
(모유나 분유에 담가두기)
미역 불리기

필요한 것 식초(또는 베이킹소다), 칼, 도마 2개, 냄비 2~4개, 나무 숟가락, 프라이팬, 이유식 용기 21개, 견출지

 딸아~ 엄마만 따라 해

 시작

재료 손질 ▶ 1

양송이는 기둥을 떼고 갓의 껍질을 벗긴 후 흐르는 물에 씻어 잘게 다진다.

◀ 다지기 9

세 냄비 모두 끓으면 소고기 냄비와 돼지고기 냄비는 약한 불로 줄이고, ❶ 소고기 냄비에는 브로콜리, 양파를 넣고, ❷ 돼지고기 냄비에는 당근을 넣고 삶는다. ❸ 다른 냄비에는 닭고기와 시금치를 넣고 좀 더 끓이다, 약한 불로 줄이고 익은 순서대로 재료를 꺼낸다.

10

시금치는 물기를 짜내고 잎만 떼어 잘게 다진다. 브로콜리도 꽃 부분만 떼어내 잘게 다지고 양파와 당근도 잘게 다진다.

11

닭고기와 돼지고기도 각각 잘게 다진다.

12

검은콩은 일일이 껍질을 벗겨 다진다.

이건 반드시 주의

한 번에 일주일 치를 만들어 보관하는 것이기 때문에 혹시라도 이유식에 미생물이 번식하지 않도록 조심해야 한단다.

- 절대 침이 들어가지 않도록 맛보면서 사용한 숟가락이나 젓가락이 일절 닿지 않게!
- 뜨거울 때 바로 용기에 담아 냉장실이나 냉동실에 보관하도록!
- 냉장 혹은 냉동 보관한 이유식은 섭취하기 직전에 80℃ 이상에서 5분간 익히기!

2

식초나 베이킹소다 푼 물에 브로콜리와 시금치를 담갔다 흐르는 물에 씻는다. 브로콜리는 꽃 부분만 자른다.

3

당근과 양파는 껍질을 벗기고 사용할 만큼 잘라 준비한다.

4

두부를 5mm 길이의 정육면체로 자른다.

5

미역을 흐르는 물에 박박 비벼 여러 번 씻고 잘게 다진다.

8 ◀ 찌고 삶기

냄비 3개를 준비해 물을 담는다. 1) 냄비 하나에는 소고기와 검은콩, ❷ 다른 하나에는 돼지고기를 넣고 강한 불로 끓인다(둥둥 뜨는 기름은 걷어내며 끓인다). ❸ 나머지 냄비에는 물만 강한 불로 끓인다.

7

닭고기는 흐르는 물에 씻고 힘줄을 제거한다.

6

끓는 물에 게살을 넣어 삶은 다음 먹기 좋게 자른다.

진밥 끓이기 ▶ **13**

냄비 2개를 준비한다. 1) 냄비 하나에는 '소고기양송이검은콩브로콜리진밥' 재료를 넣고 강한 불로 끓인다. 2) 다른 냄비에는 '닭고기들깨두유진밥'의 닭고기와 육수를 넣고 강한 불로 끓인다. 3) 모두 저어주며 끓이다 한번 끓어오르면 약한 불로 줄이고, 닭고기 냄비에는 들깨를 넣고 두유를 부으며 좋아듯 끓인다. 농도가 적당해질 때까지 끓인 후, 각각 5회분, 4회분으로 나눠 용기에 담아 냉동실에 보관한다.

14

다시 냄비 2개를 헹궈 준비한다. 1) 냄비 하나에 '소고기양송이양파달걀밥' 재료를 넣고 강한 불로 끓인다. 2) 다른 냄비에는 '들깨미역진밥' 재료를 넣고 강한 불로 끓인다. 3) 끓어오르면 약한 불로 줄이고, 소고기 냄비에는 달걀을 풀어 넣고, 미역 냄비에는 들깨를 뿌린다. 각각 3회분, 4회분으로 나눠 용기에 담고 달걀밥 2회분은 냉장실, 나머지는 냉동실에 보관한다.

완료

16

프라이팬을 불에 올려 달군 후, 올리브유를 약간 두르고 게살을 먼저 볶다가 시금치를 넣어 볶는다. 3회분으로 나눠 용기에 담아 냉장실에 보관한다.

15

냄비 하나를 다시 헹궈 준비한 후 '돼지고기당근두부조림' 재료를 넣고 강한 불로 끓이다, 약한 불로 줄여 조금 더 끓인 다음 2회분으로 나눠 용기에 담아 냉장실에 보관한다.

시금치게살볶음

87kcal

탄수화물 3g
단백질 6g
지방 5g

아이에게 일반 식사를 적응시키기 위한 두 번째 방법, 밥과 반찬을 따로 해서 먹이는 이유식이다. 지금까지 밥에 모든 재료를 넣어 죽 형태로 이유식을 만들어 먹였던 것을, 밥과 반찬의 형태를 아기가 접할 수 있도록 하는 이유식이다. 아기가 직접 원하는 반찬을 골라 먹으며 스스로 식사하는 능력을 키울 수 있다.

 보관 | 모두 냉장

 재료 | ☑ 시금치 ··· 45g ☑ 올리브유 ··· 약간
☑ 게살 ··· 30g

 최고 | 시금치도 삶고, 게살도 한번 삶아, 길게 쭉쭉 채 썬 후 달달 볶으면 완성!

❶ 식초나 베이킹소다를 푼 물에 시금치를 담가 살균한 후 흐르는 물에 씻고, 끓는 물에 데쳐 잎만 떼낸 다음 얇게 채 썬다.

🖋 아직 덩어리에 약한 아이라면 잘게 다지는 것도 좋아. 끓는 물에 데치는 대신 팬에 기름 두르지 말고 살짝 볶는 것도 좋은 방법이야.

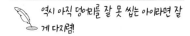

❷ 끓는 물에 게살을 넣어 삶은 후 적당한 크기로 자른다.

🖋 역시 아직 덩어리를 잘 못 씹는 아이라면 잘게 다지렴!

❸ 달군 프라이팬에 올리브유를 약간 두르고 게살을 먼저 볶다가 시금치를 넣어 볶는다.

❹ 3회분으로 나눠 용기에 담는다.

🖋 불린 쌀을 이용해 3배 죽으로 끓인 진밥을 먹일 때 반찬처럼 같이 먹이면 아이가 일반 음식에 더 잘 적응한단다.

거봐, 쉽잖아~

후기

1주 2주 3주 4주 5주 6주 7주 8주 9주 10주 11주 12주

들깨미역진밥

127kcal 탄수화물 25g
단백질 3g
지방 1g

이 이유식은 만들기가 매우 간단해 눈코 뜰 새 없이 바쁜 워킹맘들에게 아주 좋다. 딱 세 단계를 거치는 초간단 이유식이기 때문에 단시간에 후다닥 만들 수 있는 효자 이유식이다. 물론 맛과 영양도 동시에 잡았다. 특히 미역은 칼슘과 장내 환경을 개선하는 식이 섬유가 풍부하므로 아기에게 더할 나위 없이 좋다.

 보관
· 2회분 냉장
· 1회분 냉동

 재료
☑ 불린 쌀 ⋯ 160g ☑ 건미역 ⋯ 12g
☑ 들깨 ⋯ 13g ☑ 물 또는 육수 ⋯ 480ml

 최고
잘 불린 미역을 잘게 다져 불린 쌀이랑 육수랑 들깨랑 넣고 푹 끓이면 완성!

❶ 미리 20분간 불린 미역을 흐르는 물에 박박 비벼 여러 번 씻은 후 칼로 잘게 다진다.

 미역은 매우 질기기 때문에 최대한 잘게 다지거나 아예 믹서로 갈아야 한단다.

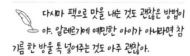

❷ 냄비에 불린 쌀과 잘게 다진 미역, 물 또는 육수를 붓고 강한 불로 저어주며 끓인다. 끓어오르면 약한 불로 줄인 후, 들깨를 뿌리고 농도가 적당해질 때까지 끓인다.

다시마 팩으로 맛을 내는 것도 괜찮은 방법이야. 알레르기에 예민한 아이가 아니라면 참기름 한 방울 톡 넣어주는 것도 아주 괜찮아.

❸ 4회분으로 나눠 용기에 담는다.

후기
1주
2주
3주
4주
5주
6주
7주
8주
9주
10주
11주
12주

거봐, 쉽잖아~

닭고기
들깨두유진밥

128 kcal

탄수화물 21g
단백질 5g
지방 2g

아기에게 해가 될까 간 하나 제대로 못하거나 조미료를 넣지 못하는 엄마들에게 아주 고마운 녀석이 바로 이 들깨다. 들깨는 몸에 좋은 영양소가 많으면서도, 넣기만 하면 고소하고 맛있는 음식이 되는 마법을 부리기 때문에 아이도 맛있게 먹을 수 있다. 평소에 아이가 이유식을 잘 먹지 않는다면 꼭 시도해보자.

 보관 │ 모두 냉동

 재료
- ☑ 불린 쌀 … 130g
- ☑ 닭다리살 … 50g
- ☑ 들깨 … 5g
- ☑ 무가당 두유 … 100ml
- ☑ 물 또는 육수 … 260ml

 최고 │ 닭고기를 잘게 다져 불린 쌀이랑 끓이다, 두유를 부어 졸이듯 끓이면 완성!

❶ 닭고기는 모유나 분유에 20분간 담갔다가 흐르는 물에 씻고 힘줄을 떼어내 손질한다.

❷ 끓는 물에 닭고기를 넣어 삶은 후 칼로 잘게 다진다.

 닭고기 삶은 물은 잘 놔두기!

❸ 냄비에 불린 쌀과 다진 닭고기를 넣고, 닭고기 삶은 물을 부어 강한 불로 끓이다 끓어오르면 약한 불로 줄인 후, 들깨를 뿌린다.

❹ 무가당 두유를 조금씩 부어가며 졸이듯 저어주며 끓인다.

❺ 4회분으로 나눠 용기에 담는다.

거봐, 쉽잖아~

후기
1주 2주 3주 4주 5주 6주 7주 8주 9주 10주 11주 12주

돼지고기
당근두부조림

112kcal 탄수화물 5g
단백질 9g
지방 6g

오늘 아이를 위해 만들 이유식은 돼지고기를 이용한 이유식이다. 지금까지 소고기와 닭고기를 이용한 이유식을 아이가 잘 먹었다면 돼지고기를 시도해보자. 돼지고기는 소고기보다 비타민 B_1이 더 풍부하다고 알려져 있다. 되도록이면 지방과 기름이 적은 살코기만으로 요리하도록 한다.

 보관 · 모두 냉장

 재료 · ☑ 돼지고기 … 25g ☑ 당근 … 75g ☑ 두부 … 125g ☑ 참기름 … 1큰술

 최고 · 당근이랑 돼지고기는 삶아서 썰고, 두부도 같은 크기로 썰어, 냄비에 육수랑 함께 졸이듯 끓이면 완성!

❶ 당근은 껍질을 깎고 적당한 길이로 잘라 손질한다.

❷ 냄비에 살코기로 준비한 돼지고기를 넣고 강한 불로 끓인다. 20분 정도 끓인 후, 약한 불로 줄여 당근을 넣고 푹 익힌다.

기름이나 불순물을 걷어내면서 끓이고, 삶은 물은 버리지 말고 잘 두렴!

❸ 삶은 돼지고기와 당근은 각각 5mm 길이의 정육면체로 자르거나 다진다.

❹ 두부도 마찬가지로 5mm 길이의 정육면체로 자른다.

❺ 냄비에 재료를 넣고, 재료가 잠길 정도로만 고기 삶은 물을 부은 후 강한 불로 끓인다. 끓어오르면 약한 불로 줄여 참기름을 넣고 충분히 졸아들 때까지 끓인다.

❻ 2회분으로 나눠 용기에 담는다.

 진밥과 함께 반찬처럼 먹이렴.

거봐, 쉽잖아~

이번 주 파티 요리

★
◂ **MERRY** ▸

남은재료로
오삼불고기
만들기

❶ 오징어는 내장을 제거하고 원형으로 썰어 준비한다. ❷ 분량의 재료를 넣어 양념장을 만든다.

❸ 양파는 채 썰고 청양고추는 어슷 썰어 준비한다.

❹ 팬에 기름을 두르고 삼겹살을 넣어 볶다가 다진 마늘을 넣고 볶는다.

❺ 고기가 반 정도 익었을 때쯤 양념장과 오징어, 양파와 청양고추와 함께 넣고 강한 불로 볶는다.

❻ 고기와 오징어가 다 익으면 불을 끄고 깨와 참기름을 뿌려 마무리한다.

| 재료 | 오징어 … 1마리, 삼겹살 … 300g씩, 양파 … ½개, 청양고추 … 1개, 통깨·다진 마늘·식용유 … 약간, 참기름 … 1큰술 |
| 양념장 | 고춧가루 … 3큰술, 고추장 … 5큰술, 매실청·설탕·간장·맛술 … 1큰술씩 |

집중 시이즌

9주 차 이유식

이제 분유는 컵으로 주자

후기 이유식이 한창이다. 몇 주만 더 있으면 후기가 끝나고 완료기로 넘어간다. 생후 12개월이 지나가기 전에 꼭 해야 할 일이 있다. 아기가 젖병을 떼도록 연습시키는 것이다. 젖병을 떼야 생후 12개월 이후 완료기 이유식을 거쳐 일반식으로 넘어가 진짜 '음식'으로 영양소를 원활하게 채울 수 있다. 이를 위한 훈련은 바로 '컵으로 마시기'. 이제부터 모유나 분유는 젖병이 아니라 컵으로 먹는 연습을 시키자. 그렇게 하다 보면 아이가 서서히 젖병을 찾지 않게 된다.

이번 주 우리 아이가 적응할 재료 : 콩나물

콩나물은 섬유소가 많은 대가리는 떼어내고 줄기만 삶아 잘게 다져 이유식에 넣어야 한다. 시금치 못지않게 질기기 때문에 아이가 잘 씹고 소화할 수 있게 다지는 데 신경 쓰자.

9th week
일주일 장바구니

불린 쌀 490g, 소면 20g, 소고기 안심 47g, 게살 30g, 돼지고기 25g, 당근 98g,
애호박·양파 5g씩, 달걀 1/2개분, 시금치 68g, 대구살 60g, 무·표고버섯 15g씩,
아욱 5g, 고구마 20g, 콩나물 10g, 두부 125g, 닭다리살 90g, 옥수수 13g

♣ 딸아, 재료는 이렇게 골라야 한단다

콩나물 대가리가 노랗고 통통하며, 줄기도 상한 데 없이 오동통한 게 좋은 놈이란다. 검은 반점이 있는 게 간혹 있는데, 반점이 없는 게 더 싱싱한 거야. ※ 구매/손질/관리법 P.36

♣ 이번 주 우리 아이 이유식 재료 한눈에 보기

잔치국수 P.440
❶ 삶은 소면 … 20g
❷ 소고기 안심 … 7g
❸ 당근·애호박·양파 … 5g씩
❹ 달걀 … ½개분
❺ 참기름·올리브유 … 약간
❻ 육수 … 100㎖

소고기콩나물시금치진밥 P.442
❶ 불린 쌀 … 100g
❷ 소고기 안심 … 40g
❸ 콩나물·시금치 … 10g씩
❹ 물 또는 육수 … 300㎖

시금치게살볶음 P.424
❶ 시금치 … 45g
❷ 게살 … 30g
❸ 올리브유 … 약간

※ 후기 8주 차에서 배운
'시금치게살볶음'

대구살무표고버섯진밥 P.212
❶ 불린 쌀 … 160g
❷ 대구살 … 60g
❸ 무·표고버섯 … 15g씩
❹ 물 또는 육수 … 480㎖

※ 중기에서 배운 '대구살무표고버섯죽'
에서 재료양 바꿔 끓이면 ok!

돼지고기당근두부조림 P.430
❶ 돼지고기 … 25g
❷ 두부 … 125g
❸ 당근 … 75g
❹ 참기름 … 1큰술

※ 후기 8주 차에서 배운 '돼지고기당근
두부조림'에서 재료양 바꿔 끓이면 ok!

닭고기당근시금치옥수수진밥 P.406
❶ 불린 쌀 … 130g
❷ 닭다리살 … 50g
❸ 당근·시금치·옥수수 … 13g씩
❹ 참기름 … ½큰술
❺ 물 또는 육수 … 390㎖

※ 후기 7주 차에서 배운 '닭고기당근시금치옥수
수진밥'에서 재료양 바꿔 끓이면 ok!

닭고기아욱고구마당근진밥 P.354
❶ 불린 쌀 … 100g
❷ 닭다리살 … 40g
❸ 아욱·당근 … 5g씩
❹ 고구마 … 20g
❺ 참기름 … ½큰술
❻ 물 또는 육수 … 300㎖

※ 후기 3주 차에서 배운
'닭고기아욱고구마당근
무른밥'에서 재료양 바꿔
끓이면 ok!

1시간 안에 완성하는 일주일 이유식

전날에 미리 할 일	검은콩 불려놓기
1시간 전에 미리 할 일	소고기 핏물 빼기
20분 전에 미리 할 일	닭고기 비린내 제거하기 (모유나 분유에 담가두기), 미역 불리기
필요한 것	식초(또는 베이킹소다), 칼, 도마 2개, 찜기, 냄비 2~4개, 나무 숟가락, 프라이팬, 키친타월, 올리브유 약간, 이유식 용기 21개, 견출지

딸아~ 엄마만 따라 해

시작

재료 손질 ▶ **1**

무는 껍질을 벗기고 조각내 잘라 준비한다.

13 | **◀다지기** | **12**

13 찐 대구살은 살만 잘 발라내 곱게 다진다. 찐 고구마는 껍질을 벗겨 칼등으로 눌러 으깬다.

12 세 냄비 물이 모두 끓으면 1) 소고기 냄비와 돼지고기 냄비는 약한 불로 줄이고, 소고기 냄비에는 콩나물, 무를 넣어 삶는다. 2) 다른 냄비에는 닭고기와 시금치, 아욱 당근, 옥수수를 넣고 끓이다, 약한 불로 줄인다.

14

삶은 아욱과 당근, 무, 콩나물을 잘게 다진다(잔치국수용 당근과 애호박은 채 썬다). 시금치는 물기를 짜내고 잎만 떼어 잘게 다진다.

15

소고기와 닭고기, 돼지고기도 각각 잘게 다진다.

16

옥수수는 알알의 껍질을 벗긴다.

이건 반드시 주의

한 번에 일주일 치를 만들어 보관하는 것이기 때문에 혹시라도 이유식에 미생물이 번식하지 않도록 조심해야 한단다.

🚨 절대 침이 들어가지 않도록 맛보면서 사용한 숟가락이나 젓가락이 일절 닿지 않게!

🚨 뜨거울 때 바로 용기에 담아 냉장실이나 냉동실에 보관하도록!

🚨 냉장 혹은 냉동 보관한 이유식은 섭취하기 직전에 80℃ 이상에서 5분간 익히기!

완료

2 표고버섯은 기둥을 최대한 바짝 자른 후, 젖은 키친타월로 먼지를 털어내고 잘게 다진다.

3 고구마는 깨끗이 씻거나 껍질을 벗겨 준비한다.

4 아욱은 잎만 잘라 빨래하듯 치대며 물에 여러 번 씻어 물기를 짜낸다.

5 당근은 깨끗이 씻어 껍질을 깎은 후 손질한다.

6 닭고기는 흐르는 물에 씻고 힘줄을 제거해 손질한다.

11 냄비 3개를 준비해 물을 담는다. 1) 냄비 하나에는 소고기(잔치국수 재료 배두기)를, 2) 다른 하나에는 돼지고기를 넣고 강한 불로 끓인다. 3) 나머지 냄비에는 물만 강한 불로 끓인다.

10 찜기에 대구살과 고구마를 찐다.

◀ 찌고 삶기

9 두부를 5mm 길이의 정육면체로 자른다.

8 콩나물은 흐르는 물에 씻은 후 대가리를 떼고 줄기만 남겨 손질한다.

7 시금치는 식초나 베이킹소다 푼 물에 담갔다 흐르는 물에 씻는다.

진밥 끓이기 ▶ **17** 냄비 2개를 준비한다. 1) 냄비 하나에 '대구살무표고버섯진밥' 재료를 넣고 강한 불로 끓인다. 2) 다른 냄비에는 '닭고기아욱고구마당근진밥'의 닭고기와 육수를 넣고 강한 불로 끓인다. 3) 끓어오르면 약한 불로 줄이고 끓인 후 각각 5회분, 3회분으로 나눠 용기에 담고, '닭고기진밥' 2회분은 냉장실, 나머지는 냉동실에 보관한다.

18 냄비 2개를 헹궈 준비한다. 1) 냄비 하나에 '닭고기당근시금치옥수수진밥' 재료를 넣고 강한 불로 끓인다. 2) 다른 냄비에는 '소고기콩나물시금치진밥'의 닭고기와 육수를 넣고 강한 불로 끓인다. 3) 끓어오르면 약한 불로 줄이고 끓인 후 각각 4회분과 3회분으로 나눠 용기에 담는다. '소고기 진밥' 1회분은 냉장실, 나머지는 냉동실에 보관한다.

19 잔치국수 만들기 ▶ 냄비 하나를 다시 헹궈 준비한 후 '돼지고기당근두부조림' 재료를 분량대로 넣고 강한 불로 끓이다, 약한 불로 줄여 조금 더 끓인 다음 2회분으로 나눠 용기에 담아 냉장실에 보관한다.

24 냄비에 육수를 붓고 끓이다, 끓으면 면을 넣고 끓인다. 다 끓으면 그릇에 고명과 함께 낸다.

23 끓는 물에 소면을 반씩 잘라 삶은 후 체에 밭쳐 물기를 뺀다.

22 다시 프라이팬에 소고기와 양파 섞은 것을 넣고 약한 불에서 살살 볶는다.

21 달군 프라이팬에 달걀물을 붓고 지단을 부쳐 채 썬다.

20 소고기와 양파를 잘게 다진 후, 참기름을 약간 넣어 함께 주물주물 버무린다.

잔치국수

136kcal 탄수화물 17g
단백질 7g
지방 4g

후기

1주
2주
3주
4주
5주
6주
7주
8주
9주
10주
11주
12주

아이에게도 가끔은 특식을 주는 게 좋다. 어른이 보기에도 지루할 정도로 비슷한 이유식만 계속 먹이면 아이도 싫증을 내기 십상이다. 그렇기 때문에 일주일에 한 번 또는 적어도 2~3주에 한 번은 아기도 기대할 정도의 특식을 준비해 먹여보자. 아기가 대부분 좋아하고 잘 먹는 특식이 바로 잔치국수다.

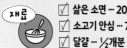

재료
- ☑ 삶은 소면 … 20g
- ☑ 소고기 안심 … 7g
- ☑ 달걀 … ½개분
- ☑ 당근·애호박·양파 … 5g씩
- ☑ 참기름·올리브유 … 약간
- ☑ 육수 … 100ml

최고
다진 소고기와 양파는 참기름 한 방울 톡 넣어 달달 볶고, 당근과 애호박은 삶고, 달걀은 지단으로 부쳐 채 썰면 고명 완성! 여기에 삶은 면을 육수에 넣고 끓이다, 고명을 얹어 완성!

❶ 소고기와 양파는 잘게 다져 섞고, 참기름을 약간 넣어 주물주물 버무린다.

❷ 당근과 애호박은 껍질을 벗기고 아기가 먹기 좋게 가늘게 채 썬 후, 끓는 물에 삶아 물기를 뺀다.

❸ 달군 팬에 올리브유를 약간 둘러 잘 풀어놓은 달걀을 부어 지단을 부쳐 가늘게 썬다.

❹ 다시 팬에 소고기와 양파 섞은 것을 넣고 약한 불에서 살살 볶는다.

❺ 끓는 물에 소면을 반씩 잘라 펼쳐 넣어 삶은 후 체에 밭쳐 물기를 뺀다.

 조금 불었다 싶은 정도로 푹 삶아도 좋아!

❻ 냄비에 육수를 붓고 끓인 후, 삶아놓은 면에 붓고 다른 재료들을 고명으로 올린다.

사진은 면발이 긴 상태지만 먹일 때는 수저로 잘라서 줘야해! 길면 기도에 걸릴 수 있고 아이가 삼키기 어렵단다.

거봐, 쉽잖아~

소고기
콩나물시금치진밥

119 kcal 탄수화물 20g
단백질 4g
지방 2g

콩나물은 비타민과 무기질이 풍부하게 들어 있다. 특히 비타민 C가 많아 아기가 감기에 잘 걸리지 않도록 도와준다. 또 섬유소도 많기 때문에 아기의 장이 건강하게 활동할 수 있도록 해준다. 아기가 평소 변비로 고생한다면 콩나물을 넣어 아삭한 식감까지 살린 이유식을 꼭 만들어주자.

 보관
· 1회분 냉장
· 2회분 냉동

 재료
☑ 불린 쌀 ··· 100g
☑ 소고기 안심 ··· 40g
☑ 콩나물·시금치 ··· 10g씩
☑ 물 또는 육수 ··· 300ml

 최고
소고기와 시금치, 콩나물은 익히고, 잘게 다져 불린 쌀과 함께 육수 넣고 푹 끓이면 완성!

❶ 소고기는 20분~1시간 정도 찬물에 담가 핏물을 뺀다.

❷ 식초나 베이킹소다를 푼 물에 시금치를 담가 살균한 다음, 흐르는 물에 씻는다.

 뿌리는 데치고 나서 잘라야 해. 그 전에 자르면 영양분이 손실될 수 있어

❸ 콩나물은 흐르는 물에 씻은 후, 대가리를 떼고 줄기만 남겨 손질한다.

❹ 냄비에 물을 담고 소고기를 넣은 후 강한 불로 끓이다, 끓어오르면 콩나물을 넣어 삶는다. 소고기와 콩나물을 꺼내기 직전에 시금치를 넣어 1~2분간 익힌 후, 재료를 모두 꺼낸다.

 콩나물을 삶을 때는 처음부터 뚜껑을 열어야 비린내가 안 난단다.

❺ 데친 시금치와 콩나물은 물기를 짜내고 잘게 다진다. 삶은 소고기도 꺼내 칼로 잘게 다진다.

 소고기 삶은 물은 죽 끓일 때 물 대신 쓰면 좋으니까 버리지 말고 잘 두렴.

❻ 냄비에 불린 쌀과 다른 재료, 소고기 삶은 물을 넣고 강한 불로 저어주며 끓이다 끓어오르면 약한 불로 줄여 농도가 적당해질 때까지 끓여 3회분으로 나눠 용기에 담는다.

이번 주 파티 요리

남은 재료로
콩나물잡채
만들기

❶ 당면은 미리 물에 불려놓는다. ❷ 콩나물은 끓는 물에 3분간 데친 다음 찬물에 헹군다.

❸ 당근, 애호박, 파프리카는 가늘게 채 썬다.

❹ 팬에 기름을 두르고 고기와 당근을 볶다가 간장, 설탕, 맛술을 넣는다.

❺ 팬에 당면을 넣고 양념과 함께 잘 버무려준 후 콩나물을 넣고 섞는다.

❻ 채소가 어느 정도 익었으면 불을 끄고 참기름과 깨를 뿌려 마무리한다.

재료 콩나물 … 300g, 당근 … ½개, 애호박 … ½개, 파프리카 … 1개, 잡채용 고기 … 100g, 당면 … 50g, 간장 … 2큰술,
설탕·맛술 … 1큰술씩, 참기름 … 3큰술, 통깨·식용유 … 약간

집중 시이즌

10주 차 이유식

아이의 손을 제지하지 말자

아마 지금쯤이면 엄마들은 속된 말로 '멘붕'일 것이다. 자기주장이 나름 강해진 아기가 스스로 직접 떠먹겠다고 숟가락을 빼앗아 식탁, 장판은 물론 온몸에 음식을 던지듯 묻히고 있을 테니 말이다. 물론 중기부터 아기가 스스로 먹는 훈련을 잘했다면 이 시기에는 흘리지 않고 잘 먹을 수 있다. 하지만 그렇지 못한 아이가 더 많다. 여기서 중요한 건 지금 아이는 엄마를 괴롭히려고 하는 게 아니라 자기만의 탐구와 연구, 그리고 훈련을 하고 있다는 사실을 엄마가 제대로 알아야 한다는 것이다. 바쁘다고, 일 많아진다고 아이를 제지하면 안 된다. 숟가락을 뺏어 엄마가 먹여주면 엄마가 뭐든 해줘야 하는 사람으로 클지도 모른다. 원래 아이 키우는 건 도 닦는 일이다. 오늘 식사 시간에도 눈 딱 감고 도를 닦자.

이번 주 우리 아이가 적응할 재료 : 아기용 치즈, 김

이제 후기 끝물인 만큼, 좀 더 다양한 재료를 아기에게 먹여볼 수 있다. 먼저 고소하면서 쫀득쫀득해 아이가 간식으로도
좋아하는 치즈를 아기용으로 구입해 먹여보자. 김도 조미하지 않은 재래김을 사다 불에 한번 구워 이유식에 넣어보자. 맛
이 훨씬 풍부해져 아이가 좋아한다.

10th week
일주일 장바구니

쌀식빵 3장, 새우·닭다리살·당근·양파 40g씩, 고구마·양송이 20g씩, 아기용 치즈 2장, 불린 쌀 590g, 재래김 ½장, 소고기 안심 50g, 달걀 5개, 파프리카·우엉·브로콜리 10g씩, 게살 70g

---

♣ 딸아, 재료는 이렇게 골라야 한단다

아기용 치즈 시판하는 치즈 중 아기용 치즈가 따로 있다. 개월 수까지 적혀 있는 치즈가 많으니 잘 보고 우리 아기에게 맞는 치즈를 고르렴.

김 조미 또는 가공하지 않은 김을 사야 한단다.
※ 구매/손질/관리법 P.37

♣ 이번 주 우리 아이 이유식 재료 한눈에 보기

당근고구마롤샌드위치 P.452
❶ 쌀식빵 … 3장
❷ 당근 · 고구마 … 20g씩
❸ 달걀노른자 … 1개분
❹ 아기용 치즈 … 2장

김당근양파달걀진밥 P.454
❶ 불린 쌀 … 130g
❷ 재래김 … ½장
❸ 당근 · 양파 … 10g씩
❹ 달걀 … 2개
❺ 물 또는 육수 … 390㎖

새우양송이양파덮밥 P.410
❶ 불린 쌀 … 100g
❷ 새우 … 40g
❸ 양송이 · 양파 … 10g씩
❹ 달걀 … 1개
❺ 물 또는 육수 … 300㎖

※ 후기 7주 차에서 배운 '새우양송이양파덮밥'

소고기양송이양파달걀밥 P.334
❶ 불린 쌀 … 130g
❷ 소고기 안심 … 50g
❸ 양송이 · 양파 … 10g씩
❹ 달걀 … 1개
❺ 물 또는 육수 … 390㎖

※ 후기 2주 차에서 배운 '소고기양송이양파달걀밥'

닭고기파프리카우엉진밥 P.408
❶ 불린 쌀 … 100g
❷ 닭다리살 … 40g
❸ 파프리카 · 우엉 … 10g씩
❹ 참기름 … ½큰술
❺ 물 또는 육수 … 300㎖

※ 후기 7주 차에서 배운 '닭고기파프리카 우엉진밥'에서 재료양 바꿔 끓이면 ok!

게살브로콜리당근양파진밥 P.396
❶ 불린 쌀 … 130g
❷ 대게살(냉동) … 70g
❸ 브로콜리 · 당근 · 양파 … 10g씩
❹ 참기름 … ½큰술
❺ 물 또는 육수 … 390㎖

※ 후기 6주 차에서 배운 '게살브로콜리당근 양파무른밥'에서 재료양 바꿔 끓이면 ok!

1시간 안에 완성하는 일주일 이유식

1시간 전에 미리 할 일 소고기 핏물 빼기

20분 전에 미리 할 일 닭고기 비린내 제거하기
(모유나 분유에 담가두기)

필요한 것 식초(또는 베이킹소다), 칼, 도마 2개, 찜기, 냄비 2~4개, 나무 숟가락, 프라이팬, 이유식 용기 21개, 견출지

 딸아~ 엄마만 따라 해 시작

재료 손질 ▶ 1
브로콜리는 식초나 베이킹소다 푼 물에 담갔다 흐르는 물에 씻고 꽃 부분만 떼어낸다.

◀ 다지기

12
냄비에 물을 담고 달걀을 넣어 삶는다. 삶은 후 찬물에 담가 껍질을 벗기고, 노른자와 흰자를 분리해 각각 으깬다.

11
두 냄비 모두 끓으면 1) 소고기 냄비는 약한 불로 줄이고 양파와 당근을 넣은 후 좀 더 익힌 후 불을 끈다. 2) 다른 냄비에는 닭고기와 브로콜리를 넣고 좀 더 끓이다, 약한 불로 줄이고 익은 순서대로 재료를 꺼낸다.

13
소고기와 닭고기는 각각 잘게 다진다.

14
양파와 당근, 브로콜리도 각각 잘게 다진다.

15
찐 고구마는 으깬다.

이건 반드시 주의

한 번에 일주일 치를 만들어 보관하는 것이기 때문에 혹시라도 이유식에 미생물이 번식하지 않도록 조심해야 한단다.

- 절대 침이 들어가지 않도록 맛보면서 사용한 숟가락이나 젓가락이 일절 닿지 않게!
- 뜨거울 때 바로 용기에 담아 냉장실이나 냉동실에 보관하도록!
- 냉장 혹은 냉동 보관한 이유식은 섭취하기 직전에 80℃ 이상에서 5분간 익히기!

2

양송이는 기둥을 떼어내고 갓의 껍질을 벗긴 후 흐르는 물에 씻어 잘게 다진다.

3

양파는 껍질을 벗기고 사용할 만큼 잘라 준비한다. 덮밥용 양파는 잘게 다진다.

4

파프리카는 베이킹소다로 표면을 문질러 닦고 꼭지와 씨를 제거한 후 잘게 다진다.

5

우엉은 껍질을 깎고 잘게 다지거나 믹서로 간다.

10

냄비 2개를 준비해 물을 담는다. 1) 냄비 하나에는 소고기를 넣고 강한 불로 끓인다(둥둥 뜨는 기름은 걷어내며 끓인다). 2) 다른 냄비에는 물만 강한 불로 끓인다.

9 ◀찌고 삶기

찜기에 고구마를 넣고 찐다.

8

닭고기는 흐르는 물에 씻고 힘줄을 제거한다.

7

달군 프라이팬에 김을 올려 굽는다.

6

새우는 머리와 껍질, 내장을 제거하고 끓는 물에 게살과 함께 삶는다. 그런 다음 각각 잘게 다진다.

진밥 끓이기 ▶ **16**

냄비 2개를 준비한다. 1) 냄비 하나에는 '게살브로콜리당근양파진밥' 재료를 넣고 강한 불로 끓인다. 2) 다른 냄비에는 '김당근양파달걀진밥' 재료를 넣고 강한 불로 끓인다. 3) 모두 저어주며 끓이다 한번 끓어오르면 약한 불로 줄여 농도가 적당해질 때까지 끓인 후, 각각 4회분으로 나눠 용기에 담아 냉동실에 보관한다.

17

냄비 2개를 헹궈 준비한다. 1) 냄비 하나에 '소고기양송이양파달걀밥' 재료를 넣고 강한 불로 끓인다(달걀은 나중에 넣기). 2) 다른 냄비에는 '닭고기파프리카우엉진밥' 재료를 넣고 강한 불로 끓인다. 3) 끓어오르면 약한 불로 줄이고, 소고기 냄비에는 달걀물을 부으며 농도가 적당해질 때까지 끓인다. 각각 4회분과 3회분으로 나눠 용기에 담고 '닭고기진밥' 2회분은 냉장실, 나머지는 냉동실에 보관한다.

완료

19

쌀식빵 위에 치즈를 깐 후 당근과 고구마, 으깬 노른자를 올려 김밥 말 듯 말아 랩으로 싼다. 2회분 속을 더 만들어 냉장실에 보관하고, 그때그때 샌드위치를 만들어 먹인다.

18

프라이팬을 불에 올려 달군 후, 새우, 양송이, 양파를 넣고 볶다가 달걀을 풀어 붓는다. 냄비에 불린 쌀과 물 또는 육수를 넣고 끓여 진밥을 만든다. 각각 3회분으로 나눠 용기에 담고 각 2회분은 냉장실, 1회분은 냉동실에 보관한다.

당근
고구마롤샌드위치

134kcal 탄수화물 17g
단백질 5g
지방 5g

후기

1주
2주
3주
4주
5주
6주
7주
8주
9주
10주
11주
12주

이번에도 특식이다. 이번에 만들 샌드위치는 아기가 손에 쥐고 직접 먹기 좋은 음식이다. 핑거 푸드로도 많이 이용하는 샌드위치인데, 만드는 법이 매우 간단하면서도 맛도 있어 그야말로 엄마도 굿, 아기도 굿인 음식. 시중 식빵을 쓰기에는 아직 이른 감이 있기 때문에 쌀식빵을 이용해 더 안전하게 만든다. 쌀식빵은 빵집에서 쉽게 구할 수 있다.

엄마만 따라해

 보관 모두 냉장

 재료
☑ 쌀식빵 … 3장　　☑ 당근·고구마 … 20g씩
☑ 달걀노른자 … 1개분　☑ 아기용 치즈 … 2장

최고 가장자리 자른 쌀식빵 위에 아기용 치즈 한 장 올리고, 삶아서 다진 당근과 고구마를 올려 김밥처럼 말면 완성!

❶ 찜기에 껍질 깎은 당근과 고구마를 넣어 함께 찐 후 잘게 다지고, 달걀은 삶아 노른자만 분리해 으깬다.

❷ 쌀식빵은 가장자리를 자르고, 밀대로 밀어 얇게 핀다.

 팬으로 기름 없이 노릇노릇하게 구워도 좋아.

❸ 쌀식빵 위에 아기용 치즈를 한 장 올리고, 모든 재료를 섞어 올린 후 돌돌 만다.

❹ 랩으로 감싼 후, 사탕처럼 랩 가장자리를 묶는다. 2개 더 만든다.

 나중에 랩을 벗겼을 때 샌드위치가 펴지면 안 되니까 손가락에 힘을 주고 꾹꾹 눌러주렴!

 의사 선생님
식빵은 그냥 쓰면 아기의 입천장이나 잇몸에 붙어, 먹기 힘들 수 있습니다. 간혹 식빵을 먹은 아기가 갑자기 보채서 입안을 잘 살펴보면 식빵 조각이 붙어 있는 것을 발견하는 경우가 많아요. 따라서 식빵으로 간식을 만들 때는 양면을 잘 구워서 바삭하게 만들어서 쓰는 게 좋습니다.

 영양사 선생님
식빵은 냉장실에 보관하면 질기고 푸석해지며 수분이 많은 다른 음식과 만나면 쉽게 부패합니다. 따라서 속만 냉장 보관하고 식빵은 먹을 때마다 그때그때 새로 준비해 싸주는 것이 좋아요.

김당근
양파달걀진밥

126kcal

탄수화물 21g
단백질 5g
지방 2g

요즘 우리나라 식품 중 외국인들에게 가장 인기 있고 유명한 음식이 바로 '김'이라고 한다. 한국의 슈퍼푸드로도 불릴 정도로 인기가 어마어마한데, 영양적인 면에서 아예 과장된 칭호라고 할 수 없다. 단백질 함유량이 해조류 중에서도 매우 높아 은근히 고단백 식재료다. 또 비타민이나 무기질도 많이 들어 있다.

 보관 모두 냉동

 재료
☑ 불린 쌀 ⋯ 130g
☑ 재래김 ⋯ ½장
☑ 달걀 ⋯ 2개
☑ 당근·양파 ⋯ 10g씩
☑ 물 또는 육수 ⋯ 390ml

 최고
김은 구워서 잘게 찢고, 당근과 양파는 삶아서 잘게 다진 후 불린 쌀이랑 육수랑 넣고 푹 끓여내면 완성!

❶ 달군 팬에 김을 올려 구운 후 잘게 찢는다.

❷ 당근과 양파는 껍질을 벗기고 사용할 만큼 잘라 손질한 다음 끓는 물에 넣고 삶은 후, 잘게 다진다.

 채소 삶은 물은 국물로 사용해도 좋으니 잘 두렴!

❸ 냄비에 물을 담고 달걀을 넣어 삶은 후 곱게 으깬다.

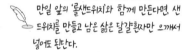 만일 앞의 '롤샌드위치'와 함께 만든다면, 샌드위치를 만들고 남은 삶은 달걀흰자만 으깨서 넣어도 된단다.

❹ 냄비에 불린 쌀과 재료를 넣고 채소 삶은 물을 부은 후 강한 불로 저어주며 끓인다. 끓기 시작하면 약한 불로 줄여 농도가 적당해질 때까지 끓인다.

❺ 4회분으로 나눠 용기에 담는다.

거봐, 쉽잖아~

이번 주 파리 요리

MERRY

남은 재료로
고구마햄치즈 샌드위치
만들기

❶ 고구마는 찜기에 잘 찐 후 껍질을 벗겨 으깬 생크림을 넣어 섞는다.

❷ 테두리를 자른 샌드위치 빵에 으깬 고구마, 햄, 치즈를 올린다.

재료 고구마 … 3개, 샌드위치 빵 … 2개, 샌드위치용 햄 … 3장, 슬라이스 치즈 … 1장, 생크림 … 3큰술

이 유 후 기

집중 시이즌

11주 차 이유식

어른 음식을 함부로 주지 말자

이제 이쯤 되면 아이에게 해가 되는 음식이 생각보다 적어진다. 그리고 엄마 입장에서는 왠지 이유식을 다 끝낸 것처럼 느껴질 수 있다. 하지만 이럴 때일수록 조금 더 신중하고 조심해서 아이에게 음식을 먹이자. '이제 상관없겠지' 하는 마음으로 아이에게 어른이 먹는 음식을 주면, 알레르기 같은 영양적인 면에서나 식생활 같은 습관적인 면에서도, 비만과 같은 건강 문제에서도 탈이 날 수 있다. 아직까지는 더 조심하면서 완료기까지 완벽하게 거친 후 일반식을 주자.

이번 주 우리 아이가 적응할 재료 : 적채, 멸치

흔히 적채라고 하면 잘 모르지만 보라색 양배추라고 하면 금방 알아챈다. 먹는 방법이나 조리 방법도 양배추와 흡사하다. 멸치는 누구나 알 듯 칼슘의 보고다. 단, 염분이 있고 건조 멸치는 딱딱하기 때문에 푹 삶아서 요리하는 게 좋다.

11th week
일주일 장바구니

불린 쌀 600g, 시금치 45g, 게살 30g, 소고기 안심 80g, 검은콩·연근·당근·적채·애호박 10g씩, 닭다리살 80g, 들깨 3g, 무가당 두유 75㎖, 대구살 20g, 잔멸치 20g, 김 ½장

♣ **딸아, 재료는 이렇게 골라야 한단다**

적채 선명한 보라색에 윤이 좌르르 흐르는 게 좋단다. 또 속이 빈 게 아니라 야무지게 차 있고 무거운 게 좋아. ※ 구매/손질/관리법 P.36

멸치 아이가 먹을 수 있도록 잔멸치를 사야 한단다. ※ 구매/손질/관리법 P.36

♣ **이번 주 우리 아이 이유식 재료 한눈에 보기**

new

소고기적채애호박진밥 P.464
❶ 불린 쌀 … 100g
❷ 소고기 안심 … 40g
❸ 적채 · 애호박 … 10g씩
❹ 물 또는 육수 … 300㎖

new

멸치김주먹밥 P.466
❶ 불린 쌀 … 140g
❷ 잔멸치 … 20g
❸ 김 … ½장
❹ 참기름 … ½큰술
❺ 물 또는 육수 … 420㎖

시금치게살볶음 P.424
❶ 시금치 … 45g
❷ 게살 … 30g
❸ 올리브유 … 약간
※ 후기 8주 차에서 배운 '시금치게살볶음'

소고기검은콩연근진밥 P.382
❶ 불린 쌀 … 130g
❷ 소고기 안심 … 40g
❸ 검은콩 · 연근 … 10g씩
❹ 참기름 … ½큰술
❺ 물 또는 육수 … 390㎖
※ 후기 5주 차에서 배운 '소고기검은콩연근무른밥'에서 재료양 바꿔 끓이면 ok!

닭고기들깨두유진밥 P.428
❶ 불린 쌀 … 100g
❷ 닭다리살 … 40g
❸ 들깨 … 3g
❹ 무가당 두유 … 75㎖
❺ 물 또는 육수 … 195㎖
※ 후기 8주 차에서 배운 '닭고기들깨두유진밥'에서 재료양 바꿔 끓이면 ok!

대구살닭고기영양죽 P.370
❶ 불린 쌀 … 130g
❷ 대구살 … 20g
❸ 닭다리살 … 40g
❹ 당근 … 10g
❺ 참기름 … ½큰술
❻ 물 또는 육수 … 390㎖
※ 후기 4주 차에서 배운 '대구살닭고기영양죽'에서 재료양 바꿔 끓이면 ok!

1시간 안에 완성하는
일주일 이유식

1시간 전에 미리 할 일 소고기 핏물 빼기

20분 전에 미리 할 일 닭고기 비린내 제거하기, (모유나 분유에 담가두기) 미역 불리기

필요한 것 식초(또는 베이킹소다), 칼, 도마 2개, 찜기, 냄비 2~4개, 나무 숟가락, 프라이팬, 이유식 용기 21개, 견출지

딸아~ 엄마만 따라 해

시작 재료 손질 ▶ **1**

시금치는 식초나 베이킹소다 푼 물에 담갔다 흐르는 물에 씻는다.

◀ 다지기 **11**

두 냄비 물이 모두 끓으면 1) 소고기 냄비는 약한 불로 줄이고 시금치를 넣어 데친 다음 불을 끈다. 2) 다른 냄비에는 닭고기와 당근을 넣고 좀 더 끓이다, 약한 불로 줄이고 익은 순서대로 재료를 꺼낸다.

12

대구살은 살만 발라내 다지고, 적채와 애호박도 잘게 다진다.

13

닭고기와 소고기도 각각 잘게 다지고, 당근도 잘게 다진다. 시금치는 잎만 잘라내 잘게 다진다.

14

검은콩은 껍질을 벗겨 다지거나 으깬다.

이건 반드시 주의

한 번에 일주일 치를 만들어 보관하는 것이기 때문에 혹시라도 이유식에 미생물이 번식하지 않도록 조심해야 한단다.

- 절대 침이 들어가지 않도록 맛보면서 사용한 술가락이나 젓가락이 일절 닿지 않게!

- 뜨거울 때 바로 용기에 담아 냉장실이나 냉동실에 보관하도록!

- 냉장 혹은 냉동 보관한 이유식은 섭취하기 직전에 80℃ 이상에서 5분간 익히기!

2 연근은 껍질을 깎아 얇게 썰어 끓는 물에 식초 한 방울 넣고 삶는다. 그런 다음 칼로 잘게 다진다.

3 당근은 껍질을 깎고 사용할 만큼만 잘라 준비한다.

4 끓는 물에 게살과 멸치를 넣어 삶은 후, 멸치는 으깨 놓는다.

5 달군 프라이팬에 김을 올려 구운 후 잘게 찢는다.

10 냄비 2개를 준비해 물을 담는다. 1) 냄비 하나에는 소고기와 검은콩을 넣고 강한 불로 끓인다(둥둥 뜨는 기름은 걷어내며 끓인다). 2) 다른 냄비에는 물만 강한 불로 끓인다.

9 ◀찌고삶기 찜기에 대구살을 넣고 찐 후 익으면 적채와 애호박을 넣고 찐다.

8 애호박의 표면을 베이킹소다로 문질러 닦고, 흐르는 물에 씻어 껍질과 씨를 도려낸다.

7 적채는 낱장으로 떼어 심을 자르고, 부드러운 부분을 흐르는 물에 씻는다.

6 닭고기를 흐르는 물에 씻고 힘줄을 제거한다.

진밥 끓이기 ▶

15 냄비 2개를 준비한다. 1) 냄비 하나에는 '소고기검은콩연근진밥' 재료를 넣고 강한 불로 끓인다. 2) 다른 냄비에는 '대구살닭고기영양죽' 재료를 넣고 강한 불로 끓인다. 3) 모두 저어주며 끓이다 한번 끓어오르면 약한 불로 줄여 농도가 적당해질 때까지 끓인 후, 각각 4회분으로 나눠 용기에 담고, 냉동실에 보관한다.

16 냄비 2개를 헹궈 준비한다. 1) 냄비 하나에는 '닭고기들깨두유진밥' 재료를 넣고 강한 불로 끓인다. 2) 다른 냄비에는 '소고기적채애호박진밥' 재료를 넣고 강한 불로 끓인다. 3) 모두 저어주며 끓이다 한번 끓어오르면 약한 불로 줄여 농도가 적당해질 때까지 끓인 후, 각각 3회분으로 나눠 용기에 담고, 각 2회분은 냉장실, 나머지는 냉동실에 보관한다.

17 냄비 하나를 헹궈 준비한 후, 불린 쌀과 물 또는 육수를 넣고 강한 불로 저어주며 끓이다 약한 불로 줄여 졸이듯 끓이면서 진밥을 만든다.

완료

19 키친타월로 프라이팬을 닦고, 올리브유를 약간 둘러 시금치를 볶다가 게살을 넣어 볶는다. 3회분으로 나눠 용기에 담아, 냉장실에 보관한다.

18 프라이팬을 불에 올려 달군 후 참기름을 약간 두르고 으깬 멸치를 넣어 달달 볶고, 만들어놓은 진밥에 멸치와 김을 넣어 잘 비빈 다음, 조금씩 떼어 주먹밥을 만든다. 4회분씩 나눠 용기에 담아, 냉동실에 보관한다.

소고기
적채애호박진밥

120kcal 탄수화물 20g
단백질 4g
지방 2g

보라색 양배추로도 불리는 적채는 비타민 C·U가 많은 대표적인 건강 식재료다. 비타민이 필요한 아이에게도 엄마에게도 모두 좋은 재료인 만큼, 넉넉하게 구매해 아이 이유식을 만들고 남은 적채로 엄마를 위한 샐러드도 만들어보자. 낱장으로 떼어 손질하면 되는데, 심은 아이가 소화하기 힘들 수 있으므로 잘라낸다.

 보관
· 2회분 냉장
· 1회분 냉동

 재료
☑ 불린 쌀 … 100g
☑ 소고기 안심 … 40g
☑ 적채·애호박 … 10g씩
☑ 물 또는 육수 … 300ml

 최고
소고기는 삶아서 다지고, 애호박과 적채는 쪄서 다진 후 불린 쌀에 육수랑 넣고 푹 끓이면 완성!

❶ 소고기는 미리 20분에서 1시간 정도 찬물에 담가 핏물을 뺀다.

❷ 애호박은 베이킹소다로 표면을 문질러 닦은 후 흐르는 물에 씻고, 껍질을 깎은 후 씨를 도려낸다.

❸ 적채는 낱장으로 떼어 심을 자른 후 부드러운 부분을 흐르는 물에 씻는다.

❹ 찜기에 애호박과 적채를 넣어 찐 후, 잘게 다진다.

❺ 냄비에 물을 붓고 소고기를 넣어 강한 불로 끓이다, 끓어오르면 약한 불로 줄여 삶는다. 삶은 소고기는 건져내 칼로 잘게 다진다.

 둥둥 뜨는 기름이나 불순물은 걷어내면서 삶아야 해! 소고기 삶은 물은 잘 두었다가 육수로 쓰렴!

❻ 냄비에 불린 쌀과 재료를 넣고 소고기 삶은 물을 부은 후 강한 불로 저어주며 끓인다. 끓어오르면 약한 불로 줄여 농도가 적당해질 때까지 끓인 후, 3회분으로 나눠 용기에 담는다.

 거봐, 쉽잖아~

후기
1주
2주
3주
4주
5주
6주
7주
8주
9주
10주
11주
12주

멸치김주먹밥

121kcal

탄수화물 21g
단백질 4g
지방 2g

엄마만 따라해

대표적인 핑거 푸드 이유식이다. 아기가 먹기 좋은 크기로 둥글둥글하게 주먹밥 모양으로 만들어도 되지만, 길쭉한 막대기 스타일로 만들어줘도 괜찮다. 멸치는 염분이 많고 아이가 먹기엔 딱딱하고 날카로울 수 있으니 끓는 물에 한번 삶는 게 좋다. 김은 조미하지 않은 것을 구워서 찢어 사용한다.

 보관 모두 냉동

 재료
☑ 불린 쌀 … 140g
☑ 잔멸치 … 20g
☑ 김 … ½장
☑ 참기름 … ½큰술
☑ 물 또는 육수 … 420ml

 최고 진밥 먼저 끓이고, 멸치는 한번 삶아 으깨 참기름에 볶은 다음, 구운 김을 잘게 부숴 잘 비벼 조금씩 떼어 주먹밥으로 만들면 완성!

❶ 냄비에 불린 쌀과 물 또는 육수를 넣고 강한 불로 저어주며 끓이다 약한 불로 줄여 졸이듯 끓이면서 진밥을 만든다.

❷ 끓는 물에 멸치를 삶아 염분을 빼고 부드럽게 만든 후, 물기를 제거하고 절구나 칼자루 끝을 이용해 으깬다.

 믹서로 가는 것도 오케이!!

❸ 달군 프라이팬에 김을 올려 굽고 잘게 찢는다.

❹ 프라이팬에 참기름을 약간 두르고 으깬 멸치를 넣어 달달 볶는다.

❺ 만들어놓은 진밥에 멸치와 김을 넣고 잘 비빈 후, 아기가 먹기 좋은 크기로 떼어 주먹밥을 만든 다음 4회분으로 나눠 담는다.

거봐, 쉽잖아~

후기
1주
2주
3주
4주
5주
6주
7주
8주
9주
10주
11주
12주

이번 주 파티 요리

남은 재료로
피칸잔멸치볶음
만들기

❶ 잔멸치는 끓는 물에 데쳐 소금기를 뺀다.

❷ 데친 잔멸치는 팬에 볶아 물기를 제거한 후 올리고당, 간장을 넣고 잘 볶는다.

❸ 약한 불로 줄인 후 부순 견과류를 넣고 골고루 섞는다.

재료 잔멸치 ⋯ 500g, 올리고당 ⋯ 3큰술, 간장 ⋯ 1큰술, 견과류 ⋯ 약간

집중 시이즌

12주 차 이유식

단호하면서도 상냥하라

이제 길고 길었던 이유식의 대장정이 끝난다. 물론 아직 완료기가 남았고, 또 그게 끝나면 유아식을 거쳐 일반식으로 넘어가겠지만, 어쨌든 아기에게 새로운 음식을 조심스럽게 적응시키고 먹는 훈련을 시킨다는 의미에서 보면 큰 고비는 다 넘긴 셈이다. 끝으로 엄마들에게 당부하고 싶은 게 있다. 누누이 말하지만 아기들의 식습관과 식사 예절은 평생 간다. 아기가 스스로 먹는 걸 제지하지는 않되, 이리저리 돌아다니면서 산만하게 먹는 건 절대 그냥 두고 보면 안 된다. 벌써부터 아기에게 동영상을 틀어주는 엄마도 있다. 물론 엄마가 바쁘고 힘들다는 건 누구보다도 잘 안다. 하지만 눈에 넣어도 아프지 않은 내 아이의 올바른 성장을 위해 조금만 더 참고 노력해보자. 안 되는 건 단호하게 제지해야 하지만, 평소에는 상냥하게 대해야 한다. 엄마는 아이의 창이다.

이번 주 우리 아이가 적응할 재료 : 근대, 아스파라거스

근대는 비타민과 필수아미노산이 많아 성장기 아이에게 꼭 필요한 채소다. 아스파라거스 또한 아이 발달에 도움이 되는 영양이 많은 건강한 식재료. 후기 이유식을 완성하는 이번 주에 꼭 적응시켜 아이와 평생 친구가 될 수 있도록 해보자.

12th week
일주일 장바구니

불린 쌀 530g, 달걀 4개, 아기용 치즈 1장, 사과 90g, 닭다리살 50g, 오이·근대 10g,
아스파라거스 15g, 애호박 20g, 돼지고기 25g, 두부 125g, 당근 75g,
소고기 안심 105g, 양파 25g, 새우 30g

♣ 딸아, 재료는 이렇게 골라야 한단다

근대	잎이 싱싱한 녹색을 띠고, 줄기도 부러뜨리면 아삭한 소리가 날 정도로 싱싱하며 두꺼운 게 좋단다. ※ 구매/손질/관리법 P.36

아스파라거스	색이 짙은 것보다 살짝 연한 빛이 도는 게 좋아. 또 봉오리가 다소곳하게 모여 있고, 단단한 게 좋은 거란다. ※ 구매/손질/관리법 P.36

♣ 이번 주 우리 아이 이유식 재료 한눈에 보기

달걀샐러드 & 사과즙소스 P.476
❶ 달걀 … 4개
❷ 아기용 치즈 … 1장
❸ 사과 … 80g

소고기근대양파진밥 P.478
❶ 불린 쌀 … 110g
❷ 소고기 안심 … 45g
❸ 근대·양파 … 10g씩
❹ 물 또는 육수 … 330㎖

소고기아스파라거스양파진밥 P.480
❶ 불린 쌀 … 160g
❷ 소고기 안심 … 60g
❸ 아스파라거스·양파 … 15g씩
❹ 물 또는 육수 … 480㎖

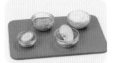

닭고기사과오이진밥 P.384
❶ 불린 쌀 … 130g
❷ 닭다리살 … 50g
❸ 사과·오이 … 10g씩
❹ 물 또는 육수 … 390㎖

※ 후기 5주 차에서 배운 '닭고기사과오이
무른밥'에서 재료양 바꿔 끓이면 ok!

돼지고기당근두부조림 P.430
❶ 돼지고기 … 25g
❷ 두부 … 125g
❸ 당근 … 75g
❹ 참기름 … 1큰술

※ 후기 8주 차에서 배운 '돼지고기당근두부조림'

새우애호박진밥 P.412
❶ 불린 쌀 … 130g
❷ 새우 … 30g
❸ 애호박 … 20g
❹ 참기름 … ½큰술
❺ 물 또는 육수 … 390㎖

※ 후기 7주 차에서 배운 '새우애호박진밥'

1시간 안에 완성하는
일주일 이유식

1시간 전에 미리 할 일 소고기 핏물 빼기

20분 전에 미리 할 일 닭고기 비린내 제거하기 (모유나 분유에 담가두기), 미역 불리기

필요한 것 식초(또는 베이킹소다), 칼, 도마 2개, 찜기, 냄비 2~4개, 나무 숟가락, 프라이팬, 이유식 용기 21개, 견출지

시작 재료 손질 ▶ **1**

사과는 껍질을 깎아 각각 '닭고기사과오이진밥'에 사용할 양은 잘게 다지고, '달걀샐러드'에 사용할 양은 잘라 준비한다.

13

두 냄비 모두 끓으면 1) 소고기 냄비는 약한 불로 줄이고 근대, 양파, 아스파라거스를 넣은 후 좀 더 익힌 다음 불을 끈다. 2) 돼지고기 냄비에는 약한 불로 줄이고 당근을 넣은 후 좀 더 익힌 다음 불을 끈다.

12

냄비 2개를 준비해 물을 담는다. 1) 냄비 하나에는 소고기를 넣고 강한 불로 끓인다. 2) 다른 냄비에는 돼지고기를 넣고 강한 불로 끓인다.

다지기 ▶ **14**

돼지고기와 소고기는 각각 잘게 다진다. 당근은 5mm 길이로 다지듯 썬다.

15

근대와 양파, 아스파라거스도 각각 잘게 다진다.

이건 반드시 주의

한 번에 일주일 치를 만들어 보관하는 것이기 때문에 혹시라도 이유식에 미생물이 번식하지 않도록 조심해야 한단다.

절대 침이 들어가지 않도록 맛보면서 사용한 숟가락이나 젓가락이 일절 닿지 않게!

뜨거울 때 바로 용기에 담아 냉장실이나 냉동실에 보관하도록!

냉장 혹은 냉동 보관한 이유식은 섭취하기 직전에 80℃ 이상에서 5분간 익히기!

2 오이를 굵은소금으로 문질러 닦은 후, 흐르는 물에 씻고 껍질을 벗겨 씨를 도려내 잘게 다진다.

3 당근은 껍질을 깎고 손가락 길이로 잘라 손질한다.

4 두부는 5mm 길이로 깍둑썰기 한다.

5 새우는 머리와 껍질, 내장을 제거하고 끓는 물에 삶은 후 잘게 다진다.

6 베이킹소다로 애호박의 표면을 문질러 닦고 흐르는 물에 씻어 껍질과 씨를 제거한다.

11 ◄ 찌고 삶기 찜기에 애호박을 넣고 찐다.

10 닭고기는 흐르는 물에 씻고 힘줄을 제거해 끓는 물에 한번 삶아 잘게 다진다.

9 아스파라거스를 흐르는 물에 씻고 손가락 길이로 잘라 준비한다.

8 양파는 껍질을 벗기고 사용할 만큼만 잘라 준비한다.

7 식초나 베이킹소다를 푼 물에 근대를 쓸 만큼 떼어 담근 후, 흐르는 물에 씻고 잎만 남겨 손질한다.

16 익은 애호박도 잘게 다진다.

17 진밥 끓이기 ► 냄비 2개를 준비한다. 1) 냄비 하나에는 '닭고기사과오이진밥' 재료를 넣고 강한 불로 끓인다. 2) 다른 냄비에는 '새우애호박진밥' 재료를 넣고 강한 불로 끓인다. 3) 모두 저어주며 끓이다 한번 끓어오르면 약한 불로 줄여 농도가 적당해질 때까지 끓인 후, 각각 4회분으로 나눠 용기에 담아 냉동실에 보관한다.

18 다시 냄비 2개를 헹궈 준비한다. 1) 냄비 하나에 '돼지고기당근두부조림' 재료를 넣고 강한 불로 끓인다. 2) 다른 냄비에는 '소고기근대양파진밥' 재료를 넣고 강한 불로 끓인다. 3) 끓어오르면 약한 불로 줄여 끓인 후, 각각 3회분으로 나눠 용기에 담고, '소고기진밥' 1회분은 냉동실에, 나머지는 냉장실에 보관한다.

완료

20 냄비 하나를 준비해 물을 올려 달걀을 넣고 완숙으로 삶아 찬물에 담가둔다. 달걀 껍질을 까 으깬 다음, 치즈를 올려 10초간 전자레인지에 데운다. 끓는 물에 사과를 삶은 후, 으깨 달걀 위에 올려 냉장실에 넣는다.

19 냄비 하나를 헹궈 준비한 후 '소고기아스파라거스양파진밥' 재료를 넣고 강한 불로 끓이다, 약한 불로 줄여 조금 더 끓인 다음 5회분으로 나눠 용기에 담아 냉동실에 보관한다.

달걀
샐러드 & 사과즙소스

123kcal

탄수화물 7g
단백질 9g
지방 6g

후기 이유식 마지막 주 특식은 달걀샐러드와 사과즙소스다. 완숙으로 삶은 달걀을 먹기 좋게 으깨 아기용 치즈와 함께 주면 평소 이유식 먹기 싫어하던 아기도 한 그릇 뚝딱 할 정도로 아기 입맛에 딱 맞는 샐러드가 탄생한다. 여기에 새콤달콤한 사과즙을 뿌리면 아기가 더 달라고 칭얼댈지도 모른다.

 보관 모두 냉장

 재료 ☑ 달걀 … 4개 ☑ 사과 … 80g
☑ 아기용 치즈 … 1장

 최고 완숙으로 삶은 달걀을 으깨 치즈를 올려 전자레인지에 돌린 후, 삶은 사과를 으깨 올리면 완성!

❶ 냄비에 달걀을 넣고 달걀이 모두 잠길 정도로 물을 부은 후 끓인다. 15분 정도 후 불을 끄고 찬물에 바로 달걀을 담가 껍질을 벗긴다.

 속의 얇은 막까지 모두 깨끗이 벗겨야 해!

❷ 완숙 달걀을 칼등으로 눌러 으깬 다음, 치즈를 올려 전자레인지에 10초 정도 데운다.

❸ 사과는 깨끗이 씻은 후, 껍질을 벗기고 알맞은 크기로 잘라 끓는 물에 삶는다.

❹ 삶은 사과는 즙이 나올 정도로 곱게 으깬다.

❺ 달걀샐러드 위에 으깬 사과를 올린 후, 3회분으로 나눠 용기에 담는다.

거봐, 쉽잖아~

소고기
근대양파진밥

131kcal 탄수화물 22g
단백질 5g
지방 2g

근대는 식이 섬유가 풍부하고 무기질이 많다. 또 비타민 A도 많고 필수아미노산도 많이 들어 있어, 아이에게나 어른에게나 너무 좋은 채소다. 식이 섬유가 많기 때문에 변비로 고생하는 아이에게 좋은 도움을 줄 수 있는데, 줄기는 아직 질기므로 잎만 떼어 데친 후 잘게 다진다.

 보관
· 2회분 냉장
· 1회분 냉동

 재료
☑ 불린 쌀 ┄ 110g
☑ 소고기 안심 ┄ 45g
☑ 근대·양파 ┄ 10g씩
☑ 물 또는 육수 ┄ 330ml

 최고
소고기와 양파, 그리고 잎만 뗀 근대를 푹 삶아 잘게 다진 후, 불린 쌀이랑 함께 푹 끓이면 완성!

❶ 소고기는 미리 20분~1시간 정도 찬물에 담가 핏물을 뺀다.

❷ 식초나 베이킹소다를 푼 물에 근대를 쓸 만큼 떼어 담근 후, 흐르는 물에 씻고 줄기를 제거한 다음 잎 부분만 남긴다.

❸ 양파는 껍질을 벗기고 필요한 만큼만 채 썰어 준비한다.

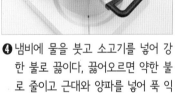

❹ 냄비에 물을 붓고 소고기를 넣어 강한 불로 끓이다, 끓어오르면 약한 불로 줄이고 근대와 양파를 넣어 푹 익힌다.

 기름이나 불순물을 걷어내면서 끓이렴. 소고기 삶은 물은 잘 두었다가 육수로 쓰면 아주 좋아!

❺ 삶은 양파와 근대, 소고기는 각각 잘게 다진다.

❻ 냄비에 불린 쌀과 재료를 모두 넣고, 소고기 삶은 물을 부어 강한 불로 저으며 끓인다. 끓어오르면 약한 불로 줄여 농도가 적당해질 때까지 끓인 후, 3회분으로 나눠 용기에 담는다.

거봐, 쉽잖아~

후기
1주
2주
3주
4주
5주
6주
7주
8주
9주
10주
11주
12주

소고기
아스파라거스양파진밥

127kcal

탄수화물 21g
단백질 5g
지방 2g

요즘 샐러드나 스테이크 먹을 때 곧잘 식탁에 등장하는 아스파라거스를 아기에게도 소개해주자. 토마토와 궁합이 좋으니 토마토를 함께 넣어 이유식을 만들어줘도 좋다. 이유식으로 쓰고 남은 아스파라거스를 따로 요리해 저녁 식탁에 내놓으면 근사한 요리가 된다. 아스파라거스 하나로 북유럽 느낌 폴폴 나는 저녁 식탁을 차려보자.

 보관　모두 냉동

 재료
- ☑ 불린 쌀 ⋯ 180g
- ☑ 소고기 안심 ⋯75g
- ☑ 아스파라거스·양파 ⋯ 15g씩
- ☑ 물 또는 육수 ⋯ 540ml

 최고
소고기와 아스파라거스, 양파를 모두 삶아 잘게 다져 불린 쌀이랑 육수를 넣고 푹 끓이면 완성!

❶ 소고기는 20분에서 1시간 정도 미리 찬물에 담가 핏물을 뺀다.

❷ 양파는 껍질을 벗겨 채 썬다.

❸ 아스파라거스는 흐르는 물에 깨끗이 씻고 껍질을 벗겨 손가락 길이로 듬성 듬성 잘라 준비한다.

❹ 냄비에 물을 붓고 소고기를 넣어 강한 불로 끓이다, 끓어오르면 양파와 아스파라거스를 넣고 함께 삶는다.

기름이나 불순물은 걷어내고 끓이는 거 이제 너무 잘 알지? 고기 삶은 물은 버리지 않고 육수로 쓴다는 것도 이제 딱 외웠지?

❺ 삶은 소고기와 양파, 아스파라거스를 잘게 다진다.

❻ 냄비에 불린 쌀과 재료를 모두 넣고 소고기 삶은 물을 부어 강한 불로 저어주며 끓인다. 끓어오르면 약한 불로 줄여 농도가 적당해질 때까지 끓인 후, 5회분으로 나눠 용기에 담는다.

거봐, 쉽잖아~

이번 주 파티 요리

남은 재료로
두부전골
만들기

❶ 황태포를 씻어 물에 넣고 15분간 끓여 육수를 만든다.

❷ 냄비 가운데에 반달 모양으로 썬 애호박과 홍고추, 느타리버섯을 넣는다.

❸ 두부는 네모반듯하게 썰어 가장자리에 둘러준다.

❹ ①의 육수에 새우젓, 간장, 다진 마늘, 들기름을 넣어 간한다.

❺ 냄비에 ④를 부어 끓인다.

| 재료 | 두부 … 1모, 홍고추 … 1개, 애호박 … 1개, 느타리버섯 … 100g, 황태포 … 100g, 물 … 1.5L, 새우젓·간장·다진 마늘·들기름 … 1큰술씩 |

네가 "할머니~" 하고 불러줄 것만 같아서
나도 모르게 자꾸 뒤돌아보게 돼.

조이가 다 자라면 할머니를 어떻게 생각해줄까?

지금 이 시간을 모두 기억해줄까?

할머니는 조이와 보낸 하루하루를 일기로 남겨두고 싶단다.

이유완료기
완성 시이즌

엄마만 따라 해~
뚝딱 만들고 얼른 쉬자!

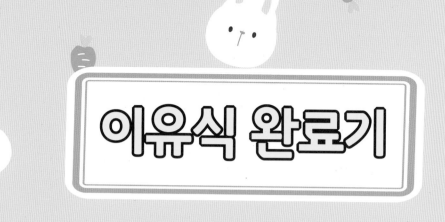

이유식 완료기

생후 12~15개월, 이유식의 대장정을 완성하는 시기

이제 아이는 혼자 일어서고 걸을 수 있다. 숟가락을 잡는 게 이전보다 훨씬 능숙해지고, 먹겠다는 표현과 먹기 싫다는 표현도 매우 분명하고 단호해진다. 엄마도 이제 이유식을 마무리하고 유아식으로 넘어갈 준비를 해야 한다. 유아식이라는 게 어른이 먹는 음식보다 간을 더 약하게 하고, 식감을 더 부드럽게 한다는 것 외에는 별것이 없지만, 그래도 매일 죽 같은 것만 먹던 아기에게는 혁명이라고 할 수 있다. 이제부터 좋고 싫은 것에 대한 표현이 확실해지는 만큼, 밍밍한 죽보다 아이 입장에서도 군침 도는 여러 스타일의 반찬으로 만들어 진밥과 함께 먹여보자.

엄마의 스피드 레슨

이유식에서 유아식으로

하루 세 번

젖병 사용 중단

120~180g

간식 2회

모유는 400ml 안팎으로

밥과 반찬으로

물은 쌀의 2배

수유 횟수는 2회 이하로만

간은 어른식보다 약하게

질감은 어른식보다 부드럽게

 딸아

**10분만이라도
이걸 읽고
시작하렴**

이유식 마지막 단계로, 유아식으로 넘어가기 전 단계야. 삼시 세끼 먹는 건 후기와 똑같은데 후기보다 물 양을 적게 해 어른 밥과 좀 더 비슷하게 해 먹이는 거지. 아직까지 간은 어른처럼 하면 안 된다는 걸 주의하렴.

완료기 이유식, 언제 시작하면 되겠니?

아이가 반년 가까이 이유식을 잘 따라왔다면 무리 없이 완료기 이유식을 시작할 수 있다. 아주 질기거나 딱딱한 음식을 제외하고 대부분의 일반적인 음식을 곧잘 씹어 먹는다면 완료기 이유식을 준비하면 된다. 물론, 아이가 지금껏 이유식을 어떻게 받아들였냐에 따라 시기를 약간 조절할 수는 있다. 하지만 이럴 때도 수유량을 줄이고 젖병 사용을 중단해 아이가 이유식을 주식으로 인식할 수 있도록 해야 한다는 걸 잊지 말자.

스스로 식사하는 습관 기르기

이제 아이는 스스로 식사를 해야 한다. 물론 지금까지도 자기가 혼자 먹겠다고 난리법석을 피웠지만, 이 시기가 되면 자기 의사가 더 확실해지고, 숟가락을 다루는 기술도 훨씬 좋아지기 때문에 순조롭게 혼자 식사할 수 있게 된다. 당연히 엄마가 먹여주는 것보다야 속도가 매우 느리겠지만, 그렇다고 해서 숟가락을 뺏어 엄마가 일일이 먹여주는 건 절대 옳지 않다. 시간이 오래 걸리더라도 아이가 스스로 먹도록 유도해야 좋은 식습관을 기를 수 있고, 나아가 자립심 있는 사람로 성장한다.

간식으로 과자는 금물

활동량이 많은 오후에 간식을 주면 좋은데, 이때 엄마들이 많이 하는 실수가 바로 아이가 잘 먹는 과자를 간식으로 주는 것이다. 떼쓰는 아이에게 설탕이 들어가거나 조미된 간식을 쥐여주는 경우가 있는데, 이는 반드시 피해야 할 행동이다. 물론 유아용 과자 중 인공 첨가물 없이 쌀이나 고구마, 단호박 등 이유식에도 자주 넣는 식품으로만 만든 것이라면 괜찮다. 하지만 이 또한 너무 많은 양을 주면 아이의 식사량이 줄어드니 주의해야 한다. 일반적으로 이런 가공식품보다는 수유나 이유식이 더 영양가 있기 때문에 간식의 비중이 커지면 전체적으로 영양가 없는 식단이 될 수 있다. 그러니 엄마가 손이 더 가고 귀찮더라도, 신선한 식재료로 영양가 있는 간식을 만들어주자. 지금 건강한 아이가 어른이 되어도 건강하다는 건 만고불변의 진리다.

전문가에게 물어봤지!

완료기 이유식에서 가장 중요한 것은 무엇이죠?
완료기에 꼭 필요한 우리 아이 발달

완료기는 이유식에서 유아식으로 넘어가는 시기입니다. 이전과 마찬가지로 다양한 음식을 접할 수 있도록 시도하는 것이 중요합니다. 또 간식을 통한 적절한 영양 섭취도 중요한데, 어떤 간식을 제공하느냐에 따라 아이의 식습관에 적지 않은 영향을 미칠 수 있으니 식품 선택에 신중해야 합니다. 또 후기에 비해 스스로 먹을 수 있는 힘, 즉 손을 통제하고 씹고 쌈키는 능력이 더 발달하는 시기입니다. 따라서 젖병 사용을 차차 중단하고 액상 식품은 컵을 사용해 마시도록 하며, 고형식도 스푼 등을 이용해 스스로 먹게 해주는 것이 좋습니다. 물론 아이가 음식을 먹기보단 장난치며 놀 가능성도 높습니다. 따라서 아이 스스로 먹게 하는 연습은 부모의 인내심이 필요한 일입니다. 하지만 음식을 가지고 노는 행동을 통해 아이가 손으로 느끼는 질감, 음식의 냄새와 색깔 등을 느끼며 두뇌에 좋은 자극을 준다고 여기면 조금 더 인내심 있게 이 시기를 보낼 수 있을 것입니다. 또 이 시기를 전후로 아이가 본격적으로 혼자 설 수 있고 걸음마를 시작하는데, 영양을 적절하게 공급하면 좀 더 단단하고 안정적으로 걸음마를 훈련할 수 있습니다.

완료기 이유식 땐 무엇을 꼭 챙겨야 할까요?
필수 섭취 영양소

후기와 마찬가지로 다양한 필수영양소의 필요량이 쑥쑥 늘어나는 시기이기 때문에 충분한 이유식을 공급하는 것과 더불어 다양한 식품을 바꿔가며 식단에 넣는 것이 중요합니다.

특히 정상적인 신체 발육을 위해 충분한 단백질과 칼슘, 비타민 D, 철분의 섭취에 신경 쓰는 것이 좋습니다. 또 이전에는 음식을 부드럽게 하기 위해 끓이고 삶는 과정을 거치면서 사실상 수용성비타민(비타민 B·C군)의 손실이 적지 않았을 텐데, 이제는 아이의 소화기관이나 씹고 삼키는 능력이 발달한 만큼 수용성비타민을 충분히 섭취하도록 하기 위해 가벼운 조리법을 사용하거나 과일과 같이 익히지 않고 섭취하는 음식을 간식으로 제공하는 횟수를 높이는 것이 좋겠습니다.

비타민이 많으면서 생식도 가능한 식품은 대부분의 과일, 토마토, 파프리카, 다진 당근, 으깬 해바라기 씨, 조미하지 않은 김입니다.

완료기 이유식, 엄마만 따라 해! 완료기 이유식 먹이는 방법

Step 01 **한눈에 보는 초기 이유식 먹이는 방법**

	이유식		모유/분유	
일일 횟수	3회	일일 수유 횟수	2회 이하	
형태	진밥			
배 죽	2배 죽			
섭취량	120~180g	수유량	400~600㎖ 내외	
간식	2회			

딸들아~ 필수 체크

☑ 횟수 체크 하루 세 끼! 식구들 식사 시간에 함께 하기!

☑ 형태 체크 심하게 질기고 딱딱한 게 아니라면 OK!

☑ 농도 체크 '배 죽'은 불린 쌀 대비 몇 배의 물을 넣느냐 하는 의미. 불린 쌀의 2배의 물을 넣어 진밥으로 만들기!

☑ 양 체크 후기에 먹이던 양보다 더 많이 먹이기! 한 번에 120~180g 정도가 적당!

☑ 간식 체크 시중에 파는 과자보다 신선한 재료로 만든 엄마표 간식이 Good!

Step 02 **완료기에는 어떤 음식을 먹여야 할까?**

　이제 큰 산은 모두 넘었다고 보면 된단다. 후기까지 적응시킨 재료를 이용해 조금 더 유연하게 조리해 먹이면 되는데, 아직 적응시키지 않은 재료를 사용한다면 며칠 전에 미리 소량만 먹여보고 탈이 없는지 확인한 후 본격적으로 먹이면 돼. 가려야 하는 음식이 현저히 적어지므로 재료 때문에 고민하는 일도 이전보다는 훨씬 줄어든단다.

완료기에 피하면 좋은 재료 달거나 기름진 빵, 과자, 소금, 설탕, 어른용 치즈, 김치 등 어른용으로 간을 한 반찬, 메밀

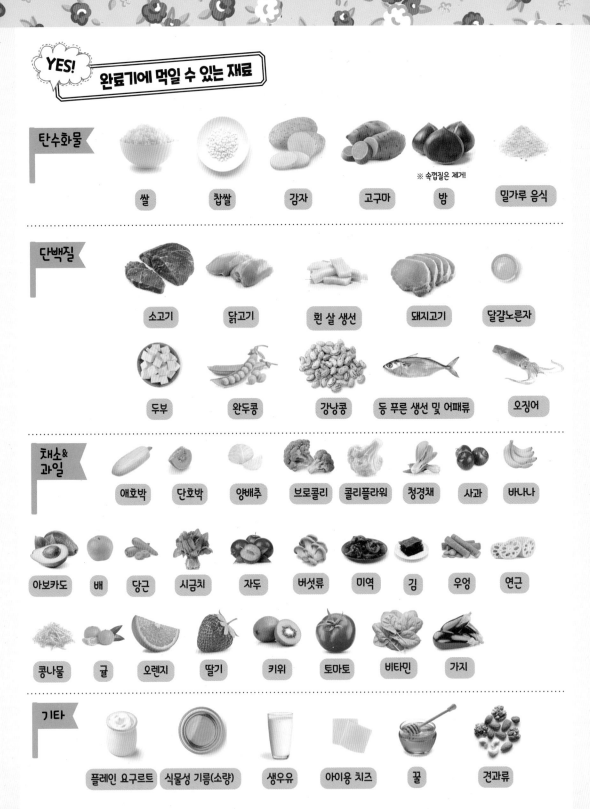

탄수화물

| 쌀 | 찹쌀 | 감자 | 고구마 | 밤 ※ 속껍질은 제거! | 밀가루 음식 |

단백질

| 소고기 | 닭고기 | 흰 살 생선 | 돼지고기 | 달걀노른자 |

| 두부 | 완두콩 | 강낭콩 | 등 푸른 생선 및 어패류 | 오징어 |

채소 & 과일

| 애호박 | 단호박 | 양배추 | 브로콜리 | 콜리플라워 | 청경채 | 사과 | 바나나 |

| 아보카도 | 배 | 당근 | 시금치 | 자두 | 버섯류 | 미역 | 김 | 우엉 | 연근 |

| 콩나물 | 귤 | 오렌지 | 딸기 | 키위 | 토마토 | 비타민 | 가지 |

기타

| 플레인 요구르트 | 식물성 기름(소량) | 생우유 | 아이용 치즈 | 꿀 | 견과류 |

Step 03 완료기 이유식 스케줄표

　　완료기부터는 주식을 이유식 밥으로 먹는다고 생각하면 돼. 그렇기 때문에 식구들이 밥을 먹는 시간에 함께 맞춰서 먹이는 게 가장 중요하단다. 매일 가족이 삼시 세 끼 먹는 시간에 아이도 함께 식탁에 둘러앉아 식사를 하면 돼. 이렇게 해야 아이에게 식사 시간이 즐겁다는 생각을 심어줄 수 있고, 올바른 식습관도 만들어줄 수 있단다. 아직 수유를 떼지 못했다면 젖병으로 하지 않고 컵을 이용해 중간중간, 또는 밥을 먹고 후식 개념으로 적은 양만 먹이렴.

 **엄마가 알려주는
완료기 이유식 조리 포인트**

　　완료기부터는 어른 음식 만드는 것처럼 다양한 조리법으로 이유식을 만들어줄 수 있어. 간을 약하게 해야 한다는 것만 기억하렴.

 **전문가에게 물어봤지!**

 영양사 선생님
**이유식할 땐 무엇을 더 주의해야 할까요?
완료기 이유식 시 주의할 점**

　　완료기가 되면 아이가 뭐든 잘 먹을 거라 생각하고 방심하는 것을 경계해야 합니다. 예를 들어 보통 첫돌 전후로는 먹을 수 있는 식품이 다양해지지만 사실 아이에 따라서는 돌 이후에도 여전히 알레르기 반응을 일으키는 식품이 있어요. 이전에 알레르기 반응을 일으켰던 식품이 있다면 다시 시도하지 말고 18개월 이후로 미루는 것을 추천합니다. 또 간장이나 된장 등을 이용해 약간의 간을 할 수 있지만 어른이 먹는 수준에 가깝게 조미를 하는 것은 좋지 않아요. 나트륨 함량이 높은 햄, 소시지, 훈제 오리, 장아찌, 일반 치즈, 어른용 반찬, 국, 찌개는 아이 것과 반드시 구분해야 합니다. 또 액상과당이나 설탕을 넣은 음료 또는 유제품을 자주 접하는 아이는 편식을 할 수 있으니 멀리하도록 하는 게 좋겠습니다.

　　그리고 아이를 너무 믿지 마세요. 12개월쯤 된 아이는 잘 씹고 잘 삼키기 때문에 부모님들이 잠시 방심할 때가 있습니다. 간혹 음식물이 기도로 넘어가 숨이 막힐 수 있으니 식사 때는 아이가 혼자 잘 음식을 먹고 있더라도 꼭 가까이에서 지켜봐야 합니다.

갈비찜

★ ★ ★ BEST 01 ★ ★ ★

100kcal 탄수화물 1g
단백질 11g
지방 6g

어른도 아이도 너무 좋아하는 갈비찜. 양념이나 간을 어른 먹는 갈비찜과 똑같이 해서는 안 된다. 간을 최대한 짜지 않게 약간만 해야 한다. 소갈비를 넉넉하게 사서 아이용은 따로 조금 만들어놓고, 남은 갈비로 엄마, 아빠가 맛있게 먹을 갈비찜을 같이 준비하는 것도 아주 좋은 생각이다.

재료
☑ 소갈비(살코기) … 50g
☑ 양파·대파 … 5g씩
☑ 맛간장 … ½큰술
☑ 참기름·배즙 … 1작은술씩

최고
핏물 빼고 손질한 소갈비를 양파, 대파와 한번 삶아, 양념간장에 잘 버무려서 푹 끓이면 완성!

❶ 소갈비는 미리 배즙을 넣은 찬물에 1~2시간 정도 담가 핏물을 뺀 후 지방과 힘줄을 제거한다.

❷ 냄비에 물을 담고 소고기와 양파, 대파를 넣어 함께 삶는다.

❸ 삶은 소고기를 흐르는 물에 한번 씻고 조금씩 칼집을 낸다.

❹ 그릇에 소고기를 담고, 맛간장과 참기름, 배즙을 부어 잘 버무린다.

✎ 아가가 먹는 음식인 만큼 희석된 맛간장을 넣자.

❺ 바닥이 두꺼운 냄비에 양념한 소갈비를 넣고, 물을 갈비의 반 정도 부은 후, 강한 불로 끓인다. 끓어오르면 뚜껑을 덮고 약한 불로 줄여 졸이듯 더 삶는다.

✎ 20~30분 정도는 끓여야 하는데, 중간중간 저어 줘야 한다는 걸 기억하렴.

여기서 잠깐!

완료기의 모든 레시피는 1회분 기준이지만, 갈비찜과 동그랑땡 레시피는 2회분 양이야. 아기에게 먹일 1회분은 양이 너무 적어서 갈비찜을 하기가 힘들단다. 그러니 2회분을 미리 해놓고 냉장이나 냉동에 보관했다가 아이의 기호에 따라 표고버섯이나 밤, 당근을 넣어 먹여보렴.

완료기
1
2
3
4
5
6
7
8
9
10
11

거봐, 쉽잖아~

감자볶음

★ ★ ★ BEST 02 ★ ★ ★

60kcal 탄수화물 7g
단백질 1g
지방 3g

지금껏 감자를 다져서 주던 것보다 크기는 커졌지만, 부드럽게 푹 익히면 아기도 거뜬히 먹을 수 있다. 엄마의 레시피에는 감자와 양파만 들어갔지만, 당근이나 소고기를 함께 넣어 볶아도 아주 좋다. 남은 재료에는 간을 좀 더 세게 해 엄마, 아빠를 위한 감자볶음을 만들어 아이와 함께 먹어보자.

엄마만 따라 해

 재료
- ☑ 감자 ⋯ 40g
- ☑ 양파 ⋯ 15g
- ☑ 올리브유 ⋯ 1작은술

 최고
깍둑썰기 한 감자를 볶다가 잘게 다진 양파를 넣고 물을 부어 푹 끓이면 완성!

❶ 감자는 껍질을 벗겨 어른용 반찬보다 더 작게 깍둑썰기 한다.

 초록빛이 돌거나 싫았을 때 아린 맛이 나는 감자는 식중독을 일으킬 위험이 있으니 쓰면 안 돼!

❷ 양파도 껍질을 벗겨 다진다.

 평소 이유식 만들 때처럼 잘게 다지면 볶다가 뭉개지니, 조금 굵게 다지렴.

❸ 달군 팬에 올리브유를 살짝 두르고 감자를 볶는다.

❹ 감자가 어느 정도 익으면 양파를 넣고, 감자가 잠길 정도로 물을 붓는다.

❺ 끓어오르면 약한 불로 줄여 감자가 푹 익을 때까지 끓인다.

 검은깨를 뿌려도 좋아.

거봐, 쉽잖아~

완료기
1 2 3 4 5 6 7 8 9 10 11

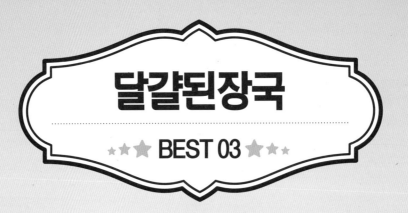

달걀된장국

BEST 03

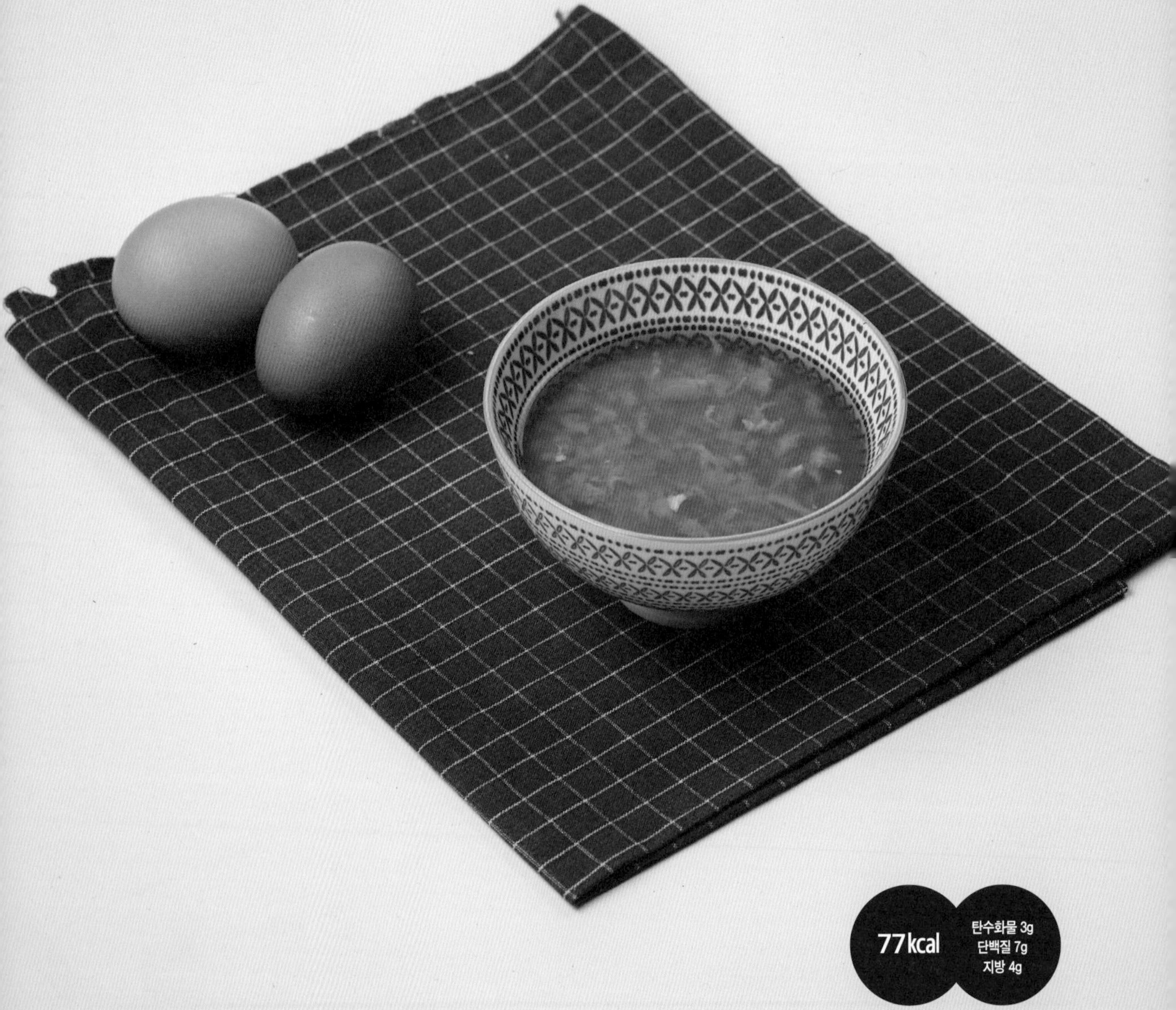

77kcal

탄수화물 3g
단백질 7g
지방 4g

옛날에는 먹을 게 별로 없어 아이 이유식을 따로 챙겨주지 못했단다. 아이가 음식을 받아먹을 정도가 되면 엄마, 아빠가 먹던 된장국에 밥을 말아 몇 숟가락 먹여도 괜찮은 시절이었다. 된장국은 아이 입맛에도 맛있기 때문에 이유식을 잘 먹지 않으려는 아이도 곧잘 먹는다. 간이 약한 이유식용 된장국을 만들어 아이에게 먹여보자.

 재료

☑ 달걀 ⋯ 1개   ☑ 된장 ⋯ ½작은술
☑ 채소물 ⋯ 300ml

 최고

육수에 된장을 풀고 끓이다, 끓기 시작하면 곱게 풀어놓은 달걀을 부어 푹 끓이면 완성!

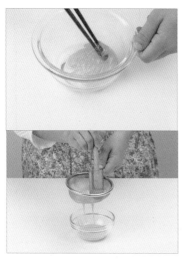

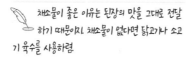

❶ 그릇에 달걀을 풀고 체에 밭쳐 곱게 걸러 준비한다.

❷ 냄비에 채소물을 붓고 된장을 체에 밭쳐풀어 강한 불로 끓인다.

채소물이 좋은 이유는 된장의 맛을 그대로 전달하기 때문이지 채소물이 없다면 닭고기나 소고기 육수를 사용하렴.

❸ 된장국이 끓으면 달걀을 붓고, 끓어오르면 바로 불을 끈다.

완료기
1
2
3
4
5
6
7
8
9
10
11

 의사 선생님

이유식으로 국을 줄 때는 밥을 국에 말아서 먹지 않도록 해야 합니다. 국에 말아 먹으면 제대로 씹지 않아 소화가 잘 안 될 수 있고 다른 반찬은 잘 먹으려 하지 않아 편식하기 쉽습니다.

거봐, 쉽잖아~

동그랑땡

★ ★ ★ BEST 04 ★ ★ ★

180kcal 　탄수화물 11g
단백질 13g
지방 8g

500

아이나 어른이나 모두 좋아하는 최고의 메뉴, 동그랑땡을 만들어보자. 다소 밍밍하더라 도 어른이 먹어도 나름 괜찮은 메뉴다. 고기는 소고기와 돼지고기를 모두 넣는데, 돼지 고기를 함께 넣어야 부드러운 식감을 살릴 수 있다. 여기에 두부까지 넣어 아이가 먹기 좋도록 더 부드럽게 만든다.

엄마만 따라 해

 재료
- ☑ 소고기·돼지고기 ··· 30g씩
- ☑ 양파·당근 ··· 10g씩
- ☑ 두부 ··· 60g
- ☑ 달걀 ··· 1개분
- ☑ 올리브유 ··· 약간
- ☑ 밀가루(또는 쌀가루) ··· 2큰술

 최고
재료를 모두 잘게 다진 후 데쳐서 으깬 두부 랑 섞어 잘 치댄 다음에, 동그랗게 떼내 밀가 루를 묻히고 달걀물 입혀서 부치면 완성!

완료기
1
2
3
4
5
6
7
8
9
10
11

❶ 소고기는 미리 찬물에 20분~1시간 정 도 담가 핏물을 빼고 잘게 다진다.

❷ 돼지고기도 잘게 다진다.

고기를 다질 때는 믹서를 사용하기보다는 칼로 직접 다져야 식감도 좋고 맛도 좋아. 이것보다 더 쉽게 만들려면 정육점에서 간 고기를 사서 키친타 월로 눌러주면 이 과정을 생략할 수 있어

❸ 양파와 당근도 잘게 다져 준비한다.

❹ 두부는 끓는 물에 데친 후 면포로 감 싸 물기를 빼주면서 으깬다.

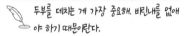

두부를 데치는 게 가장 중요해. 비린내를 없애 야 하기 때문이란다.

❺ 볼에 소고기와 돼지고기, 양파, 당근, 두부, 밀가루를 넣고 달걀을 깨뜨려 넣 은 후 주무르며 치댄 다음 작은 크기 로 떼어내 동그랗게 빚는다.

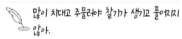

많이 치대고 주물러야 찰기가 생기고 풀어지지 않아.

❻ 달군 팬에 올리브유를 두르고 동그랑 땡을 올려 익힌다.

기름을 두르자마자 동그랑땡을 올리지 말고 기름 까지 열기가 오르면 중간 불로 바꾸고 그때 올 려줘야 해. 그래야 속까지 잘 익는단다.

거봐, 쉽잖아~

두부시금치무침

★ ★ ★ BEST 05 ★ ★ ★

70 kcal

탄수화물 3g
단백질 3g
지방 5g

엄마만 따라 해

짭조름한 맛이 일품인 반찬이다. 우리가 흔히 먹는 시금치무침에 두부를 으깨 넣어 부드러운 식감을 보탰다고 생각하면 쉽다. 시금치가 성장기 아이에게 좋은 건 삼척동자도 다 아는 사실. 남은 시금치에는 소금과 다진 마늘로 간을 더해 엄마, 아빠를 위한 시금치무침을 만들어도 좋다.

 재료 ☑ 시금치 ··· 15g ☑ 참기름·통깨 ··· ½작은술씩
☑ 두부 ··· 20g

 최고 끓는 물에 두부와 시금치를 데쳐 물기를 꼭 짜내고, 두부는 으깨고 시금치는 먹기 좋게 잘라 참기름과 통깨를 넣어 잘 버무리면 완성!

완료기

1
2
3
4
5
6
7
8
9
10
11

❶ 끓는 물에 두부를 넣고 10분간 데친 후 물기를 짜서 곱게 으깬다.

❷ 식초나 베이킹소다를 푼 물에 시금치를 담가 살균한 후 흐르는 물에 씻고, 끓는 물에 1분간 데친다.

❸ 데친 시금치는 물기를 짜내고 잎만 잘라, 손가락 두 마디 굵기로 손질한다.

❹ 시금치와 으깬 두부를 잘 섞고 참기름으로 간한 후 통깨를 뿌려 버무린다.

거봐, 쉽잖아~

떡갈비

★★★ BEST 06 ★★★

87kcal

탄수화물 4g
단백질 5g
지방 6g

단백질 섭취에 소고기만 한 것도 없다. 소고기를 부드러워질 때까지 곱게 다져 여러 재료를 넣고 노릇노릇 구워내는 떡갈비는 남녀노소 누구나 좋아하는 인기 반찬이다. 아이 이유식용 떡갈비는 어른용보다 간을 적게 한다. 남은 재료를 이용해 엄마, 아빠를 위한 떡갈비를 만들 때는 간장, 다진 마늘과 후춧가루, 꿀을 더하면 된다.

엄마만 따라 해

재료
- ☑ 소고기 ··· 20g
- ☑ 표고버섯 ··· 1개
- ☑ 참기름 ··· 1작은술
- ☑ 양파 ··· 10g
- ☑ 간장 ··· 1큰술
- ☑ 찹쌀가루 ··· ½작은술
- ☑ 올리브유 ··· 약간

최고 다진 재료를 한데 섞어 양념한 후, 버무리듯 치댄 다음 동그랗게 떼내 팬에 구우면 완성!

❶ 소고기는 미리 찬물에 담가 20분~1시간 정도 핏물을 뺀 후 잘게 다진다.

힘들어또 믹서를 사용하기보다는 칼로 직접 다져야 식감도 좋고 맛도 좋아. 힘들어또 최대한 잘게 다지고 칼등으로 밀어야 해. 아예 처음부터 간 고기를 사서 키친타월로 눌러주는 것도 방법이야.

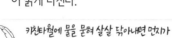

❷ 표고버섯은 기둥을 떼고 갓에 묻은 먼지를 털어낸 후 흐르는 물에 살짝 씻어 굵게 다진다.

키친타월에 물을 묻혀 살살 닦아내면 먼지가 금방 떨어진다.

❸ 양파는 껍질을 벗기고 굵게 다진다.

❹ 볼에 재료를 모두 넣고 찹쌀가루와 간장, 참기름을 넣어 잘 버무리며 치댄다.

여러 번 치대야 풀어지지 않고 차지게 반죽된단다.

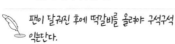

❺ 조금씩 떼어 동그랗게 굴린 후 납작하게 누른 다음, 달군 팬에 올리브유를 두르고 노릇하게 구워낸다.

팬이 달궈진 후에 떡갈비를 올려야 구석구석 익는단다.

거봐, 쉽잖아~

숙주대파나물무침

★ ★ ★ BEST 07 ★ ★ ★

52kcal 탄수화물 2g
단백질 1g
지방 4g

엄마만 따라 해

매번 고기 반찬만 먹일 수는 없다. 아이로 하여금 영양을 골고루 섭취하게 하고 균형 잡힌 식습관을 길러주기 위해선 채소 반찬도 꼭 함께 만들어 구색을 맞춰야 한다. 제일 만만한 게 바로 어른들도 좋아하는 숙주나물무침이다. 조리법이 매우 간단해 바쁜 워킹맘도 부담 없이 만들 수 있다.

재료
☑ 숙주나물 ⋯ 30g
☑ 대파 ⋯ 10g
☑ 참기름·통깨 ⋯ 1작은술씩

최고
대가리 뗀 숙주와 대파를 데친 후, 참기름과 통깨를 넣어 잘 버무리면 완성!

❶ 숙주는 대가리를 떼어 손질하고 흐르는 물에 씻는다.

❷ 끓는 물에 숙주를 넣고 3분간 데친 후 식힌다.

✎ 데칠 때도, 꺼내서 식힐 때도 숙주를 위아래로 잘 섞어주면서 해줘야 식감이 좋아진단다.

❸ 숙주를 데친 끓는 물에 대파를 넣어 1분 정도 데친 후 다진다.

✎ 대파는 매운맛이 있으므로 꼭 데쳐라!

❹ 볼에 숙주와 대파를 넣고, 참기름과 통깨를 넣어 잘 버무린다.

완료기
1
2
3
4
5
6
7
8
9
10
11

거봐, 쉽잖아~

아욱배춧국

★★☆ BEST 08 ☆★★

14kcal

탄수화물 2g
단백질 1g
지방 0g

된장국에 간장을 조금 넣고 아욱과 배추를 넣어 끓이면 아욱배춧국이 된다. 고기 반찬을 메인으로 해서 이유식을 준비하고, 아욱배춧국을 끓여 함께 내면 영양소가 균형 잡힌 한 상 차림이 된다. 엄마, 아빠를 위한 배춧국은 아이용 배춧국에 다진 마늘과 청양고추, 홍고추, 국간장을 넣어 만들면 된다.

재료
- ☑ 아욱·배추 … 10g씩
- ☑ 된장 … ½작은술
- ☑ 육수 … 300ml

최고
아욱과 배추를 큼지막하게 다져서 된장을 푼 육수에 넣고 푹 끓이면 완성!

❶ 아욱은 잎만 잘라 빨래하듯 치대면서 흐르는 물에 여러 번 씻은 후 물기를 짜고 큼지막하게 썬다.

❷ 배추는 잎을 떼내 흐르는 물에 씻고, 아욱과 같은 크기로 큼지막하게 썬다.

❸ 냄비에 육수를 붓고, 아욱을 먼저 넣은 후, 어느 정도 익으면 배추를 넣어 강한 불에서 끓인다.

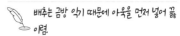

배추는 금방 익기 때문에 아욱을 먼저 넣어 끓여야 해.

❹ 된장을 넣고 끓이다 끓어오르면 약한 불로 줄여 아욱과 배추가 부드러워질 때까지 끓인다.

된장은 체에 받쳐 걸러서 넣어야 해.

거봐, 쉽잖아~

완료기
1
2
3
4
5
6
7
8
9
10
11

애호박양파볶음

★ ★ ★ BEST 09 ★ ★ ★

40kcal 탄수화물 3g
단백질 0g
지방 3g

애호박과 양파가 만나면 특별한 소스나 양념을 하지 않아도 맛이 산다. 여기에 참기름 한 방울 정도 똑 떨어뜨리면 아이 입맛을 사로잡는 이유식이 뚝딱 완성되는데, 맛을 조금 더 살리기 위해 채소를 푹 끓여낸 채소물을 사용하자. 다시마 팩을 넣어 끓여도 아주 좋다.

 재료

☑ 애호박 … 30g ☑ 참기름 … 1작은술
☑ 양파 … 15g ☑ 채소물 … 100ml

 최고

애호박은 반달 모양으로, 양파는 가늘게 채 썰어 팬에 육수를 넣고 끓이다가 참기름 넣고 볶으면 완성!

❶ 애호박은 베이킹소다로 깨끗이 닦아 흐르는 물에 씻고, 반달 모양으로 썰어 준비한다.

❷ 양파는 껍질을 벗겨 가늘게 채 썬다.

❸ 팬에 애호박과 양파를 넣고, 채소물을 2~3큰술 부어 중간 불에 삶는다. 육수가 거의 졸아들 때쯤 참기름을 넣고 애호박이 부드러워질 때까지 볶는다.

완료기

1
2
3
4
5
6
7
8
9
10
11

거봐, 쉽잖아~

채소전

★★★ BEST 10 ★★★

152kcal 탄수화물 14g
단백질 7g
지방 6g

전은 어른이나 아이나 모두 좋아하는 음식이 아닌가 싶다. 죽 형태의 이유식은 먹지 않 겠다고 땡깡을 부리던 아이도 전 하나 쥐여주면 잘 먹는다. 아이용이라 별다른 간을 하 지 않았는데도 맛있는 듯하다. 그렇기 때문에 여러 채소를 넣어 전을 만들어주면 아이가 비타민 같은 영양소를 어렵지 않게 섭취하도록 할 수 있다.

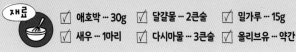

재료
☑ 애호박 … 30g ☑ 달걀물 … 2큰술 ☑ 밀가루 … 15g
☑ 새우 … 1마리 ☑ 다시마물 … 3큰술 ☑ 올리브유 … 약간

최고

애호박은 채 썰고 새우는 삶은 후 다져 밀가루 랑 달걀물, 다시마물에 섞어 반죽을 만든 다음 팬에 노릇하게 구우면 완성!

❶ 애호박은 베이킹소다로 표면을 문질러 닦고 흐르는 물에 씻은 후 채 썬다.

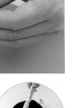

❷ 새우는 내장을 제거 하고 끓는 물에 삶 는다.

❸ 삶은 새우는 껍질을 벗겨 반으로 갈라 다진다.

❹ 볼에 달걀물과 다시마물, 밀가루를 넣 고 잘 섞은 후 애호박과 새우를 넣어 잘 버무려 반죽을 만든다.

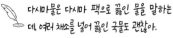
다시마물은 다시마 팩으로 끓인 물을 말하는 데, 여러 채소를 넣어 끓인 국물도 괜찮아.

❺ 달군 팬에 올리브유를 두르고 반죽을 한 입 크기로 덜어 동그랗게 부친다.

거봐, 쉽잖아~

완료기
1
2
3
4
5
6
7
8
9
10
11

프렌치토스트

★★★ BEST 11 ★★★

271kcal

탄수화물 31g
단백질 11g
지방 11g

엄마만 따라 해

완료기 이유식을 통틀어 가장 인기 있는 메뉴가 바로 프렌치토스트다. 이유식에서 빠지지 않고 등장하는 메뉴로, 이유식을 하면서 꼭 한 번은 해 먹이는 메뉴다. 맛이 아주 좋아 엄마, 아빠 간식으로도 좋다. 이유식을 먹이고 중간에 간식으로 먹여도 매우 좋다.

 재료

- ☑ 식빵 … 2장
- ☑ 달걀 … 1개
- ☑ 우유 … 1큰술
- ☑ 꿀 … 1작은술
- ☑ 올리브유 … 약간

 최고
가장자리 자른 식빵을 우유랑 꿀을 넣은 달걀물에 담갔다가 달군 팬에 노릇하게 구워내면 완성!

❶ 식빵은 가장자리를 잘라낸 다음 2등분한다.

 요즘은 쌀식빵도 나오니 기호에 맞게 원하는 빵을 사렴.

❷ 볼에 달걀을 풀어 잘 휘저은 후 우유와 꿀을 넣고 저어준다.

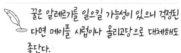 꿀은 알레르기를 일으킬 가능성이 있으니 걱정된다면 메이플 시럽이나 올리고당으로 대체해도 좋단다.

❸ ②의 달걀물에 식빵을 골고루 묻힌다.

❹ 달군 팬에 올리브유를 두르고 식빵이 노릇해지도록 앞뒤로 뒤집어가며 굽는다.

거봐, 쉽잖아~

완료기

1
2
3
4
5
6
7
8
9
10
11

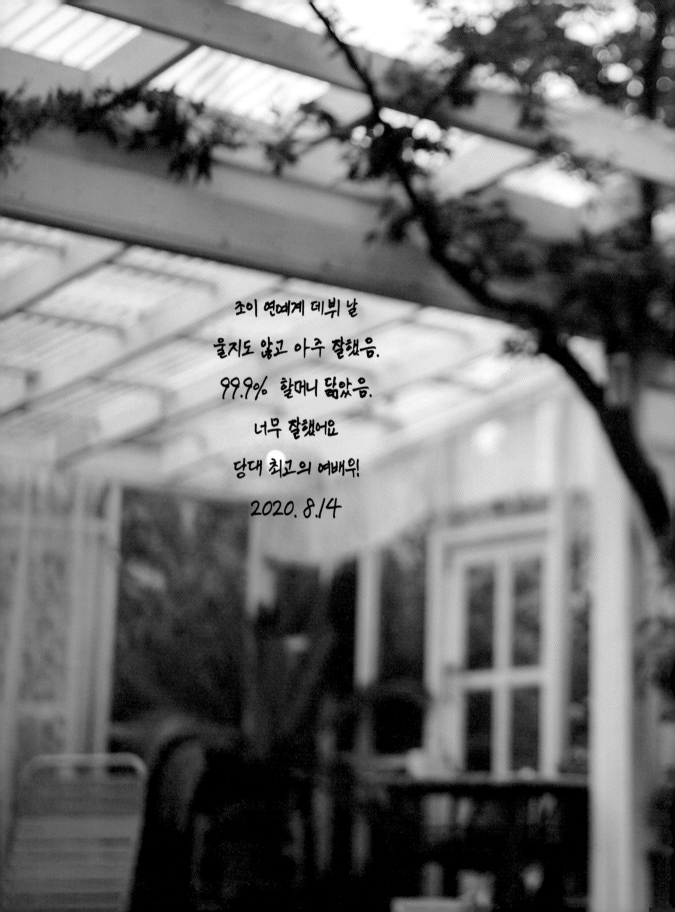

초이 연예계 데뷔 날

울지도 않고 아주 잘했음.

99.9% 할머니 닮았음.

너무 잘했어요

당대 최고의 여배우!

2020. 8.14

이 유 간 식
냠냠 시이즌

조이와의 어느 즐거운 오후~
지금처럼만 쑥쑥 자라주렴!

이유식 간식

매시

곱게 으깬 것을 매시라고 한다. 초기가 지난 후부터 아이가 가장 쉽게 먹고 소화할 수 있는 형태의 음식으로, 다양한 식재료로 다양한 매시를 만들 수 있다.

• 감자매시 P.520 • 고구마매시 P.521 • 단호박매시 P.522 • 으깬밤 P.523

주스 & 요구르트

너무 이른 시기에 과일주스를 주면 아이가 새콤달콤한 맛에 길들어 이유식을 잘 먹으려 들지 않는다. 하지만 중기 이후부터는 아이에게 모자랄 수 있는 비타민을 더 효과적으로 채워줄 수 있기 때문에 유용한 간식이라고 할 수 있다.

• 바나나요구르트 P.524 • 사과주스 P.525

할머니표 추억의 간식

요즘 엄마들은 세련돼서 스무디나 매시 같은 간식을 선호하지만, 내가 아이를 키울 때는 그렇게 세련된 건 없었단다. 먹을 게 별로 없던 시절이었기 때문에 한정된 식품 중 아이에게 먹일 것을 찾아 최대한 다양한 조리법으로 만드는 지혜를 발휘해야 했지. 물론 지금은 촌스럽기 짝이 없는 간식처럼 보이겠지만, 그래도 그때 그 시절에는 나름 세련됐다는 평을 들은 나만의 이유식 간식 레시피를 몇 개 소개해본다.

• 사과조림 P.526 • 두유푸딩 P.527

감자매시

남은 감자매시는 빵가루를 입혀 튀기면 크로켓이 돼. 아이에게 감자매시 주는 날에는 엄마, 아빠도 크로켓 파티, 어때?

 **재료** ☑ 감자 30g ☑ 모유(또는 분유) 40ml

❶ 감자는 껍질을 벗기고 알맞은 크기로 자른다.

❷ 냄비에 감자를 넣고, 감자가 적당히 잠길 정도만 물을 부은 후 중간 불에서 삶는다. 15분 정도 삶으면 되는데, 젓가락으로 찔러보고 다 익었는지 확인하면 된단다

❸ 숟가락으로 삶은 감자를 곱게 으깬다.

❹ 으깬 감자에 모유 또는 분유를 부어가며 농도를 맞춰 섞는다. 분유를 넣을 때는 가루를 넣는 게 아니라 물에 개어서 우유처럼 해서 넣어야 해!

엄마만 따라 해

감자를 삶아서 곱게 으깬 다음 모유를 부으면 완성!

· 칼로리 46kcal
· 탄수화물 7g
· 단백질 1g
· 지방 1g

520

고구마매시

감자매시도 그렇고, 고구마매시도 그렇고 뜨거울 때 우유를 부으면서 버터를 넣거나 햄을 잘게 잘라 넣어주면 어른도 맛있게 먹는 간식이 된단다. 샌드위치로 만들어 먹어도 돼.

 재료

☑ 고구마 30g　☑ 모유(또는 분유) 40ml

❶ 고구마는 깨끗이 씻어 사용할 만큼 자른다.

❷ 냄비에 고구마를 담고 고구마가 살짝 잠길 정도로만 물을 부어 중간 불로 삶는다. 젓가락으로 찔러서 푹 들어가면 다 익은 거란다. 보통 10분 정도면 되는데, 평소 삶는 것보다 5분 정도는 더 삶아야 하니 충분하게 15분 정도 삶으렴.

❸ 삶은 고구마의 껍질을 벗기고 숟가락으로 곱게 으깬다.

❹ 모유나 분유를 넣어 농도를 맞춰가며 섞는다. 분유를 넣을 때는 가루를 넣는 게 아니라 물에 개어서 우유처럼 해서 넣어야 해!

 엄마만 따라 해

삶은 고구마를 숟가락으로 으깨서 모유를 부으면 완성!

· **칼로리** 72㎉
· **탄수화물** 14g
· **단백질** 1g
· **지방** 1g

단호박매시

모유나 분유 대신 우유나 생크림을 넣으면 어른들을 위한 간식이 된단다.

재료 ☑ 단호박 30g ☑ 모유(또는 분유) 40ml

❶ 단호박은 사용할 만큼만 자른 후 씨를 빼내고 전자레인지에 5분간 돌린다. 그런 다음 껍질을 잘라낸다.

❷ 냄비에 단호박을 넣고 잠길 정도로 물을 부은 후 7~10분간 삶는다. 다 익었는지 젓가락으로 찔러보렴

❸ 삶은 단호박을 숟가락으로 곱게 으깬다.

❹ 으깬 단호박에 모유 또는 분유를 조금씩 부어가며 농도를 맞춰 섞는다.

분유는 가루로 쓰는 게 아니라 물에 개어서 붓는 거야.

엄마만 따라 해

단호박을 전자레인지에 돌려 손질한 후, 삶아 곱게 으깨서 모유를 부으면 완성!

· 칼로리 43kcal
· 탄수화물 7g
· 단백질 1g
· 지방 1g

으깬밤

앞의 감자, 고구마, 단호박과 달리
밤은 더 오래 삶고, 모유나 분유를
더 많이 부어야 해.

재료

☑ 밤 30g   ☑ 모유(또는 분유) 50ml

❶ 냄비에 밤을 넣고 밤이 모두 잠길 정도로 물을 부은 후, 중간 불로 삶는다. 밤은 고구마나 감자와 달리 20~30분 정도 푹 삶아야 한단다. 그리고 뚜껑을 꼭 덮어야 해!

❷ 익은 밤은 찬물에 담가 껍질을 벗긴다.

❸ 껍질 벗긴 밤을 절구로 곱게 으깬다.

❹ 으깬 밤에 모유나 분유를 부어 부드럽게 농도를 맞춘다. 감자나 고구마와 달리 밤은 더 퍽퍽하니 모유를 부을 때 좀 더 많이 부어주렴. 귀여운 모양의 틀을 이용해 만들면 아이가 더 좋아할 거야.

엄마만 따라 해

삶은 밤 껍질을 벗겨 절구로
으깬 다음, 모유를 충분히
부어 섞으면서 완성!

· 칼로리 79kcal
· 탄수화물 14g
· 단백질 2g
· 지방 2g

바나나요구르트

요구르트를 넣은 바나나요구르트는 생후 8개월 이후에
먹이는 간식이야. 그 전에는 너무 이르니 주의하렴!
그리고 반드시 무가당인지 확인하는 것 잊지 마!

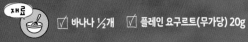 재료

☑ 바나나 ½개   ☑ 플레인 요구르트(무가당) 20g

❶ 바나나는 껍질을 벗기고 양 끝을 잘라낸 후, 반을 잘라 준비한다.
❷ 숟가락으로 바나나를 으깬다.
❸ 으깬 바나나에 플레인 요구르트를 부어 잘 섞는다.

엄마만 따라 해

바나나를 으깨서 요구르트를
부어주기만 하면 완성!

· 칼로리 56kcal
· 탄수화물 12g
· 단백질 2g
· 지방 1g

남은 사과를 이용해 홍식초를 넣어 주스를
만들면 비타민이 배가되지. 사과 껍질을
넣으면 당도가 높아져 훨씬 맛있단다.

 재료

☑ 사과 50g ☑ 생수 30ml

사과주스

❶ 사과는 깨끗이 씻어 껍질을 벗기고 씨를 도려내 사용할 만큼 자른다.
❷ 믹서에 사과와 물을 붓고 곱게 간다.
❸ 체로 곱게 간 사과의 즙만 걸러낸다.

 엄마만 따라 해

사과를 물과 함께 믹서로
갈아서 체로 거르면 완성!

· 칼로리 17kcal
· 탄수화물 5g
· 단백질 0g
· 지방 0g

이 간식에는 꿀이 들어가기 때문에 이른 시기
보다는 완료기 이후에 먹이는 게 좋아.

 재료 ☑ 사과 50g ☑ 꿀 1작은술

사과조림

❶ 사과는 껍질을 깎고 씨를 도려낸 후, 사용할 만큼만 잘라 넓적하게 토막 낸다.

❷ 냄비에 사과를 넣고, 사과가 살짝 잠길 정도로 물을 부은 후 중간 불에서 익힌다.

❸ 사과가 어느 정도 익으면 꿀을 넣고 서서히 졸인다. 물이 너무 많으면 꿀을 넣기 전에 물을 약간 버려렴.

엄마만 따라해

사과를 삶으면서 꿀을 조금씩
넣어가며 졸이면 완성!

· 칼로리 40kcal
· 탄수화물 11g
· 단백질 0g
· 지방 0g

옛날에 아들에게 참 많이 해줬던 간식이야.
어른이 먹어도 훌륭한 맛이니, 두유를 좋아한
다면 한번 시도해보렴. 꿀이 들어갔으니
아이에게는 완료기 이후에 먹이는 게 좋아.

두유푸딩

재료

☑ 무가당 두유 150ml ☑ 달걀 1개

☑ 꿀 1작은술 ☑ 올리브유 약간

❶ 그릇에 달걀을 풀고 두유를 붓는다.

❷ 체에 달걀물을 밭쳐 즙만 받는다.

❸ 푸딩 틀 안쪽에 올리브유를 얇게 바르고, 꿀을 바닥에 살짝 부은 다음 ②를 붓는다.

❹ 찜통에 물을 붓고 끓여 김이 오르면 불을 낮춘 후 푸딩 틀을 넣고 찐다. 찜통으로 찔 때 뚜껑을 그냥
덮으면 뚜껑의 물이 푸딩에 들어갈 수 있어 그러니 뚜껑을 덮을 때는 마른행주나 종이를 살짝 덮은 후에 덮으렴

❺ 15~20분 정도 찐 후 푸딩이 말랑말랑해졌을 때 꺼내 접시에 담는다.

엄마만 따라 해

달걀물에 두유를 부어 체에
한번 밭친 다음, 푸딩 틀에
넣어 찜통으로 쪄내면 완성!

· 칼로리 191㎉
· 탄수화물 12g
· 단백질 13g
· 지방 9g

오늘도 열심히 이유식 만드느라
기진맥진한 우리 딸들아!

조금만 참으렴.

엄마는 강하단다.

초기

중기

후기

완료기

간식